失去貞操的橄欖油

橄欖油的真相與謊言

Extra Virginity

The Sublime and Scandalous World of Olive Oil

著——湯姆・穆勒 Tom Mueller

翻譯——游淑峰、楊正儀

謹獻給吉諾與蘿賽塔・奧利維耶里（Gino and Rosetta Olivieri）

當一位在地中海人不得不離開海岸時，他內心會滿是不安而且思鄉情切；就像亞歷山大大帝的士兵離開敘利亞，向幼發拉底河挺進；或像十六世紀來自低地的西班牙人，悲慘地困在「迷霧的北方」。

對於阿隆索·瓦斯格斯[1]和他那個時代的西班牙人而言（也可能是所有世代的西班牙人），法蘭德斯[2]是「一塊不長百里香，也不見薰衣草、無花果、橄欖、甜瓜或杏仁之地；那裡的菜餚，很難想像，是用奶油，而非真正的油烹調而成。」

——費南德·布羅代爾[3]，《地中海與菲利浦二世時期的地中海世界》

---

1 阿隆索·瓦斯格斯（Alonzo Vázquez，1565-1608），西班牙文藝復興派畫家。

2 費南德·布羅代爾（Fernand Braudel，1902-1985），法國歷史學家。

3 法蘭德斯（Flanders）：今日北利時北部地區。

目錄 Contents

推薦序——恐怖的假油陷阱　文長安——11

前　言——橫跨四大洲的橄欖油之旅

好油嚐起來就像漫步在植物園——17
你可以相信葡萄酒瓶上的標籤，但橄欖油呢？——19
來自古代的食物，卻有太空時代的特質——22
橄欖油背後的迷人神話與故事——25
生命力強韌的橄欖樹——28

第一章——擁有四百年歷史的橄欖油家族

普利亞——橄欖油之鄉——34
唯一從水果中萃取的市售油品——37
義大利橄欖油的復興運動——39
橄欖採果人是農村的裁縫師——42
紮根在歷史悠久的土壤裡——47
如果，能發生橄欖油界的甲醇醜聞——52
義大利人身上，都有一種承襲自祖先的地中海氣味——58

第二章——橄欖油造假的歷史

五千年前就開始發生假油事件 66
無國界的食品詐欺洪流，全世界都氾濫 71
誤把榛子油當橄欖油？前橄欖油大亨的造假疑雲 75
油品犯罪是一連串縱容和勾結的結果 82
走私油品嚴重影響當地橄欖小農的生計 88
購買橄欖油的金科玉律——「買家自求多福！」 90
黑心橄欖油商尚未定罪，黑油早已蔓延全球 94

第三章——橄欖油的神性與魔法

中世紀古道上的橄欖樹，是我回家的路標 98
教會保存了蠻族入侵後的橄欖油文化 100
橄欖油千奇百怪的魔法奇蹟與騙局 106
在以巴衝突下被高牆壓扁的橄欖樹 109
連可以上吊的橄欖樹都沒有？那你可真窮！ 115
被義大利黑手黨染指的農田，以有機重現生機 121

第四章——橄欖油裡的健康成分

果真有世界上最好的橄欖油？ 127
橄欖油和牛油的曠世廚藝大戰 131

巫術、助性，想不到橄欖油還有這些用途！——134
橄欖油分級制度反而助長了假油氾濫——137
義大利的老祖母，每天早上會倒一小杯橄欖油給小孩喝——141
檢測假油的工作，就像當偵探一樣——147

第五章——你買到的，是特級初「詐」橄欖油嗎？
真正的特級初榨，會讓你讚嘆「真是他媽的好油！」——156
全球食品供應的工業化，讓假食物存在得名正言順——163
溫和、清淡的口感，居然是劣等橄欖油的特徵！——166
脫臭技術剝奪了我們的味覺能力，也摧毀特級初榨的不凡價值——170
解救義大利橄欖油的法律終於通過了！——173

第六章——橄欖油的革命尚未成功
讓橄欖油成為生活美學的品油工坊——180
脂肪真的很優，別再誤解它了！——185
假橄欖油的利潤媲美走私古柯鹼，卻不具任何風險——188
橄欖油和食物搭配後的化學變化，如音樂般豐富而美妙——194
「百分之九十的西班牙人早餐麵包塗的奶油，應該換成橄欖油才對！」——198
真正的特級初榨才是產業的未來——204
美國廚藝學院的品油工坊之旅——209

第七章——美、澳V.S.地中海地區的橄欖油統治權大戰

橄欖樹跟著修道院移民到澳洲——216
新世界強勢挑戰地中海地區的橄欖油統治權——220
連馬克吐溫也能說上一段假橄欖油事件——224
探險家、新移民曾是美洲的橄欖油大使——226
人造牛油與傳統牛油的戰爭——230
如果橄欖樹能選擇，應該都會想搬到加州落腳——233
是美式高效率，還是橄欖油的粉紅夏布利？——236
「我們知道那是假油，但它便宜啊！」——240
採收橄欖的季節，比產地來源更能說明油品的新鮮度——246
被歐普拉列入購物推薦清單的橄欖油公司，終於轉虧為盈——249
只賣給熟識近鄰的小型油坊，不靠行銷花招依然獲利——256
美國是橄欖油罪犯的天堂——259
壞人也許不敢睡得太熟，但仍繼續做著混合劣油的生意——265

後記：為什麼我們會關注上好的葡萄酒，卻不重視優質的橄欖油？——271
附錄：選購橄欖好油的原則——277
詞彙表：關於橄欖油一定要知道的五十六個名詞——285
致謝——299

Extra Virginity : The Sublime and Scandalous World of Olive Oil

Instruction

推薦序

恐怖的假油陷阱

走進台灣的大賣場、超市，琳瑯滿目的橄欖油讓人目不暇給，這說明了台灣是一個國民食用橄欖油比例非常高的國家。

橄欖油含有非常高的ω－3單元不飽和脂肪酸，根據科學實證，單元不飽和脂肪酸是地中海飲食的特色，可降低心血管疾病與癌症的風險。相對之下，飽和油脂會增加心血管疾病風險，多元不飽和脂肪酸可降低心血管疾病風險。但是ω－6多元不飽和脂肪酸會增高氧化壓力、促使發炎、血小板凝聚、可能增加癌症風險；ω－3多元不飽和脂肪酸則可降低中風、血栓，有抗發炎效應。亦即高橄欖油食用比率的我國國民，慢性病及發炎比例應不高，國民身體應很健康才是。

但事實上完全不是如此。我國健保藥品金額支出比例年年升高，國民吃的藥越來越多，但發炎現象卻不見因投藥有顯著性的療效。於是，衛生福利部中央健康保險署為控制日益增多之藥價支出，保障我國健保不致崩盤，只好將藥費支出控制在整體醫療費用二十五%上下。

我國最近一次全國性的國民營養調查，是在二〇〇五年至二〇〇七年做的。調查發現國民之血漿脂肪酸數據有顯著性的年度差異。根據收集的血漿檢體脂肪酸分析，十九歲以上男女兩性成人一千八百三十九個案結果顯示，從二〇〇五年到二〇〇七年，ω－6脂肪酸有趨高，且ω－3脂肪酸卻降低的現象，這與部分鄰近國家ω－3高於ω－6的情況恰恰相反。顯示出我國國民食用橄欖油組成的成分有假，不是真正的橄欖油，而是偽橄欖油。

根據WHO（二〇〇八年）的成人建議，我們每日飲食脂肪熱量最高佔總熱量的三十五％，多元不飽和脂肪酸（P）為十一％，單元不飽和脂肪酸（M）為十四％，飽和脂肪酸（S）以十％為限，計算P／M／S比例為一．一／一．四／一．〇。我國國民營養調查成人油脂攝取量平均為男性八十四．五克，女性六十二．二克，脂肪酸P／M／S之比例為〇．九／一．一／一．〇，亦即單元不飽和脂肪酸（ω-3）比例偏低。

橄欖油組成獨特，其單元不飽和脂肪酸含量達七十五％，無法用其他油脂調合而得；與橄欖油脂肪酸組成相近的油是苦茶油，但其成本更高，不可能用於仿橄欖油。其他不飽和油脂以ω－6多元不飽和脂肪酸的比例居高，例如大豆沙拉油、芥花油或葵花油等；其健康效益與橄欖油相反，表示民眾求福反遭險。

國人攝取的油脂類顯著改變，一九九六年是以大豆沙拉油、花生油、豬油和調合油（豬油、大豆油）為主，現在則是以大豆油、橄欖油、葵花油為主。大豆油、葵花油含高量ω－6脂肪酸自無庸置疑，但我們食用的橄欖油也不少，ω－3脂肪酸應很高才是。冷壓的油脂含有高量的植物生化素及ω－3脂肪酸，品嘗好的橄欖油，就如同作者在書中所描繪，有如漫步在植物園、參觀香水工廠；又像是開著長途車搖下車窗，行經春天的草地，能同時吸收科學的知識，還能享受令人流連忘返的愉悅。

大統油事件發生後，我們才知道我們食用的是偽橄欖油，完全違背民眾追求健康之期待，造成我們食用了比例偏高的ω－6多元不飽和脂肪酸，這偽橄欖油對健康之影響可謂極大，我們必須重新審慎評估過去所做的國民營養調查，以及市售調和油對國民健康之影響。

目前市面上基因改造的食用油脂有三種，即大豆沙拉油、芥花油及棉籽油，這三種油所含的單元不飽和脂肪酸分別如下：二十二．七%、六十二．五%及十七．八%；多元不飽和脂肪酸則為六十一．六%、三十．八%及五十一．九%。基改油的特點為便宜，但卻含有較高之多元不飽和脂肪酸。因此，基改的油脂最常被用來作為調和油的主體成分，我們在食用時應更加謹慎。各種不同的食用油脂都有不同的發煙點，亦即劣變的溫度皆不相同，因此，於採購食用油脂時最好選購單一的油脂為宜。

橄欖油是好油，可是偽橄欖油卻是害人不淺，因此購買對的橄欖油才是養身上上之道。《失去貞操的橄欖油：橄欖油的真相與謊言》一書，是作者湯姆．穆勒花費四年多的時間，採訪上百位橄欖種植者、橄欖油作坊經營者、品油師、油脂業專家、化學家和歷史學家等，針對橄欖油進行深入而精彩的調查；並期望藉由本書，能讓讀者在文化、歷史、飲食與健康等各方面，對於橄欖油有更深一層的認識。這是一本好書，精讀這本書，可以讓我們擺脫偽橄欖油的危害，進而達到養身愉悅之目的。

輔仁大學餐旅管理系、食品科學系兼任講師
前衛生福利部食品藥物管理署技正（服務25年退休）　文長安

Extra Virginity : The Sublime and Scandalous World of Olive Oil

Prologue

前言

橫跨四大洲的橄欖油之旅

當橄欖油達到二十八℃時，香氣開始揮發，八位品油師移開裝有橄欖油樣本的第一個玻璃杯蓋，探進鼻子，開始用力吸氣，有幾個人甚至閉起了眼睛。

這八位是米蘭品油師協會（Corporazione Mastri Oleari）品油小組的成員，米蘭品油師協會是聲望最高的民間橄欖油協會之一。他們各自坐在以麗光板隔成的小隔間裡，每個隔間配有水槽、一支筆、一疊品油表格，以及一個附有恆溫器的優酪乳製造機，製造機上放著六支鬱金香形狀的實驗燒杯，裡面裝了一些油品樣本。

這是個成員多元的小組，包括一位三十三歲來自加爾達湖（Lake Garda）的農民，一位四十七歲的托斯卡尼貴婦，她是位勵志教練；還有一位六十六歲的米蘭商人。他們從上午九點開始陸續前來報到，還邊抱怨著早上沒法喝咖啡，煙也不能抽了，因為在品油前，嚴禁做這兩件事，以避免破壞他們的味覺。

現在，他們靜靜地坐在各自的隔間裡，全然專注與沈思的模樣，像是實驗室裡的化學家，或是圖書館裡的學者。圍繞著牆壁擺設的架上，放了幾百瓶的橄欖油，以及十六個棕色的實驗瓶，上面分別整齊地貼著白色標籤，印著「霉味」、「霉臭」、「腐味」、「酒味／酸味」、「黃瓜味」、「骯髒」等由官方認定瑕疵橄欖油會具有的不佳氣味。這八位品油師的感官都是經過訓練的，哪怕只有些微的瑕疵，也能品嘗出來。

專家小組根據嚴格的協議內容，品嘗了六個樣本，這份協議和他們身處的隔間規格一樣，都是經過義大利和歐洲法律律定的。

他們把玻璃杯包覆在手掌心，就像捧著白蘭地酒杯一樣，以保持油的溫度，然後小心翼翼地嗅著，並記下聞到的氣味。

他們嘗了一口油後，就像突然被油震懾住般，然後開始把空氣快速地由嘴角吸入。這種技術稱為品油術，能將橄欖油和唾液混成乳狀液，包覆在味蕾上，使油香傳至鼻腔。很快地嘗完第一口後，這些品油者們的表情變得溫和，感覺猶如陷入沈思中，而且每個人都有不同的反應：那位貴婦有點喘，還充滿渴望的神情；商人則變得安靜、雙眼濕潤，好像吞到了瀉鹽。

反覆品嘗每種油十到十五分鐘，並定時用礦泉水清理自己的味覺後，他們在評分表上記錄了每一種油的口味、香氣、強度、質地等特點。

品油師們在小隔間裡待了九十分鐘，用力吸入、啜飲並思索這些油。終於評比完最後一個樣本後，他們起身，像剛睡醒似地伸伸懶腰，然後走到房間中央的會議桌，在那裡心滿意足地享受等待已久的香煙和咖啡。

這時，小組組長阿爾弗雷多・蒙奇安迪（Alfredo Mancianti）整理大家的評分表。「品油師並不會針對個別的油品給分。」品油師協會的總裁，同時也是米蘭商人的弗拉維奧・薩拉梅拉（Flavio Zaramella）告訴我：「他們只負責識別和量化他們的感覺。小組組長會綜合八位品油師的評鑑結果，並用一種完善的統計方法，為每一種油打分數。」

好油嚐起來就像漫步在植物園

當組長匯整評估表時，我從他背後看到八位品油師的評估結果相當一致，不但描述了每種油的口感與特色，並分別以微妙的風味和香氣來形容它們，像是朝鮮薊、清新牧草、綠蕃茄、奇異果等。

薩拉梅拉告訴其他的品油師夥伴：「來自西西里島南部的tonda iblea實在令人難忘，有朝鮮薊和綠番茄的後勁。但整體而言，我認為最好、最濃郁的油是普利亞大區產的Marcinase DOP Terra di Bari。」這些人也都點頭同意。雖然有一位品油師說，她更喜歡來自托斯卡尼的 Villa Magra Gran Cru，因為它嘗起來更均勻調和。

這時，我發現自己快坐不住了。朝鮮薊？清新牧草？拜託！他們品嘗的可不是波爾多一級產地葡萄酒，這些只不過是液態脂肪。當然，這些油是以高超的「冷榨」之類的技術所製作，但是，朝鮮薊？綠番茄？奇異果？這些形容是從哪裡來的？

薩拉梅拉必定注意到我臉上一絲懷疑的表情。他捻熄香煙，從椅子上起身，拉著我到其中一個品油隔間。「橄欖油的專業術語聽起來就像毫無說服力的廢話。只有把一匙好油放到嘴裡時，你才能體會那是什麼意思。」他說。

他把一些油品樣本倒進鬱金香形狀的燒杯後，放在我身旁的溫熱裝置裡，再用一個玻璃片將杳氣蓋住。當溫控燈熄滅，表示油已經達到了二十八度。這時，薩拉梅拉示範了標準的品油技巧：如何用力地聞樣本數次，試著在數次的嗅覺間保持頭腦清明；如何啜一小口，用舌頭在口腔內捲一捲，讓油附著在嘴裡；以及如何進行發出嘖嘖聲響的啜飲品油術。他不時提醒我要用礦泉水或咬一口澳洲青蘋果，清清我的味覺。

接下來的一小時，在薩拉梅拉的指導下，就像是向大師學習芭蕾、瑜伽或小提琴般，我展開了第一次探索特級初榨橄欖油這塊巨大且未知的大陸的冒險。我了解到，就像葡萄酒一樣，不同品種，或者不同品種但在不同地區生長與製成的橄欖油，口感都會不同：加爾達湖的稻草色taggiasca油幾乎是甜的，帶點松果和杏仁的味道，托斯卡尼中部翠綠色的moraiolo很辛辣，我眼淚都快流出來了，而且在喉嚨深處有點暢快的灼熱感。而來自西西里島東南丘陵的tonda iblea，正如薩拉梅拉和他的同事所言，有明顯的綠蕃茄和朝鮮薊味道。品嘗這些油就像漫步在植物園中、參觀香水工廠；又像是在長途開車時搖下車窗，行經春天草園的感覺。在過程中不但能吸收到科學知識，同時還能享受令人流連忘返的愉悅。

我拿起薩拉梅拉倒給我的最後一個樣本，不經心地聞了一下，然後再啜飲。我先是覺得有點怪怪的，然後開始覺得噁心，我把它吐進了水槽，覺得這油一定哪裡有問題。在品嘗過辛辣、濃郁新鮮的橄欖油後，這種油讓我的嘴巴有種既淡又澀的感覺，味道像爛掉的水果。

薩拉梅拉用粗啞地聲音笑著。「我把超市賣的油放在最後，」他說：「因為它會毀了你對好油的味覺，好像你漱了一口貓尿一樣。」

他從牆邊架上拿下好幾個棕色的實驗瓶，把它們在會議桌上排成一排。「現在，有趣的事情來了。」他告訴我：「你得完全搞清楚最後這款油是什麼地方不對勁。你就像個偵探，或法醫。」

他把瓶子一一打開，然後遞給我，告訴我要盡量記住每種氣味。這些瓶子裡有嚇人的各種臭氣和臭味，與它們的標籤上的形容詞勉強符合，這些形容詞包括：「腐臭」、「發霉」、「酒味—酸味」、「泥土味」、「金屬味」、「茅草味」、「骯髒」。然後，我咬了幾口蘋果，深呼吸數次以清理味覺，再次開始品油。在嗅聞和淺嘗後，我試著讓它們按瑕疵的名稱對號入座。我想我認出了一些，並在簡表上記下來。

你可以相信葡萄酒瓶上的標籤，但橄欖油呢？

完成後，薩拉梅拉把我帶出小隔間，讓我坐在會議桌前。他在我對面坐下來，點了一根煙，頗具魅力地深深抽了一口。他快速瞄了一下我的表格。「還不錯。」他咕噥地說著，邊吐出一團煙霧，房間瞬間暗了些。「『腐臭』和『發霉』都有。但你漏了一些。酒味—酸味很濃，也有明顯的泥狀沉積物。」他拿起我剛品嘗過一瓶在超市買的油。「你知道，根據法律，若橄欖油含有淡淡的霉味或鹹味其中任何一種瑕疵，它就不算特級初榨等級。事實上，這種有瑕疵的油，被歸類為「燈油」（lampante），英文是lamp oil。依法它只能以燃料的名目銷售，它只適合燃燒，不適合食用。問題是，法律從來沒有強制執行。」

突然，他砰的一聲把瓶子用力放到桌上，連咖啡杯和煙灰缸都被震地彈跳了一下。「這就是幾乎全世界人人都認為的特級初榨橄欖油！這東西扼殺了好油，把誠實的橄欖油業者逼上絕路。在葡萄酒產業裡，你可以信賴標籤：如果它說它是『唐培裡儂1965』，那麼瓶子裡裝的絕對如假包換，不會是上個月的薄酒萊新酒。事實上，法國的香檳和薄酒萊能彼此互相加持，提升法國葡萄酒各種品質分級的信譽和品牌知名度。但橄欖油的標籤寫得都一樣，不論瓶子裡裝的是高級的橄欖油或是這個垃圾……」他把酒瓶頸像槍似地對著我，然後推推他的眼鏡讀出上面的標籤：「它上面標示著每一瓶橄欖油瓶上面都會寫的：『一〇〇％義大利製造、冷壓、石磨碾碎、特級初榨……』」

他搖搖頭，彷彿無法相信自己眼睛所見。「特級初榨？這瓶油跟『初』有什麼關係？這明明就是一個假貨。」

然後，薩拉梅拉以和品油同樣精確的方式，將橄欖油產業中橫行的罪行，做了詳細的分類。他描述他在西班牙，尤其是在安達魯西亞，看到碾壓廠的脫臭設備非法用於去除劣質油的不佳口味與異味，以便將完成後的油品作為初榨橄欖油銷售。

他譴責業界大肆將精製的橄欖油標示為「純」（pure），即使精製過程幾乎已經讓橄欖油所有的健康益處和感官品質都消失殆盡；標示為「淡」（light），即使它們和其他油類每公克的熱量都是相同的；標示為「有機」，原本意謂著橄欖應以無農藥或不含其他化學藥品的方式種植，但實際上他們使用的是一般普通的橄欖。

三流的油騙子將廉價的大豆或油菜籽油以工業用葉綠素染色，再倒進β-胡蘿蔔素做為調味料，然後將這種混合物裝進標籤上畫有義大利國旗，標示著由橄欖油著名產區製造（如普利亞大區，或托斯卡尼的幽靈生產者）的瓶子裡，當成特級初榨橄欖油銷售。

他解釋說，更複雜、更大規模的詐欺行為，需要專業的化學家和價值數百萬美元的實驗室設備做檢測，而這也牽涉到報關行、油商和政府官員的縱容與默許。在泛地中海地區的假油總部，他點名了位於瑞士盧加諾（Lugano）、西班牙馬拉加（Málaga）、突尼西亞斯法克斯（Sfax），以及整個地中海其他地方的精煉廠和工廠，它們生產偽造的特級初榨橄欖油。

他也檢視全世界販賣假特級初榨橄欖油的國家，並解釋為什麼美國是地球上假油賣得最好的地方。

在接下來的一年，我花了許多時間和薩拉梅拉一起，包括去了品油師協會位於米蘭的辦事處，以及參加在義大利各地舉行的品油會和各種會議。我了解到他的遠大志向，以及他生命中的巧遇機緣：他的職業生涯經歷過不同的階段。他曾在米蘭成立一家蓬勃發展的高級時裝公司，並透過在懷俄明州註冊的離岸境外公司買賣石油期貨。在他辦公室的一面牆上掛著一幅索馬利亞的地圖，一九八七年，他在那裡擔任一項人道主義援助計畫的負責人，負責監督興建在巴拉威（Baraawe）這座印度洋岸城市裡的一間高科技醫院。「我讓大家一起共事，包括共產黨員、天主教神父、穆斯林、教授、文盲，只要你是有決心想把事情做好的人。」他回憶說。

醫院建造完成兩個月後，就在內戰中被摧毀了。「慷慨是自負最純粹的形式。」他聳聳肩說。薩拉梅拉談到了在他腹部的腫瘤，為此他已做過四次手術，也談到特級初榨橄欖油對許多症狀顯著的療癒效果，包括癌症。他說，他的疾病使他對橄欖油的療效特別敏感。

接著，他說起如何在二十年前成為對橄欖油的詐欺行為有感的第一人。那是在他開始利用在溫布利亞（Umbria）買的一塊土地上種植橄欖樹並製油後，發現耕種的農民欺騙他，把較便宜的葵花籽油混入橄欖油裡。他說他從此立願將餘生貢獻給這個最大、最困難的計畫：將橄欖油產業從詐欺中解救重生。

來自古代的食物，卻有太空時代的特質

雖然手術使薩拉梅拉看起來面容憔悴，但他聲音依然猶如柔和的男中音，並保持著在生病前一百二十公斤重時那豐潤且充滿生氣的美食家面容。「我打的是一場肩負公民責任的仗。」他曾經這樣告訴我：「我為的是成千上萬誠實、但在這個扭曲的市場中幾乎無法生存的橄欖生產者，也為了成千上億無法體會到好油療癒特性的消費者。真正的特級初榨橄欖油具有強大的抗氧化和消炎作用，有助於預防退化性疾病，就如我的癌症。假的特級初榨橄欖油完全與之無法相提並論。優質橄欖油是地中海飲食文化的精髓。劣質油不只是一種欺騙勾當，而且是危害公眾健康的犯罪行為。」

薩拉梅拉對橄欖油的奉獻超越了正義感或對療癒的盼望。在一個春日，我們並肩站在他位於阿

西西（Assisi）附近的橄欖園，黃色的百合花在林間綻放，我們遠望著丘陵，這是聖方濟曾在此歌詠鳥兒、太陽和天空的所在。「自古以來，橄欖油一直都是純潔、健康與聖潔的象徵。」薩拉梅拉輕聲說道，幾乎是在喃喃自語，他充滿情感地說著：「我不是信徒，但對我來說，橄欖油是神聖的。」

這就是弗拉維奧・薩拉梅拉，一位快樂的無神論者，訴說著橄欖油的神聖；一個身懷絕症的享樂主義者，將他最後的精力奉獻在橄欖油對健康的助益上。

與他一起站在聖方濟的橄欖和百合花間，我第一次意識到，橄欖油對人類是這麼特別。橄欖油是一種強大的溶劑，能帶出食物裡必要的、有時甚至是意想不到的風味，它也透露出某些人的本質：他們隱藏的矛盾、他們祕密的激情和夢想。它深入皮膚，滲透到他們的頭腦，渲染他們的思想。我所知道的食物中，沒有一種有這些特質。

當我深入探索橄欖油世界後，我開始在很多地方都看到這種情況。我在年逾八旬的橄欖農夫和逾九旬的碾壓工人身上看到這種情形，也在跨國食品公司負責橄欖油業務的熱血年輕執行長身上見過。我在食物合作社的負責人身上看到，他們冒著巨大的風險，將從黑手黨手裡沒收來的橄欖樹拿來生產製油，也看到僧侶們以他們修道院土地上的千年老樹製油。

我遇過政客、工會領袖、歐盟監管機構、歷史學家、考古學家、化學家、農藝學家和植物學家，只要一談起橄欖油，他們的臉上便散發出光采，總有一蘿筐的故事，有趣的、駭人的，或是悲傷的。甚至聲名狼籍，靠賣假油致富的人物，也會懷舊地憶起孩提時代在橄欖磨坊的時光，以及他們在那裡學到的人生經驗。每個人的目光中，都閃爍著對橄欖油真摯的著迷，甘心願為它做任何事。這些人都著了同樣的魔，他們為橄欖油痴迷。

我開始認真地關注這豐富、滑溜、微妙的神祕物質。這種用水果製成的植物油，對人體有最理想的油脂混合比例，能讓動脈強健，滋養心靈；也是一種古代的食物，卻有著太空時代的特質，現代醫學才正要開始認識它。

我開始拜訪不同的生產者，首先在我居住的利古里亞（Liguria），然後是附近的倫巴底（Lombardy），皮埃蒙特（Piedmont）、托斯卡尼。我從每位生產者那裡買了一瓶油，回到家後便每次比較兩或三種油。

剛開始我是用湯匙和烈酒杯，後來買了鬱金香形狀的品嘗杯，好讓測試結果更精確。我八歲和十歲的兒子，傑瑞米和尼古拉斯開始和我一起品油。我們一邊啜飲時，我一邊告訴他們生產者的故事，他們住哪裡，他們的談吐和舉止如何。

我給他們看照片，孩子們仔細端詳這些橄欖油生產者的面容，注意到他們布滿風霜的臉龐和大而強壯的雙手。當油裡的某種特質和它的生產者相似時，他們便會指認出來——弗拉維奧．薩拉梅拉的Flos Viridis橄欖油壯碩粗獷；某種淡金色的特級初榨橄欖油有著陽光般的快活感，是由一位來自加爾達湖，有著會微笑的藍色雙眼、綁著金色髮辮的女士製作的。

不久，他們已經會滔滔不絕地評點某些油裡的番茄和朝鮮薊的氣味，甚至還頗喜愛托斯卡尼和普利亞大區高大橄欖樹品種的辛辣味，彷彿他們年輕的身體能感覺到這辛辣苦味對自身有益。偶爾我從折扣超市或友善但卻技術不佳的農民那裡帶回一瓶劣質油，便會看到孩子們對它嗤之以鼻，輕蔑地說：「燈油！」，感覺和弗拉維奧・薩拉梅拉一樣的義憤填膺。

我的妻子法蘭契斯卡第一次見到我們啜飲橄欖油時，她的表情先是懷疑，後來變成覺得噁心。「我寧願吃奶油。」她說。

我的妻子來自米蘭，那裡的傳統食物是以奶油和豬油烹調，而不是橄欖油。但我堅持要她試試。我請她看國際醫學期刊刺胳針雜誌（《Lancet》）、新英格蘭醫學雜誌（《New England Journal of Medicine》），和其他頂尖醫學刊物刊載有關最近發現橄欖油對健康的益處，以及能治療各種不同的疾病，諸如心臟疾病、乳腺癌和阿茲海默症。

我開始嘗試在沙拉上淋上具異國情調的上等油——先是帶點像芝麻菜苦味的biancolilla橄欖油，接下來用的noellara del Belice橄欖油則讓前者的苦味莫名地減少。漸漸地，我的妻子不再堅持了。雖然她仍然不肯單獨喝橄欖油，但她也開始在生菜、沙拉和醬料裡嘗試使用不同的油。

她在牛角麵包、馬芬和蛋糕裡，用橄欖油取代了奶油，這讓點心有時會出現淡淡的綠色，彷彿它們是來自於花園，而不是烤箱，但口味仍一樣酥脆可口。最近她在廚房裡放了幾款不同的橄欖油，烹煮不同食物時，會用不同的油，好似使用不同的香料，並且遵循先進醫療研究人員的建議，確保我們每天都會吃到兩湯匙的優質油。她也正成為橄欖油痴的一員。

橄欖油背後的迷人神話與故事

對油著迷是一種古老的習氣。從我所熟悉的詩歌和經文裡，我捕捉到之前未曾留意到其所散發出的光采和氣味。

當時橄欖油不僅是一種重要的食物，也是人類文明的催化劑，並讓世俗與神祇間產生重要的連結。奧德修斯在海難後疲憊憔悴，全身沾滿了鹽，當他在身上塗了橄欖油後，瞬間變得如神明般俊美。在抹大拉有位幡然悔改的妓女瑪麗亞，在基督的腳上塗抹芳香油，使得房子滿室馨香，然後又用她的秀髮將之擦拭乾淨。先知穆罕默德，也塗抹了大量的橄欖油在皮膚上，因此他的披肩經常沾滿橄欖油。

我讀過埃及法老王以最上等的橄欖油向太陽神獻祭；還有猶太教耶路撒冷聖殿神聖的燭台裡，剩下只能燃燒一天的微薄燈油，在取得新油之前，卻在一個節慶期間足足燃燒了八天之久。這項奇蹟，猶太人至今仍於光明節上慶祝著。

鴿子啣著橄欖枝回到諾亞方舟，不僅意味著上帝在洪水過後的寬恕——早在古希臘時期，哀求者便會在身上帶著橄欖枝——也意謂諾亞已經到了太平的土地：因為橄欖樹是長得慢的樹種，需要定期照料，這只有在太平盛世才做得到。

橄欖油的黑暗面也屢見不鮮。中世紀的巫師和文藝復興時期的女巫在他們的法術和藥膏裡使用了橄欖油，而且，據說賣香油的人用被污染的油散播瘟疫。

五千年來，罪惡也一直是橄欖油貿易的一部分：目前所知最早提到橄欖油的文件是西元前兩千四百年於埃勃拉[1]發現的楔形文字片，上面就提到督察小組調查橄欖種植者和碾壓廠的詐欺行為。

光明節溫煦的燭光掩蓋了發生在西元前一六八年一場血腥的內戰，這也正是燭台奇蹟發生的那一年，兩個猶太族人為爭奪聖殿與主導希伯來宗教儀式而發生內戰。

橄欖樹也可能是不祥的預兆。索福克勒斯[2]曾這麼描述一棵超凡脫俗、幾乎有著威嚇力量的橄欖樹：「非人類手栽，乃自行創生。」另有一則古老的基督教傳說，提到一棵橄欖樹從亞當的墳墓發芽，生根於他的頭骨。

有些詩人還感覺到橄欖樹的寒意。在西班牙詩人兼劇作家費德里戈・加西亞・洛爾卡（Federico García Lorca）於內戰期間被國民軍殺害前不久，他寫道，民防隊踏著永不妥協的步伐，穿過安達盧西亞的橄欖樹叢，朝一宗謀殺案現場前進，「帶著橄欖油之心」的黑天使觀看著西方的天空，彷彿預示到自己的死亡。在普羅旺斯經過歲月摧殘的橄欖，詩人理查・威爾伯（Richard Wilbur）則看到在豐收的地中海景緻下的貧困：

即使近觀，橄欖也散發著
遠方的色調。也許因為這樣
鴿子帶回橄欖，這種樹，長得

1 約西元前三千年至西元前兩千年初建立的西亞古國，位於今敘利亞沙漠中。

2 古希臘悲劇作家的代表人物之一，最著名的劇本為《伊底帕斯王》。

超凡的蒼白，永遠幽暗且乾燥，
它無窮的飢渴，無有勝者，
告訴南方，那裡並非天堂。

生命力強韌的橄欖樹

好油的果味和香氣都有苦澀來調味，如同生命之美。

我想知道，為什麼橄欖樹即使不是長在它們原生地，卻仍能如此耐久？橄欖油究竟有什麼魅力，讓它幾千年來如此普及，深入至人類生活的各個層面？這個被油「浸入」的世界究竟是什麼樣，聞起來又怎麼樣？那些點了橄欖油燈清亮黃光的廟宇、臥室和浴場，還有在自己身上塗抹大量橄欖油的人們，又是什麼樣子跟感覺？

對我而言，塗油是最難想像的。當你全身塗滿香油閃閃發亮、滑溜溜時，是什麼感覺？當大祭司亞倫[3]在你全身抹上膏油，從頭髮滴落到鬍子上，讓長袍到下襬都浸了油，是什麼感覺？或者當一名妓女用閃亮的油按摩你的腳，接著用她的頭髮擦乾，又是什麼感覺？如我所說，很難想像，但讓人很想嘗試看看。

我開始進行一連串的實驗。我買了好幾盞中世紀和羅馬時期樣式的油燈複製品，點亮後放在屋內各處。它們的火焰浮在幽暗的油池上，發出淡淡的甜味，在顫動的昏黃燭光中，讓人猶如置身於古時的場景裡。

我也試過把橄欖油當作乳液，它軟化了乾裂的嘴唇，舒緩曬傷，而且只用一次便治好了我寶貝女兒的尿布疹。

我還在製作肥皂的過程中，拌入橄欖油、牛油和氫氧化鈉溶液，將得到的皂糊倒進我砍下橄欖木塊所做成的模子裡。肥皂產生一種有點黏糊的粉紅色泡沫，會讓肌膚出奇地柔軟，但用來洗碗就太滑了（我們打破幾個盤子後，得到了這個結論）。我也試過將橄欖油當成溶劑和潤滑劑，將老舊的烤麵包機和鑲鉻鏡面擦得晶亮，使殘破的胡桃木桌面重現紋理深度，讓整個房子裡吱吱作響的窗戶和門安靜下來。

我把蒜、迷迭香小枝、橘子皮和白煮蛋，放進從罐子裡倒出的油內，幾天後，我發現它們的香味已經滲進油裡，氣味揮之不去，已然被神奇地被鎖住，就像被困在瓶子裡的精靈。我還克難地用壓力鍋和銅管圈做了一個蒸餾器，用它從薰衣草、紫藤、茉莉和佛手柑中提取精油，然後將這些香精拌入橄欖油基底油，製造出了芳香動人的香氛油，我用來擦臉，也偷偷擦在頭髮上，試著想像若將整罐油倒在頭上，感覺它滴流到鬍子，浸濕長袍和下襬，會是什麼感覺？

橄欖油受到普世歡迎的原因，最近才開始被不同領域的科學家所發掘。與他們交談後，我所得

3 聖經中希伯來人的第一個祭司長，為摩西的長兄。

知的每一個新發現，都開啟了通往寬廣新世界的另一條道路。

透過營養學家和脂質化學家，我窺見了橄欖油的分子結構，看見了天然抗氧化劑和脂肪酸，出自嚮往健康的本能，這也曾是吸引人們將之塗抹在頭髮和臉頰的原因。人們也用它來清潔和美容，因為油的基礎脂化組成——油酸，是一種強大的溶劑，使油在烹調時能提味，在香水中能鎖住香氣。

橄欖油在生活中與神話裡之所以如此常見，至少部分是源自橄欖樹近乎神奇的農藝特質，它能在近乎沙漠的條件下蓬勃生長，當遭祝融或霜凍摧毀時，也會自球根發出綠芽，獲得重生。橄欖樹的收成本身是另一個小奇蹟。正如一位農藝專家告訴我的：「橄欖樹的收益率呈上升的曲線，趨近於無限大。」他的語氣裡帶著讚嘆的意味。

為了繼續尋找關於橄欖油的答案，我開始造訪製成優質橄欖油的地方，在那裡，橄欖油在某方面來說仍是日常生活的重心。最後，我繞了地中海一圈，從西班牙南部、北非、約旦河西岸，以及克里特島的東海岸，見到由古老的橄欖樹形塑的風景，認識了融入橄欖油的生活方式、民間傳說和宗教儀式。之後，我旅行到更遠的地方，拜訪那裡的橄欖油生產者，包括加州、智利、南非桌山，以及澳洲西部的小麥帶區。在這些地方，橄欖樹和地中海的種植方式，因為距離而蛻變成不同的風貌，然而在本質上卻又是相似的。

我的橄欖油之旅的第一站，在許多方面來說也是最重要的，是從位於義大利的普利亞大區（Puglia），這個長靴狀國家的「鞋跟」處所開始的。此區出產了佔比極大的義大利橄欖油，幾千年皆是如此。

彼時，現今著名的橄欖油產區如托斯卡尼、利古里亞、西班牙與北非的山坡，幾乎還看不見橄欖樹叢，美國和澳洲的橄欖油產業更是數千年後的事。野生橄欖自上次冰河時代以來，就在普利亞大區炎熱、乾旱的氣候下蓬勃生長，根源堅固，讓農民可以利用腓尼基商人和希臘殖民者帶來的當地橄欖樹來做嫁接。許多普利亞人仍會在他們的湯裡淋上一點橄欖油。中午休息時，在爐邊喝一小杯溫熱的橄欖油，是一種健康與慰勞的日常儀式。橄欖油過去、現在和未來，都永遠會是這裡的主要食物；而它的美麗與醜陋，也透過其清澈透明的特質展現無遺。

Extra Virginity: The Sublime and Scandalous World of Olive Oil

PART 1

第一章

擁有四百年歷史的橄欖油家族

這時，侍女們停下來，並開始互相呼喚著。她們讓奧德修斯坐在蔽風處，如挪嘉琪亞所囑咐，並為他帶來襯衫和斗篷。她們也帶來裝著橄欖油的小金瓶，請他去溪流裡盥洗。但奧德修斯說：「女孩們，可否暫避一步，讓我可以好好洗去肩上的鹽漬，擦拭油膏，因為我的肌膚已許久沒有半點油脂。妳們全站在那裡，我無法沐浴，在年輕貌美的女士面前，脫得一絲不掛會讓我無地自容。」

之後，她們便退到一旁，並回報她們的女主人。奧德修斯便到溪流裡沐浴盥洗，將背上和壯碩的肩膀上的鹽漬刮去。當他徹底沐浴完畢，連頭髮上的鹽漬也洗淨了，便在身上抹油，套上女孩給他的衣服。雅典娜使他看起來比以往更高大結實，她也讓他的頭髮更濃密，捲髮垂散下來有如風信子盛開一般；她讓他的五官和臂膀神采奕奕，彷彿是一位追隨火神鑽研各種工藝的熟練工匠。雅典娜還為一塊銀板鍍金，使他的作品完美無瑕。他走出海灘，端坐一旁，容光煥發，一副令人屏息的俊美，女孩讚嘆地凝望著他。然後她對侍女說：「噓，我親愛的，我想跟妳們說。我想奧林匹斯山上的眾神派遣這名男子到費阿刻斯來了。我第一次見他時，覺得他相貌平庸，但他現在的模樣就像是來自天上的眾神。我願我未來的丈夫正如他一模一樣。」

——荷馬，《奧德賽》第六卷

普利亞——橄欖油之鄉

自三萬呎的高空俯視，下面移動著的普利亞風景是形狀不一、像拼布般的大片田野，每一塊都裝飾著大大小小的綠色圓點；有的小的像針一樣，整齊地排列成格，其他較大的則隨性地散落在田野上。當飛機下降到五千英尺，即將降落在巴里[1]機場，地中海的蔚藍海岸映入眼簾時，你才發現那些圓點原來是橄欖樹：小的是用現代農業方法整齊行列種植的小樹苗，而較大的點則是老樹，有著巨大如雲狀般的樹冠，在原野中恣意生長。彼時，當十字軍騎著駿馬穿過普利亞，前往聖地時，這些大樹就在那裡落地生根了。

橄欖樹跟跑道的距離很近，密佈在進入市區的道路兩旁。很多從古代就生長至今的老樹，像是剛從童話森林裡走出來的扭曲且禿頭的巨人般，它纖長的四肢向外伸展，尾端下垂，如巫婆的手指般，這是以一種稱為「吊燈」的方法剪枝而成的。當你開車持續南行，橄欖樹會一路尾隨在後，而且從四面八方環繞著，一直延伸至低地的沙質海岸線和內陸的石灰岩高原。

普利亞大區的六千萬棵橄欖樹為這裡二十五萬普利亞人所有，平均每人擁有二百四十棵樹。代代相傳至今，樹林已逐漸變小，也更參差。這裡隨處可見樹蔭下擺了張長凳的景象，還有粉刷了白漆的石頭小屋，它們被當作花棚兼度假屋，並有個露天的烤爐可以烤比薩或麵包。紅土裡夾雜著淡黃色的大卵石，當地人收集這些石頭，堆成果園間的乾牆圍欄。橄欖樹具有低矮而寬廣的根系，在崎嶇嶙峋、排水良好的石灰質土壤裡茁壯成長。在陽光明媚的一畦畦田野間，沿著石牆長出茉莉花，還有高大、生氣蓬勃的印度無花果，這是一種仙人果，平而長橢圓的葉形讓這裡看起來有點像沙漠。

普利亞大區六大塊拼布般的田地屬於德卡洛（De Carlo）家族，他們自西元一六〇〇年起，就在巴里東南邊的比特里托（Bitritto）平坦的石灰岩低地上，用自家的橄欖樹製油。現在，家族企業是由葛瑞琪和薩維爾負責，這兩位分別是德卡洛家族的女性與男性族長。

他們看起來不太登對，一位像貴婦，另一位則像農夫。女士皮膚深褐，看起來豐滿而美麗，穿著百褶裙，搭配喀什米爾羊毛衫，掛著金手鐲和一串圓潤飽滿的珍珠項鍊，看起來雍容華貴。男士骨瘦如柴，斜肩，臉上布滿風霜。他穿著多層式的法蘭絨，和一件不論風吹日曬雨淋，只要是長時間在戶外工作的男人都會穿的羊毛大衣。

葛瑞琪用深褐色的眼睛盯著人瞧，眼神溫暖卻有穿透力，彷彿鷹眼一般；她說話急切而有說服力，不斷地搓合著曬黑的雙手。薩維爾則說話慢條斯理，低垂著眼，彷彿是因為害羞或是疲憊所致。他經常會拋出一個想法，或講幾句話，語句簡短有力宛如一首詩，然後便陷入沉默，讓葛瑞琪接著幫他說完。「一個好的橄欖油生產者需要技術和鋤頭。」他說，然後作勢請他的妻子接話，她便提高音量道：「為了做出最好的油，我們結合了最新的壓榨機械與傳統農業的優良技術。」

1 巴里（Bari）位於義大利東南方，是義大利東南地區普利亞大區的首府。

與他們相處一整天後，你將發現他倆雖貌似不搭，但也或許正因為這些不同點，讓他們看起來真是完美的一對。會有這種感覺的原因之一，是你會看到只要當他們二十幾歲的小孩瑪麗娜和法蘭西斯科其中一人開始說話時，他們便立刻靜下來，而且很有默契地交換彼此關心的眼神。另一個原因是，這對夫妻會在前一秒還很自然地取笑對方，但下一秒又在無意間互相吹捧。「你看看他多健康，」葛瑞琪邊說邊用手指戳戳她丈夫結實的上臂，一塊塊肌肉像堆疊的積木一樣：「他大半輩子都從卡車後面扛下幾百公斤重的橄欖，不知吃下了多少橄欖油。現在他簡直百毒不侵。」薩維爾則這樣說道葛瑞琪：「起初她很討厭橄欖油生意，但她的勇氣和新思維讓我們成功了。那是讓我們倖存至今的關鍵。」

葛瑞琪來自一個富裕的商人家庭，與薩維爾結婚之前，完全沒有與油行相關的經驗。然而，就像許多普利亞人一樣，她的童年記憶裡就交織著橄欖。她記得她三、四歲時，在一個霧氣瀰漫的十二月早晨，她與母親一起走進環繞著比特里托，即將進入採收季的橄欖園。採收人全來自當地，大家一起用年度慶典的方式，歡慶這個重要的日子。他們在一塊橄欖木頭上生火烤麵包片，然後淋上一些橄欖油，神情嚴肅地分享麵包聖禮。

而薩維爾對橄欖的最早記憶，則是在他父親的磨坊裡：當時他還是一個小男孩，和一群下了工的工人一起坐在石磨旁邊，還有一頭整天拉轉石磨的騾子咯咯地嚼著他的飼料袋。男人們一邊用陶鍋煮一鍋他們稱做「炸彈」（la bomba）的燉蔬菜，一邊哼唱民謠，即使已經半個世紀沒再聽到這些歌曲，薩維爾還記得它們的歌詞和曲調。

唯一從水果中萃取的市售油品

我第一次參觀德卡洛磨坊是已在彼時的六十多年後，十一月下旬的另一次採收旺季，此時，他們的機器日以繼夜不停地運轉。一箱箱的寇拉提那（coratina）和歐格里亞羅拉（ogliarola）品種的橄欖在它們開始從綠色變為淺紫色時便被採收下來放進木箱裡，再用拖拉機和三輪車輪番載到磨坊外，成列堆放，每一堆高約十公尺。

葛瑞琪領我看萃取的過程。一名工人將一箱箱的橄欖倒進一個不鏽鋼桶，裡面有疾轉的旋轉齒輪和熱風把葉子和莖去除後，之後便滑進另一個不鏽鋼桶，進行清洗工作。終於，變成一顆顆晶瑩光亮，像是剛吹好的玻璃珠。

橄欖滑下溜槽進入碾壓機，裡面有三個和卡車車輪一樣大的花崗岩石磨，在一個花崗岩盤上輪翻滾動，然後，橄欖籽、果肉一起被碾碎，變成李子色的果泥。

薩維爾全程監督碾壓過程，直到果泥的黏稠度剛剛好，他判斷的方式主要是依據石磨發出的聲音。接著，果泥通過一根管子進入混拌機，這是一種底部有扇葉的大桶子，能不斷攪拌果泥，慢慢將微滴的油引出橄欖的細胞膜，並幫助它們凝聚成更容易萃取的大滴油。有經驗的製油師傅混拌果泥的時間會恰到好處，避免油暴露在空氣的時間過長，降低油的香味，且容易變質。

二十分鐘後，薩維爾將果泥送進離心機，這是一種鋼製容器，類似一台小噴射引擎，裡面有一個滾筒，轉速為每分鐘三千轉，能將油從橄欖皮、籽和果肉中分離出來。最後的油進入一個較小的垂直離心機，以除去多餘的水份。

橄欖油是市售唯一主要直接從水果中萃取的植物油，而不是如葵花籽油、菜籽油和大豆油這些從植物種籽所提煉的油。因為水果中含有大量的水份，萃取時可以單獨以機械方法提煉，例如利用離心機或碾壓機。而萃取種籽油多半需要使用工業溶劑，通常是使用正已烷。為了從種籽油裡除去這種溶劑，以及種籽油裡常有的不佳味道和氣味，它們必須經過精煉廠精製，經由高溫脫溶劑、中和、脫臭、脫色和脫膠處理，最終得到無味、無臭、無色的液體脂肪。

橄欖油可以只透過碾壓或混拌的方式就從橄欖果肉取出新鮮汁液，並無損其所有的自然風味、香氣以及有益健康的成分。同樣的道理，橄欖油是唯一著重原料——即橄欖——品質的油，橄欖果實的品質攸關油的品質。你需要上等的橄欖才能製造出優質的特級初榨橄欖油，但從低階的種籽裡萃取出的卻會是只合乎工業標準的種籽油。

離心機尾端一條窄管射出了一道細長、呈弧形狀、翡翠色的油。葛瑞琪用一個透明的塑膠杯裝了一些遞給我，然後也為自己盛一杯。

她啜一口油，微微皺眉，全心專注，彷彿她完全聽不見周圍石磨隆隆和馬達轟轟的聲響。漸漸地，她的表情像鬆了一口氣，雖然開心，但還不怎麼放心。她舉起手上的杯子，彷彿要舉杯慶祝般，仔細端詳了在穿透高窗而入的陽光下所照射的油。

她杯裡的油呈濃豌豆湯般的深綠色，裡面因為有橄欖懸浮微粒而顯得混濁，還帶有健康的苦味。它溫溫的，嘗起來，或者說感覺起來，像是養生液之類的營養品。

「我們所有虧的本錢都值得了。」葛瑞琪說。然後，她回過神來，做了個鬼臉。「好吧，是部分虧的錢。」

義大利橄欖油的復興運動

德卡洛家族生產橄欖油已經有四個世紀之久，最大的損失是發生在近三十年。一九七二年，他們花了一筆錢在岩石硬地上鑽自流井，深達三千公尺，並建造了普利亞大區第一座橄欖樹的灌溉系統，大幅度提高了橄欖的產量和品質（後來，其他當地生產者也迅速跟進）。

七年後，他們是義大利第一批使用離心機製造橄欖油的生產者。當時其他人仍使用液壓機，和羅馬時代所用的方法相差無幾。於是，義大利大部分重品質的橄欖油生產者也轉而改用離心機系統，不僅效率更高，品質也更好。雖然當時也有人告訴薩維爾，說他一定是瘋了，竟然為了一個新奇的技術，甘冒家族名聲。尤其是當他用離心機所製造出的第一批橄欖油成果慘不忍睹時。「第一年簡直是場災難。」他回憶說：「我們無法把離心機設定到最佳狀態。從化學的角度來說，它非常完美，但葉綠素太多，而且太苦了，完全無法食用。」好幾代每年都把作物送到德卡洛家族磨坊的農民，把薩維爾列為拒絕往來戶，當他是無可救藥的怪人，並開始把他們的水果載去別的磨坊。

設計離心機的阿法拉伐（Alfa Laval）公司的技術人員，因為機器試行結果失敗而羞愧不已，自殺了。但薩維爾繼續堅持下去。他與阿法拉伐公司其他的工程師一起試驗，不分晝夜碾壓一箱又一箱的橄欖，以尋找這款新設備的正確設定。與此同時，他重新裝回之前液壓機，好讓一些客戶回流。「要我低聲下氣裝回舊機器是很難堪的，但我們別無選擇。我們快破產了。」

第二年採收季前，薩維爾終於微調好他的離心機設定，開始生產他家族有史以來生產過最好的油。「我們的客戶那年剛開始還使用液壓機，但他們會來串門子，嘗嘗我用離心機生產的油。」薩維爾說：「他們不發一語，臉上也毫無表情，只嘗了油便走了。但下一次他們載一批橄欖來時，便想改用離心機。這些人和前一年指責我想用新奇機種和瘋狂點子毀掉我家族和我父親好名聲的，就是同一批！」

當時，德卡洛是普利亞大區製作初榨橄欖油的少數生產者之一。當地絕大多數的生產者是出產燈油，用爛熟或從地上撿拾的橄欖製成。他們將燈油賣給精煉廠，利用高熱、活性炭等工序，將其中不佳的味道和氣味除掉，產出「精製橄欖油」，這是一種透明、無味、無臭的液體脂肪，工廠在當中添加少量的特級初榨橄欖油，便以「橄欖油」的名義在商店銷售。

薩維爾．德卡洛使用離心機，大大促進了橄欖油產業的技術開發，在此期間，義大利的機械公司，如皮拉利西（Pieralisi）和阿法拉伐都研發了新的橄欖壓榨、混拌和萃取系統，使得製造優質橄欖油愈來愈容易。

德卡洛家族試過所有的機器。例如他們就採用了離心機。至於其他系統，如不銹鋼鍾和盤磨用起來則不太適合，雖然許多現代的生產者不用石磨，而改用這些方式，但德卡洛發現，他們當地風味強烈的寇拉提那橄欖，還是用老式石磨磨出來的油才比較精緻細膩。

德卡洛是義大利特級初榨橄欖油真正復興運動的先鋒。過去三十年，新的油品製造技術不斷推陳出新，再加上橄欖植物學和農藝學的進步，促使義大利的橄欖油生產者製造出一些有史以來最好、最健康的油。

義大利是一個狹長多山的半島，自阿爾卑斯山幾乎綿延到非洲，這裡涵蓋了多樣的微氣候[2]和土壤類型，所生產的橄欖品種比任何其他國家都要多，據估計在全世界目前發現的七百個品種中，義大利就擁有五百種。

橄欖油生產者現在利用這種豐富的植物遺產，就像釀酒師運用葡萄品種般，以開創橄欖油細緻的新口味、香氣、口感，以及當地橄欖油的特質。義大利人以前所未見的方式欣賞這些嶄新油品，像是舉行公開的橄欖油品嘗活動，品油師的培訓課程越來越受歡迎，類似酒吧形式的「油吧」如雨後春筍般出現。也有越來越多的餐廳在菜單裡列出油品，像酒單一樣，向顧客推薦適合搭配不同菜餚的各式橄欖油。在世界其他地方，橄欖油市場更是繁榮壯大：過去的十五年裡，在北美的橄欖油消費成長了一倍，北歐成長了三倍，在亞洲部分地區則成長了六倍之多。

2 一個小範圍的氣候狀況，通常在此範圍的氣候會不時受到周圍環境改變的情形。

橄欖採果人是農村的裁縫師

儘管橄欖油市場蓬勃發展，但是德卡洛和絕大部分優良的橄欖油生產者一樣，不論規模大小，全都處境艱難。

過去十年裡，義大利特級初榨橄欖油，或者被分級為此類者，批發價格皆暴跌。目前在巴里的市場價格是每公斤兩歐元，創歷史新低。

德卡洛家族僱請的當地採果人已老到無法在樹林裡工作了，他們數代都為德卡洛家族採果，但這個工作太費勞力，無法吸引他們的子孫繼續做下去。橄欖剪枝這項罕見的行業已被遺忘了。葛瑞琪稱這個職業為「農村的裁縫師」，他們就如同藝術家，而且決定著你今年豐收，或是只能站在窗邊望果興嘆。

上百家的橄欖油生產者已經倒閉了，除非優質橄欖油的價格提高，否則更多的橄欖油生產者也將撐不下去。法蘭西斯科和瑪麗娜．德卡洛是他們所知唯一在普利亞大區一帶，還跟著父母從事橄欖油事業的年輕人。

「你一次又一次碰壁。不公不義、變相又骯髒的交易，這些在別的行業是看不到的。」瑪麗娜說，她豐潤的臉頰和門牙間的縫隙使她看起來有著幼稚天真的氣息，直到聽到她與客戶通電話，才讓人確信她不是個孩子。

「我和我讀商學院的同學聊天，他們都從事其他行業，他們無法理解我為什麼要留下來。有時候，我自己也無法解釋。」義大利有史以來最佳的採收時機已經到來，正等著製作出最好的油，但極少義大利的生產者有能力製油。

葛瑞琪與薩維爾，和弗拉維奧．薩拉梅拉一樣，將這矛盾的狀況大部分歸咎於在義大利和國外對特級初榨橄欖油的定義不明確。

要達到法律上規定特級初榨等級嚴格的口味和化學特性，橄欖油必須以健康且專業方式採摘的橄欖製成，並在採收後的二十四小時內碾壓，以免變質。所以，與以落果製作的燈油相比，這是非常艱鉅、昂貴且勞力密集的生產工作。但如果執法不嚴，特級初榨橄欖油可以很容易被用較便宜、劣質橄欖，或完全不一樣的其他物質所製作的油濫芋充數，這對誠實的生產者而言是不公平的競爭。

「我的一些客戶看到我一公升油賣八歐元，這幾乎已經是我的成本價了，他們還說我搶錢。」葛瑞琪帶著苦笑說：「他們告訴我，他們剛在超市用一．九歐元買了一瓶百分之百義大利特級初榨橄欖油。但在唬人的標籤背後，我倒想看看瓶子裡倒底裝了什麼？即便糟糕的、假的特級初榨橄欖油的批發價，每公升都還要兩歐元！」

我們參觀工廠後，葛瑞琪和薩維爾開著一台看起來像被長期虐待的四輪傳動飛雅特熊貓（Panda），載我繞經他們的橄欖園，讓我見識生產最優質的橄欖油需要什麼條件，要花費多少成本。

一條砂石路在橄欖園中蜿蜒，橄欖園被黃色石灰岩矮牆環繞。德卡洛的土地分散在十平方英里的面積，分成數個堡（tenute），再分成更小的區（contrade），每一個區都有自己獨特的景觀和歷史，出產獨特的油。

有些橄欖園的樹齡約有二十幾年，樹枝纖細，長在七乘七公尺的網格裡。其他像是在阿爾卡莫（Arcamone）堡裡，蒼老的祖父級橄欖樹間隔較遠，中間還穿插著其他樹種，如低矮而枝葉繁茂的杏仁、無花果，以及當地原生的葡萄和變種的紅葡萄。另外還有黑白相間的桑椹灌木，以及有著長長棕色豆莢的傘狀角豆，可以用來製作蜜餞裡甜甜的巧克力糊。

薩維爾指出了幾種不同的橄欖品種，我很難光靠樹形辨識，但當我近距離看到形狀和顏色各異的果實，就很容易區分了。這些品種包括寇拉提那，這是在普利亞大區很常見的橄欖樹種，可以製作出有苦味和胡椒味的橄欖油；還有圓潤的歐格里亞羅拉和特密的比特多（termite di Bitetto）品種，以及源自普羅旺斯的培拉桑那（peranzana），它的橄欖果實可製油也可食用。有些是雜種樹，包括有一公尺高的西瑪的莫拉（cima di Mola），這是一種極抗病蟲害的樹種，一個世紀前它上面嫁接了多半產果實和油的寇拉提那，後來它們在此長得枝繁葉茂。

這種多樹種、混合式的農藝法，有個術語叫「品種雜交」，這種方式從古典時期就存在了。據薩維爾說，這種方式種出來的橄欖不僅姿態優美，還能製作出風味獨特的油。

他說，他的油裡一些微妙的風味和香氣就是來自杏樹、桑樹灌木和其他植物飄散在空氣中的花粉，以及它們釋放到土壤中裡的物質。但比起井然有序種植在果園裡的小果樹，這種橄欖製油的製作成本會高出許多。

我們把車停在一個巨大的角豆樹樹蔭下，看著一組五名工人正在採收果園盡頭的最後幾棵橄欖樹。兩名工人操作移動卡車型的機械手臂，夾住一棵樹上半部的樹枝，把橄欖震鬆，讓它們掉落到一塊防潮布上。

薩維爾解釋說，樹幹和大樹枝硬且脆，容易斷，所以這些部分必須使用速度較慢的手工方法採摘。而勞工成本是採收主要的成本，老樹果園的採收是更費時費工的差事。另外三名工人站在靠著樹另一側高高的梯子上，用綁在手腕上的硬塑膠鉤子和液壓式掃帚梳下橄欖，這種掃帚形狀像隻有著能震動的橡膠手指的大手。

更複雜的是，不同品種的成熟時間也有差異，德卡洛家族經常得分批採收，把油存放在各自的簡倉裡。這每一個細節都會增加製作優質橄欖油的成本，挑戰德卡洛的底線。

薩維爾分析採果現場的工資、重量和產量，展現了我在許多橄欖油業者身上見識到的數字敏銳度。他說，一位技術純熟的橄欖採收人一天的工資是一百歐元，大約可採收六棵大樹。每棵樹每次生產四十至五十公斤的橄欖，其中變成橄欖油的重量約是十五％，也就是每棵樹能產六到七．五公斤，相當於六．六至八．二公升的油（一升油的重量為〇．九一公斤）。因此，光是要採收這個區域的老樹，成本就已高達每公升二．五歐元。這還沒加上橄欖碾壓、分裝、行銷和運送油的費用，更別說還有一年四季照顧橄欖樹的成本，包括樹木修剪、施肥、灌溉、病蟲害防治。此外，還得外加繳稅、許可證，以及通過各種政府機構測試油品所需的化學檢測。這樣計算下來，德卡洛家族的每一瓶油製造成本約六歐元。

他說，年輕的樹林相對來說成本較低，那裡的樹較矮，而且間隔整齊，其間沒有外來植被，每名工人每天可以採收比老樹多四倍的橄欖。如果橄欖樹是以四乘以十二英尺的網格種植，修剪得像聖誕樹，就像在西班牙、葡萄牙和美國加州所謂的超高密度橄欖園，橄欖採摘可以用和採收葡萄一樣的那種聯合收割機，果園的樹也是大量施肥和灌溉，如此一來，成本還可以更低。

然而，鑑於義大利高價的土地、勞動力和機具，即使高度自動化，想在義大利的土地上生產初榨橄欖油，成本依然很高。且根據很多專家的看法，包括德卡洛自己在內，都認為當機械化程度超過一個極限後，會降低油的品質。「如果我們以用完即丟的橄欖樹製油，把橄欖園變得像間工廠，我們的油的香氣和口味會變成怎樣？」薩維爾這樣問道。

種植老樹並非是單純的農業理想主義。對德卡洛而言，製作好油需要勤奮、決心和對數字的敏銳度，同時也需要一些詩意的浪漫。

陽光透過角豆樹的樹冠，灑在我們的頭頂。遠處的樹林，矗立在義大利南方幾乎如超現實般的燦爛豔陽下，男人們站在靠在巨大橄欖樹的梯子上，果實在採收季被採摘一空，樹枝在重力和生長的慢舞中晃動著。

當採收季來臨時，人們使勁拉扯著橄欖樹，在樹下收集橄欖，這幅融合美麗與豐饒的畫面，數個世紀以來每年在這裡重演，形塑了一代又一代居民的生活。看到這一切，我知道，這將讓我在品嘗德卡洛的橄欖油時更有風味；再加上此地的富庶與歷史，使得這裡生產的油更讓人有感覺。

弗拉維奧·薩拉梅拉告訴我，有十八個車輪的大卡車車隊滿載普利亞大區的橄欖，在夜裡被運到義大利北方各地的碾壓廠。我問德卡洛是否知道當地哪一家農戶是這樣賣橄欖時，葛瑞琪點點頭。「當然知道。每年採收季開始的時候，這些卡車就停在工廠門前，裝滿寇拉提那橄欖，然後往北邊的托斯卡尼、溫布里亞和利古里亞猛開去。」她露齒而笑，她的白牙，甚至是她曬黑的臉都在竊笑。「你知道，那些有名的橄欖油產地，他們種的橄欖真是少得可憐。」

紮根在歷史悠久的土壤裡

五年前，在塞浦勒斯西南部一座古老的橄欖園裡，考古學家發現了一個歷史上的災難現場。那是一間大型工作室，被一場約發生西元前一八五〇年的大地震摧毀了，就像龐貝城一樣，時間在那瞬間靜止了。

挖掘現場時，每個物件都像是被驚慌失措的工人遺留下來般：蒸餾設備，浸泡著薰衣草、芫荽、月桂和迷迭香等萃取液的盤子；還留著銅和青銅渣的煉爐，青銅通常是用於製作雕像的；還有編亞麻布和羊毛織物的織布機。

在這些雜物的中心處，他們挖出製造橄欖油的石磨和一個巨大的碾壓機，還有十二個巨大無比的陶罐，共可以裝三千公升的油。

在位於這個看似雜亂無章工作室的心臟地帶的磨坊，它的重要性逐漸引起挖掘者的注意。他們看到，橄欖油是整間龐雜工作室的交集：它是製作香水的溶劑和基底，是冶煉爐的燃料，是織物柔軟劑，亦是紡織機的潤滑劑。磨坊裡的工人也會把橄欖油倒到陶罐裡，販售給當地的居民。他們還可能將它做為食物、化妝水、藥品、燃料和煤燈燃油。

現場一間三角形廟宇的崇拜者甚至以橄欖油在一塊高高的石壇上獻祭，崇拜的對象是一個形貌為牛頭骨、長著彎曲石角的神祕神祇。

「橄欖油是古代最偉大的可再生能源，燃燒時和苯一樣熱，卡路里含量為碳的兩倍。」瑪麗亞．羅莎莉亞．貝爾喬諾（Maria Rosaria Belgiorno）這樣說道，她是這項考古學計畫的負責人。「在皮爾戈斯（Pyrgos），我們發現橄欖油在許多行業中扮演重要角色，包括支撐賽普勒斯經濟的三大支柱——香水、紡織和冶金，也是海運和駱駝商旅長途貿易的主要商品。難怪橄欖油以及生產橄欖油的橄欖樹自古即被視為神聖。」四千年前，橄欖油已經在地中海世界扮演重要的角色，包括在機械、人力和想像力等方面皆然。

油橄欖的學名是Olea Europea L. saiva，野生橄欖（Oleas Europea L. oleaster）的表親，是一種長刺的耐寒常綠灌木，有著狹窄，柳葉刀形的葉子，原產於地中海盆地和中東許多地區。橄欖屬木犀科，裡面共有約九百種樹木、灌木和木本攀緣植物，分布在世界各地，主要是在森林地區。木犀科其中一些成員：如茉莉和丁香花，是著名的鮮花；其他如白蠟樹，是有名的細密度紋理的硬木。桂花，也叫茶橄欖，會開出香氣逼人的花朵，可作為茶的增香劑，在日本和中國非常受歡迎。只有橄欖樹能生產重要的經濟果實。

野生橄欖異常堅韌，可以在炎熱、近乾旱的環境下生長，每年還從它的球根長出生氣勃勃的新枝和無數的綠芽，如果不修剪，很快就會在樹腳長出濃密的小樹叢。它的橄欖是核果，和櫻桃、桃子和李子一樣，橄欖果肉含有會產生微小油滴的果皮細胞。光合作用的最終產物——橄欖油是乾旱氣候時高效能量的儲存媒介。

當橄欖苗剛發芽時，它滋養幼苗，幫助調節幼苗的生長與發育。事實上，一旦橄欖果實與母樹分離，酵素就會在橄欖裡開始釋放出來，並迅速將油分解，使整顆橄欖變成一種富含水份與微生物的種籽，這是在沙漠裡培育發芽種籽的理想環境。

儘管如此，橄欖樹為何含有豐富的油脂仍然是個謎。一棵橄欖樹可以產出的油遠比它的種籽含的油量多很多；況且，橄欖裡所含的絕大部分橄欖油在它的種籽發芽前就已消失了。有些生物學家認為，透過種籽裡一些微甜多汁的油，能使水果更開胃，也可能有助於植物擴大分布領域。許多動物和鳥類將橄欖籽連同果實一起吃進肚內，並將它們和糞便一起排出，從而在各地播下種籽，還順便施肥。在這些媒介裡，聖經裡有名的鴿子是其一，人類是其二。

人類最早使用野生橄欖的蛛絲馬跡，在整個舊石器時代和新石器時代地中海地區的考古區都屢見不鮮。從西班牙、法國里維埃拉到北非、希臘島嶼和以色列，考古學家們都發現數堆的野生橄欖籽，顯示它們是被特意收集起來的。

撒哈拉沙漠深處貧瘠的阿哈加爾山有一幅七千年前的神祕岩畫，畫中的男子戴著橄欖葉做成的頭冠跳舞，顯示當時氣候溫和，適合種植橄欖。

人們採集野生橄欖為食，並在某個時間點開始壓製它們做成油品。也有可能正好是相反：有些學者認為，野生橄欖味苦生澀，人們應該是先把它們製成化妝油，後來才開始當成食用油。

從野生橄欖中煉油的最早設備是一塊石磨，類似於研缽和杵，可以先將之磨成果泥，然後放進石盆裡，用一塊平坦的石頭壓出油來。其他早期的橄欖油生產者可能是把橄欖泥裝進一個布袋，再用力搥它。

最早栽培野生橄欖可能是在西元前四世紀的巴勒斯坦。經由選擇和最好的水果嫁接，考慮其生長特性和抗寒性，並透過修剪多餘的木材以利果實生產等方式，早期的農民逐漸把灌木叢變成會長出碩大又飽滿的橄欖，而且也含有更多油的橄欖樹。但是，每一棵人工栽培的橄欖樹中都潛伏著一顆野橄欖，如果這棵樹被放棄種植，野生橄欖就會復生：新芽會長成一片茂密的樹叢，中央的樹幹會凋零，整棵樹又回復到叢林般的原始橄欖。

到了青銅器時代晚期，橄欖樹已經被有系統地栽種於地中海東部，利用好幾人一起操作的大型碾壓機壓榨橄欖，製作橄欖油。在巴勒斯坦的伊克倫，發現了一座有六千年歷史的橄欖油磨坊，該處有多達上百個石磨，是使用木頭做為槓桿手臂，估計每年可生產約五十萬公升的橄欖油。

西元前三千年，橄欖油產業已是數個地中海經濟體的命脈。在伊布拉、馬里、烏加里特和邁諾安克里特島，大量的橄欖油被裝在陶罐，儲存於皇家酒窖裡，是國王主要的資產。

在伊布拉的楔形文字片和克里特島希臘線形文字的著作中，描述了廣闊的橄欖園、大型磨坊，以及與整個地中海地區廣泛的橄欖油貿易。橄欖油不僅資助了這些文化的茁壯，也保存了他們的歷史：當異族入侵或自然災變導致每個文化戛然而止的時候，皇宮下方儲藏的高度易燃的橄欖油會起火燃燒，烘烤著存放在附近檔案室裡的文字泥板，彷彿一個巨大的烤窯，使這些文字泥板得以保留數千年之久，直到它們被發現而重見天日。

如皮爾戈斯工廠的規模和複雜性所顯示，在西元前一八五〇年，以橄欖油為基底的香水已經是塞浦勒斯一項重要的產業，遠銷至整個地中海地區。也許正因為香水如此奇蹟般地捕捉了春天的花朵和香草轉瞬即逝的氣味，也或許是因為它們製造出來輕柔的愉悅感，最早提到橄欖油製造的香水的，是在宗教的文本裡，例如獻祭和墓葬。

早在西元前三千五百年，在上埃及的阿拜多斯（Abydos），芳香油和油膏的瓶子就已出現在前王朝的葬墓裡。在三千年前譜寫的史詩《吉爾伽美什》（*Gilgamesh*）裡，香水和橄欖油被視為文明的象徵。西元前三千年以前，香水在近東地區[3]非常普遍，有些特定樣式的香水瓶，是用雪花石膏製成，後來在希臘被稱為陶瓶（aryballoi），被大批生產，並經常被考古學家發現。

香水也有其他不那麼神聖的用途。由於它的原料是一種可食用的油，故香水也被添加到食品和酒類中，既可提高它們的口感，也能掩飾不好的氣味。它們也用在按摩和美容，有些還被認為是春藥（aphrodisiacs）。畢竟，代表愛、美與慾望的女神阿芙羅狄蒂[4]即被認為是香水的發明者，神話裡說，她從塞浦勒斯附近的海裡出生，塞浦勒斯即是以幾千年來香水產地中心著稱。

3 早期西方地理學者以「近東」指鄰近歐洲的「東方」。指地中海東部沿岸地區，包括非洲東北部和亞洲西南部，有時還包括巴爾幹半島。

4 羅馬神祇中的維納斯。

克里特島還出口大量的橄欖油到埃及，在那裡，它被用於製作油膏和化妝品，以及為木乃伊防腐。到了中王國時期以前，埃及人開始自己生產橄欖油，橄欖樹成為埃及藝術的重要主題，油土罐是墓地裡一種常見的物品（圖坦卡門的墓葬裡就有很多）。

對埃及人而言，橄欖油燃燒時清亮、強烈的光線具有神聖的祝禱作用。約西元前一千年的紙草上，記載了法老王拉美西斯二世告示他要獻給太陽神的獻禮：「我在祢的赫利奧波利斯城開闢橄欖園，與眾多的園丁和工人擔負萃取第一等純埃及橄欖油的任務，誓使祢豪華聖潔的大殿中的燈永不熄滅。」在此生與來世，橄欖油都是一種神聖的物質。

如果，能發生橄欖油界的甲醇醜聞

對於德卡洛家族，橄欖意味著「家」，不僅因為他們的家族樹與他們的橄欖園和製油事業在過去四個世紀裡緊密交織，就字面上的意義也是如此：他們的房子蓋在磨坊上，彷彿是一座城堡的要塞。

對德卡洛家戒備森嚴的印象是因為圍繞在房子四周加裝的安全牆以及監控攝影機，每個接近大門的人都會被錄影，而且影像會出現在設置於屋內的螢幕上。當地生產者定期會被油賊搶劫，他們開著裝有高壓泵幫浦的油罐車，將油儲料倉的油吸走。「在某個時間後，我們就不開大門了。」我們參觀完德卡洛家的橄欖園，回家吃午飯時，薩維爾這樣說道。

法蘭西斯科和瑪麗娜在一個以大塊橄欖木製成的火爐旁等著我們，法蘭西斯科把頭靠在他姐姐的腿上，他們正在吃從一個小瓷碗裡拿出來的西瑪的莫拉醃橄欖，一邊把籽吐到火堆裡（橄欖籽是一種很好的燃料，橄欖油生產者時常把橄欖粕——萃取橄欖油剩下的固體渣滓，大部分是碾碎的籽——賣給電力公司和其他行業，當作爐裡的燃料）。

葛瑞琪蹲在壁爐旁，把幾磅的羔羊肉放在煤炭上的烤網上烘烤。當肉片嗞嗞爆響時，我們注視著火焰因為每次油脂滴落所引起的小爆發，這時，她說了一個關於中毒、失明和死亡的真實故事，而且她有點希望它能再度發生。

一九八六年三月，義大利西北部醫院陸續發布收到數十位病患，都出現急性噁心、神經失調、頭暈、視力模糊的症狀。結果共有二十六人死亡，二十多人失明。調查人員最終發現，每名受害者最近都喝了當地的白葡萄酒。幾個當地的生產者在此之前一直以添加甲醇的方式，提高他們的葡萄酒酒精含量；甲醇是一種劇毒，也稱為木醇。

這件醜聞，以及接下來的政府打擊假酒行動，重創了義大利的葡萄酒產業，消費一落千丈。好幾百家，其中大部分是誠實的酒莊，宣告破產。然而，這場危機從根本改善了義大利葡萄酒的釀造技術，並迫使廣大的葡萄酒產業從量到質全然改變。

「在發生甲醇醜聞之前，這裡的人不是這樣製酒的。」葛瑞琪一邊說，一邊把二〇〇四年釀造的獵鷹酒（Riserva Il Falcone）倒進酒杯，這是由附近一個中世紀城堡蒙特堡以本地葡萄品種尼祿第特羅亞（nero di Troia）釀造的紅葡萄酒。「即使當時他們這樣製酒，也沒有人會買。當時，大部分人買酒時，是一大壺一大壺買，並沒有標籤。你會在餐廳的桌上看到它們，在那裡擺上好幾天。大多數人做夢也不會想到要買一瓶有標籤的葡萄酒。」

甲醇危機之後，消費者變得比較講究，經過市場整合後倖存的生產者學著採用由法國釀酒師首創的工藝和技術。「事件曝光後，生產者開始建立令他們感到驕傲並且願意捍衛的品牌。消費者也才開始思考他們到底買了和喝了什麼，並且願意多付錢購買好產品。也是直到甲醇事件後，政府開始真正認真檢查品質，確保瓶子裡裝的和標籤上寫的是一樣的。」在一九九〇年代，幾十種頂級義大利葡萄酒展露頭角，而葡萄酒也成為主要的出口產品（近年來葡萄酒在義大利的年銷售額衝破十億美元）。

葛瑞琪把酒舉到嘴邊，還沒喝便放下來。「就橄欖油業來說，我們就是甲醇事件之前的葡萄酒製造商。我們被卡在黑暗的時代。」她憂傷地搖了搖頭。「若我們小孩的生計受損，甚至是毀了，這將是件可怕的事。我也絕不希望看到任何人受傷。但有時我還有點希望出現橄欖油界的甲醇醜聞，將這個墮落的行業完全打破，並以健康的方式重建。這裡已經像罪惡之城巴比倫太久了。」

我們的午餐以一盤接一盤連續的時令蔬菜開始，它們大多來自德卡洛自己的菜園：浸泡在油和醋裡的小野生洋葱（lampascioni），飽滿味濃的櫻桃番茄，一種有著嫩尖的菊苣植物——苦苣

（puntarelle），還有輕炒扁扁的小朝鮮薊，大約只有一夸特或一英磅的大小。

「普利亞人吃的蔬菜多得嚇人。我們就像山羊一樣。」二十四歲的法蘭西斯科又高又瘦，理了平頭，深邃認真的大眼睛一眨也不眨地看著你，雖然這壓迫感被他一直掛在嘴角的真誠的微笑沖淡一些。

法蘭西斯科擁有食品品質的學位，以及那不勒斯大學的橄欖油品嘗文憑。他最近還推出了浸泡特極初榨橄欖油的德卡洛蔬菜系列：包括蘑菇、朝鮮薊、辣椒，以及長在他們土地上的農產品，如皮丘林[5]和西瑪第莫拉品種的綠色食用橄欖。

「我引進它們以讓我們的產品線多元化，讓我們的工廠設備全年都能維持運作。」他解釋說：「但在橄欖油價不堪的狀況下，這是獲利較高的業務，有助我們勉強保有盈餘。」他那現代財金管理的行話與他父親談論橄欖油產業的樸實作風如此不同。我本能地問道，他與薩維爾合作是否愉快。

法蘭西斯科想都沒想就回道：「不愉快。我們每天都在吵架。每一天！」當笑聲和些微的緊張氣氛淡化後，他很快地試探性瞄了薩維爾一眼後補充說明：「分享不同意見，共同決定最好的方式，這就是最佳的合作方式，不是嗎？」

雖然他受了大學的訓練，法蘭西斯科顯然繼承了父親對橄欖油發自內心深處的熱情。他最早的

5 皮丘林（pieholine）是法國特有的綠橄欖小型品種。

記憶也圍繞著家庭磨坊。當時才三歲的他，在橄欖麻袋之間的一個安樂窩睡著了，他的家人在呼呼的刀片和滾輪聲中，聲嘶力竭地喊著找他，他竟然整夜一覺到天亮。

「如果你早來或晚來一兩個星期，你會吃到完全不同的一餐。」法蘭西斯科邊說，邊在一個裝了五、六種不同青菜的大碗裡淋上一圈綠色的阿卡蒙（Arcamone）橄欖油。這些野菜我大部分從沒見過，而且他也只知道它們在當地方言裡的名字，連義大利文怎麼說都不知道，像是庫拉奇德（cuolacidd）、斯邦薩爾（spunzál）、西馮（sevón）、西古瑞德（cicuredd）。

「我們普利亞人很需要這些，」他繼續說著，一邊攪動發亮的菜葉：「我們盡量只吃當季的蔬菜和水果。許多義大利人也一樣，他們喜歡當地菜園裡新鮮的蔬果，遠勝於超市裡那些看起來無精打采、發黃的農產品，即使當地作物的價錢較高。那麼，他們買油的心態為什麼不一樣？橄欖是一種時令水果，橄欖油是一種鮮榨果汁，它剛製作完成時品質最好，之後就開始走下坡了。為什麼人們願意購買這些昂貴的蔬菜，卻在它們上面淋最便宜的油呢？」

接下來的用餐時間，德卡洛家的橄欖油在席間觥籌交錯被拿來拿去，一會兒倒在一種極富奶味、濃郁的布瑞達起士上，它是馬茲瑞拉起士的表親；一會兒又淋在琉璃苣貓耳朵義大利麵，琉璃苣是一種瑞士甜菜。

起初我以為德卡洛家人是在向我炫耀他們的橄欖油，但我很快就發現，他們每天都這樣吃橄欖油：從桌上四種不同的油之中，選一種最適合那道菜的油。薩維爾淋了一堆德努塔多瑞第莫沙（Tenuta Torre di Mossa）在他的烤羊肉上，這是他們家最辛辣的油，其他人咯咯地指著笑他。他晃了晃頭，高興地笑了，這是我第一次看到他笑。「我花了一輩子做油，但我永遠吃不夠。還有什麼其他工作能給你這麼多油？」

他把油遞給我，我倒了一些在羊肉片上。它彷彿在肉裡產生催化的微妙化學反應，我嘗到了和前一口還沒淋上橄欖油前不同的濃郁口味：葛瑞琪用在羊肉裡調味的迷迭香和香薄荷、微焦的脂肪、橄欖木烤架的淡淡炭味，每一種味道都有了新的深度和濃度。甚至連肉質都變得不同，更柔軟多汁。這種油不只是一種調味品，而是已經入味了。

當我發現這一點時，法蘭西斯科哼了一聲。「你去告訴廚師看看！」他解釋說，他最近在那不勒斯為二十位名餐廳的主廚上了一堂品油課程，他們大多表現出一副對橄欖油的無知的樣子。「這些傢伙每一位都跑過第一流的餐廳，不是嗎？有的還待過米其林等級的餐廳。他們有高度發達的味覺，品嘗過各式各樣的葡萄酒和美食。但他們每一個人在廚房裡，甚至餐桌上，用的都是精製橄欖油或是次級初榨橄欖油。他們用劣質油這麼久，以致於不知道好油是什麼味道。」

已經沉默一段時間的葛瑞琪，突然語氣鏗鏘地說：「那我們得教教他們。我們必須走的路是油品文化：教育人們什麼是好油，這是脫離這場危機的唯一出路。因為人們一旦試過真正的特級初榨橄欖油，不論成人或小孩，只要是有味蕾的人，他們就絕不會再用假油。它會是你曾經吃過最獨特、精緻、最新鮮的食物。它讓你發現其他東西是如何的腐敗，是真的「腐爛」的東西。但是，必須有個開端。我們得找個方法，讓那幾滴真正的特級初榨橄欖油進到他的嘴裡，打破他們使用壞油的習慣，並利用廣告洗腦。這世界上必須要有好油留著，供人們品嘗。」

她站起身，走進廚房拿點心，房子裡突然一陣沉默。每個人似乎都在思考她說的，以及她沒說出口的話：如果橄欖油製造業的現況不趕快改變，就沒有人可以留下來製造真正的特級初榨橄欖油。即使德卡洛家族也不例外。

義大利人身上，都有一種承襲自祖先的地中海氣味

寫於皮爾戈斯香水工廠被摧毀的一千年後，荷馬講述了奧德修斯驚心動魄在西利亞島外海的海難夜。這位英雄設法游到岸邊，在黑暗中拖著疲憊的身軀爬上礫石灘，藏身在橄欖樹叢下，躲避土匪和野獸。第二天早上，他醒來聽到挪嘉琪亞和她的侍女們在岸邊玩球的聲音，並請求她們幫忙。她們給了他一罐橄欖油，讓他擦拭裸露且布滿鹽漬的身體，她們站在遠處，盡量不盯著他看。接著，雅典娜，也是橄欖油之神，讓這位之前被認為平庸無奇、不修邊幅的男人，搖身變得如眾神一般高大英俊，有著優美線條的臂膀和閃閃動人的捲髮。然後，挪嘉琪亞開始密謀求婚。

橄欖油和希臘人一起進入黃金時代，他們將橄欖樹視為聖樹，將神奇的橄欖油使用在令人意想不到的多種方式：當作食品、燃料、護膚乳液、避孕、洗滌劑、防腐劑、殺蟲劑、香水、裝飾，也把它用來於治療心臟疾病、腹痛、掉髮、胃腸脹氣和過度出汗。

在古代，橄欖油最著名的用途是使肌膚更有彈性、更性感。希臘時代的主人宴請賓客時，會提供用壓花和有香氣的植物根部所製作的橄欖油，並讓奴隸揉入客人的腳、身體和頭髮裡；閃閃發

光的臉頰和頭髮是愉悅和精神昂揚的象徵。神也要求類似的待遇，異教的雕像如奧林匹斯山上宙斯的巨大青銅和象牙雕像會定期抹上橄欖油，如羅馬時代的學者老普林尼所說，這不僅出於虔敬，也為了保護雕像的金屬部件免於腐蝕。

橄欖油是許多希臘城邦的經濟命脈。雅典的美國學校古典研究的古代歷史專家耐吉爾・肯內爾說：「當時人們花在橄欖油上的錢，就像我們今天花在石油上一樣多，而且政府會竭盡能地確保它的穩定供應。」

雅典和斯巴達這兩個著名的敵對城邦，它們的歷史就因橄欖樹而相互糾結。雅典人視雅典娜這位橄欖之神為保護神，小心翼翼地守護著他們聲稱是雅典娜親自栽種在雅典衛城的古老橄欖樹，並且視之為雅典城邦的圖騰：西元前四八〇年它被入侵的波斯人燒毀，但綠芽很快從燒焦的殘幹萌生，讓雅典人確信，他們的城邦註定會再次蓬勃發展。人們砍下這棵樹的一些樹枝，在附近阡插，成長為雅典的聖樹（moriai），這株神聖的橄欖樹由一群地位特殊的祭司照料，並且由童男採收。柏拉圖在這株樹下成立了他著名的學院，雅典劇作家索福克勒斯讚美這株橄欖樹為「神祕的，幾乎是超自然的美」；摧毀它的人必遭天譴，索福克勒斯寫道：「因為它是由宙斯的全視之眼注視著，以及由雅典娜閃閃發光的藍灰眼睛看顧著。」

這些神話般的形象在雅典社會反映了更多現實面。橄欖油貿易對建構富足的社會有很大的貢獻，包括索福克勒斯的戲劇、柏拉圖的哲學，以及其他伯利克里雅典時期（Periclean Atheans）的藝術和智慧的成就，都在此時成形：梭倫（Solon）通過了鼓勵種植橄欖以及生產與出口橄欖油的法律，若每年砍伐超過兩棵橄欖樹就要被取締。

亞里士多德在《雅典憲法》裡，更進一步明訂任何人砍伐橄欖樹被定罪的，應被處死。在每四年在雅典舉辦，以紀念雅典娜的泛雅典運動會裡，優勝者不僅能收到數量龐大的油（最多五噸），還可以免徵收橄欖油出口稅。泛雅典運動會的優勝獎品顯示了巨大的財富，因為當時橄欖油貿易是個賺錢的行業。柏拉圖本人就靠賣了一批油籌措了埃及行的旅費，油可能就是用他自己的橄欖樹製成的。

同樣地，橄欖油在拉科尼亞，也就是斯巴達的領地，其令敵人喪膽的武器大部分就是由橄欖油收入支持的。橄欖油提煉了他們較簡樸和簡潔的特質。在西元前七世紀，斯巴達推出了希臘社會第一個有組織的體育文化，透過競技、肢體運動與同性隔離，有系統地栽培他們的年輕人，為成為戰士做準備。斯巴達人也是第一個以裸體進行運動，並用橄欖油塗抹他們赤裸的身體，這個習俗很快就傳遍了希臘其他地區。一些學者，如耐吉爾．肯內爾認為這與西元前六世紀青銅雕像的崛起相關。「在夏日的陽光，一位皮膚曬成黝黑的運動員，全身塗滿橄欖油，真的很像眾神的雕像。」肯內爾說。其他研究人員認為，「這種儀式化的塗油禮，以其公開的讚揚男性晶瑩的裸體，促使同性之愛在希臘世界的傳播。」

「黝黑、閃亮、健康的體格，事實上即是『俗豔』的裝飾。」加州大學河濱分校的古典學教授湯姆．斯坎倫（Tom Scanlon）說：「橄欖油提高了身體的情慾，並鼓勵男性同性戀和雞姦，首先是在斯巴達，後來傳到整個希臘世界。」

雖然雅典人和斯巴達人之間存在著許多歧異，但到了西元前五世紀，他們都同意一件事：在古典世界的基石，即浴場和體育場上，大量使用橄欖油。「希臘人無法想像洗澡或運動時沒有橄欖油，」耐吉爾說。「這是不是奢侈品，而是必須品。」正因以上種種原因，當蠻族入侵，帝國毀滅，橄欖油的供應被切斷時，浴場和體育場也關閉了。

希臘人用橄欖油做為燃料來煮水，點亮體育場和浴場，此外橄欖油也是某些運動項目不可或缺的要素，例如摔角和劍術（古希臘文的動詞為aleiphein，意為「抹油」，也意謂「在體育場運動」）。畢竟，浴者和運動員，通常都會由被稱為「油工」的奴隸協助，在他們身上塗滿大量的橄欖油；運動後，他們用一種彎曲的鐵刮板（稱做strigiles）將油與體垢、汗水一起刮去。

香氛精油珍貴且具療癒效果，浴場和體育場的工作人員甚至會搜集這些碎屑（希臘人稱為gloios），當成藥賣給顧客。這些油狀殘留物也從裝飾浴室的青銅和大理石雕像，以及牆壁和地板上刮出來，可以想見浴者遺留下的橄欖油量，也顯示了在古代世界待了一整天後在感官知覺上所產生的濃度。「我認為，那個時期任何一座希臘或羅馬城鎮對我們的嗅覺一定非常有挑戰性。」肯內爾這樣評論道。

多具挑戰性？它聞起來像什麼？奧德修斯的肩膀和頭髮飄散的是什麼氣味，以致於當他朝挪嘉琪亞走向海灘，瀟灑如神（或是像在浴場裡的銅像），令挪嘉琪亞如此難以抗拒？

多虧了皮爾戈斯的瑪麗亞．羅莎莉亞．貝爾喬諾和她的同事這些考古偵探，我們現在有相當可靠的線索回答這些問題。他們採用化學和毒理學的測試，包括阿爾芬–格里馬爾迪方法（Halphen-Grimaldi method）、李伯曼氏反應（Liebermann's reaction）和布魯爾氏混合法（Bloor's mixture），分析附著在香水工廠陶器底部黏稠的殘留物。此黏稠物是由具有濃郁花香的馨香物所產生，同時這些馨香物也是製作香水的原料，包括有迷迭香、茴香、芫荽、苦杏仁、佛手，以及橡樹、松脂、桂樹、香桃木、馬鬱蘭、鼠尾草、薰衣草、甘菊和荷蘭芹。

確定了古代香水的活性成分之後，貝爾喬諾決定使用和塞浦勒斯青銅器時代相同的工具和材料重製這些香水。她與羅馬附近的實驗考古古代中心研究所的安傑洛．巴托麗（Angelo Batoli）起合作，複製了赤土土罐、蒸餾器等在挖掘時發現的器物。再加上一位塞浦勒斯熱愛當地野花的藥劑師的協助，貝爾喬諾找到了一些她在挖出的陶器裡所檢測到的自然芳香植物，包括迷迭香、薰衣草和野玫瑰。她還研讀了古典時期迪奧科里斯（Dioscorides）、普林尼（Pliny）和泰奧弗拉斯托斯（Theophrastus）著作裡的香水配方，然後收集了幾公升的雨水，並且說服潘多爾菲（Pandolfi）這位在佩魯賈擁有大片橄欖園的貴族，製作一些翁法森（onfacium），這種羅馬人在八月份所採收的綠橄欖做出的橄欖油，其極低的游離酸度和含量相當高的天然抗氧化劑，是香水的理想基底。

接著，貝爾喬諾和巴托麗展開工作。他們在許多大肚的土罐中倒進等量的橄欖油和雨水，再於每個土罐裡加入一種她已確定的芳香植物，並以小火煎煮。漸漸地，精油從植物裡蒸餾出來，融進了橄欖油。五天後，水分都蒸發了，留下一小泊純淨芳香的油。

瑪麗亞．羅莎莉亞．貝爾喬諾經常使用她自己的鐵器時代香水，說這種香水的橄欖油基底會融入肌膚，留下了滋潤、健康的光澤，與時下以酒精為基底所製造的香水會產生乾燥、緊繃的感覺不同（以酒精為基底的香水因為無菌，所以保存期限長，在十九世紀後期取代了以橄欖油為基底的香水，而天然香料的香氣也由實驗室製成的廉價合成香精所取代）。

她感嘆整個世界失去了天然的香氣，並繼續在塞浦勒斯的森林和高地草原尋找更多古老的皮爾戈斯香水師傅所使用的植物。她記得第一次她和義大利與塞浦勒斯同僚，將新製的野生薰衣草精油拍在手腕和喉嚨時，那種奇妙的、似曾相識的感覺。「它有一個潔淨、清新，略帶男性香水的氣味，與現今水果味的香水非常不一樣。」她說：「這是一種大家都認得的味道，一種承自祖先的香水，我們所有人身上都有一些。就像是地中海的氣味。」

奧德修斯聞起來就像這樣。

PART

2

第二章

橄欖油造假的歷史

橄欖樹為萬樹之王。

——科魯麥拉（Columella），羅馬農藝學家，《論農業》，第五卷

橄欖樹，它實在太可惡！你無法想像它帶給我多少困擾。一棵五顏六色的樹，不很大，但它小小的葉子，令我全身冒汗！一陣微風吹過，整棵樹的色調就換了，因為顏色不是在葉片上，而是在葉片和葉片之間的縫隙裡。一位藝術家不可能有偉大成就，除非他懂得風景。

——皮耶—奧古斯特．雷諾瓦（Pierre-Auguste Renoir），〈致保羅信〉（Letter to Pau Durand-Ruel），1889。

五千年前就開始發生假油事件

台伯河的南岸是一座高約五十公尺、寬約一公里的凌亂小山丘，上面覆蓋著薄薄的草皮和幾棵樹，河對岸即是羅馬七座小有名氣的山丘。南岸呈現出的田園式遺跡，讓羅馬即使位在城市的心臟地帶，仍具有鄉村的氛圍。

在中世紀，這座山名為「泰斯塔西奧山」（Monte Teštaccio），是舉辦盛大宴會和狂歡儀式的所在，當時曾有一車的豬隻在山頂翻車，跌落到山下，一群饑餓的當地人便持刀將這些不幸的小豬捉來祭五臟廟。如今拜時尚餐廳、壽司店、同性戀夜總會，以及在山腳邊坡闢建的超前衛舞廳之賜，這裡的夜生活熱鬧非凡。

當我前往羅馬採訪義大利農業部長有關進口橄欖油的問題時，造訪了泰斯塔西奧山，這是一座曾大量進口橄欖油的實證遺跡。當我爬上陡峭的斜坡，有東西在我腳下嘎吱嘎吱作響，就像沙灘上厚厚的貝殼。

「泰斯塔西奧」來自拉丁語 tešta，意思是「陶片」；你爬上山丘時會嘎吱嘎吱響，因為它是由兩千五百萬個雙耳油罐堆砌成的，大約第一到第三世紀之間，羅馬人將它們棄置在此。泰斯塔西奧山是古典世界中最大的貝丘。

這裡的每個雙耳油罐約可裝七十公升橄欖油，油是從西班牙或北非進口的，換算加總起來，泰斯塔西奧山意謂著裝有十七億五千萬公升的橄欖油，這是免費發放給羅馬公民食物補貼的一部分，稱之為 annona。

泰斯塔西奧山是目前已知最大的橄欖油儲存站，但當時帝國任何一個城市、鎮、軍營，也都有自己縮小版的儲油站。站在這座橄欖油罐堆砌而成的小山，俯瞰羅馬的萬家屋頂，你將明白，橄欖油對古代經濟至關重要，地位有如今日的石油。「石油」（petroleum）這個字是由 petra 和 oleum 兩字而來，拉丁文意為「來自石頭的橄欖油」。

如果希臘人是從美學和靈性的角度讚賞橄欖油，那麼如泰斯塔西奧山顯示的，羅馬人則著重它的商業性。在帝國的部分地區，每人橄欖油的年平均消費量高達五十公升。羅馬人也將橄欖油轉型成國際經濟作物。農藝學家如加圖（Cato）和科魯麥拉（Columella），編纂了種植橄欖的方法。他們確認了二十個不同的橄欖品種，也訂出了幾種橄欖油的品質等級。他們都同意，最好的油是「綠油」（oleum viride），這是以半成熟的橄欖製成；而從「熟果製作」（oleum maturum）較不理想；「飼料油」（oleum cibarium，即羅馬版本的「燈油」）則只適合給奴隸使用。

羅馬人在北非、義大利南部和安達盧西亞大量種植橄欖，這就是泰斯塔喬山油罐的貨源，他們還建造了架設十幾個巨型槓桿壓榨機具的高產能巨大碾壓廠（保護這些壓榨機具的高大磚石房舍，至今仍像支石桌墓一樣，點狀地分布於北非馬格里布的某些地區。它們莊嚴高聳，讓早期的英國探險家誤以為它們是宗教遺跡）。

羅馬人在主要的港口訂定了大宗商品市場的油價，並組織專門的橄欖油同業工會，從稱作「碾壓廠」（olearii）的橄欖油小零售商、規模大一點的「批發商」（diffusores）和「盤商」（mercatores），到以大批賣到整個帝國的「貿易商」（negotiatores）都包括在內。羅馬貨船滿載著橄欖油，在地中海上來往穿梭。

這個重要的大宗商品成為帝國政治上的重要籌碼，有時地位更勝於現金。凱撒大帝為了要懲罰大萊普提斯[1]的人民阻撓他攻打非洲，於是對該鎮城的官員開罰三百萬羅馬磅，或一百六十七萬零八百公升的橄欖油。

在羅馬帝國裡，靠橄欖油就可以在政治上平步青雲。安東尼・奧古斯都（Marcus Aurelius）以及哈德良（Hadrian）這兩位羅馬五賢帝，都是貝提卡（Baetica，今安達盧西亞）橄欖油氏族的後裔；而塞普蒂米烏斯・塞維魯（Septimius Severus）出生於大萊普提斯，這是橄欖油盛產區黎波里塔尼亞（Tripolitana，今利比亞）的首府，他的家族也是靠著生產橄欖油和製造油罐而致富。「我一直認為（塞維魯）有點相當於今日的石油酋長，」英國萊斯特大學羅馬考古學教授與羅馬橄欖種植權威大衛・馬丁利（David Mattingly）這樣說道：「橄欖油是無窮的財富和力量的源泉。」

透過橄欖油獲得權力後，塞維魯也運用橄欖油維繫他的權力。登基後不久，他請萊普提斯的公民每年「自願」損獻一百磅的橄欖油——這是一種黑手黨式的提議，民眾無法拒絕——然後將這些油免費配發給羅馬居民（運進來的油罐，自然就被堆放在泰斯塔西奧山）。他這種或許可被稱作「麵包、競技場和橄欖油」的策略，有效提高了他的支持度。

塞維魯成功地統治了近二十年，並將他的權力移交給他兩個不成材的兒子，卡拉卡拉（Caracalla）和蓋塔（Geta）。他臨終前還在病榻上喃喃地對他們說：「你們要互相友愛，給軍人大把銀子，其他人就不用在意了。」但他的兒子少了他那種橄欖油商的精明，沒把他的話當一回事，結果下場悽慘。

由於古羅馬軍團經常在他們駐紮的地方種植橄欖樹做為食物和燃料，糾結的樹幹和灰綠色葉子的橄欖樹成了強權征服和文化優勢的象徵。赫胥黎觀察到：「以橄欖葉編織的頭冠最初是在羅馬征服者接受眾人歡呼時戴上的，它宣告的和平是戰勝的和平，那往往是人馬俱疲後的寧靜，或代表了徹底的毀滅。」

餐桌上的橄欖油壺也標誌著羅馬美食戰勝了蠻族的啤酒和豬油。「這裡的居民過著全人類最淒慘的生活，」西元二世紀一位思鄉的羅馬元老院議員這麼寫著，當時他被調任到多瑙河畔的殖民地，那裡正是蠻族所在的北方森林深處，只有啤酒和豬油：「因為他們沒有栽種橄欖，而且也沒酒可喝。」

烹飪史學家馬西莫．蒙塔納里（Massimo Montanari）聲稱，羅馬人認為橄欖油像酒和麵包一樣，是「身份認同的象徵」，展示出羅馬人具有創造自然的能力，因為這些食物沒有一樣是天然存在於自然界的。「就社會學意義上，他們在物質和心靈上成為古羅馬劃時代精神的創造者。」蒙塔納里說。

這樣知名且豐富的物質，堪稱是古代世界的輕原油，自然會吸引了犯罪分子。事實上，早在羅

1 羅馬帝國時期的重要城市，遺址位於今利比亞胡姆斯附近。

馬時期之前就發生過橄欖油的假油事件。在有五千年歷史的埃勃拉楔形文字片裡，描述查緝人員為了打擊假油，在今天的敘利亞阿雷坡（Aleppo）附近，指派了一支名為「在奴札（Nuzar）的橄欖油督查小組」，以及一位皇家反詐騙大隊的負責人來負責調查。

在埃及的托勒密王朝，假油事件似乎已經相當普遍。羅馬也出現過一些類似的情形。醫學家蓋倫（Galen）就曾提到，橄欖油商人會在高品質的橄欖油中摻雜便宜的物質，如液態豬油。阿皮基烏斯（Apicius）是羅馬時期的富商與美食家，一本以他為名的食譜是古代的暢銷書，在書中許多使用大量橄欖油的食譜裡，便提到「改良」便宜且有異味的西班牙橄欖油的工序——這種油的油罐堆滿了泰斯塔西奧山，方法是將西班牙橄欖油加入剁碎的草藥和樹根，使其味道就像自伊斯特里亞半島出產的上等橄欖油。

如同在生活中其他許多方面一樣，羅馬人對預防假油事件也有一套因應之道。許多雙耳油罐的碎片上可以看到「tituli picti」的戳印，或者是以黑色或紅色墨水手寫的記號，記下了油的產地、生產者姓名、油密封時的重量和品質，以及進口商家的名稱。其他的註記還包括雙耳油罐運抵羅馬時，開啟油罐且確認以上資訊的羅馬帝國官員署名。

這龐大的官僚作業體系，以及每個雙耳油罐上詳細明確標示的目的，就是為了確保在從西班牙和非洲的橄欖油工廠，到羅馬帝國橄欖油倉庫的長途運送過程中，沒有任何一個中間商可以偷偷以虹吸管將油吸走，或是調換成劣質油。泰斯塔西奧山可說是一座打擊國際食品詐欺的紀念碑。

無國界的食品詐欺洪流，全世界都氾濫

類似這種這樣打擊犯罪的行動，在現今的義大利仍持續進行著，雖然方法和結果略遜一籌。「義大利製造」的標籤在世界各地大受歡迎，使它成為食品詐騙集團的禁臠，他們靠著販售造假或者摻假的義大利食品，預估可以年賺六百億歐元。

這些犯罪行為當中，黑手黨集團和其他犯罪組織靠著銷售不合格或不安全的產品，獲得了龐大的利益。例如，在所謂的伊塔布羅醜聞（Italburro scandal）中，那不勒斯附近幾個由黑手黨的卡莫拉幫（Camorra）控制的酪農場，以植物油、豬油、石化原料和動物屍體（有些還可能得了狂牛症）混合製成假奶油，在整個歐盟地區售出了兩萬兩千噸。其他案件則包括「合法的詐欺行為」，雖然看似不道德，卻是義大利和歐盟法律允許，不會在標籤上提及的。

十項產品當中，有四項「義大利製」產品實際上是由國外進口，重新貼上義大利製的標籤，上面通常還有一些假認證：四分之一的義大利白乾酪是用東歐的凝乳製成，九〇%的煙燻五香火腿是用外國豬肉製成，超過一半的義大利麵食是以進口小麥製成，而且這些小麥通常是來自耕地遭受毒物污染的國家。

有很多時候，除了上述的情形之外，還有其他的狀況，它們牽涉到知名的大企業與罪犯，無論是直接或間接透過一連串貿易公司與中間人所進行。由於食品業的價格競爭激烈，企業往往願意採購來歷不明的原料，即使它們的價格低到足以暗示這些食物可能是摻假的。

根據金融警察與那不勒斯檢察單位的說法，在伊塔布羅醜聞中，卡莫拉製造的奶油被比利時、

法國、德國各大食品公司買光，其中有些是家喻戶曉的廠牌，並製造成奶油、冰淇淋和甜食等不同形式賣給消費者。對於這些高知名度的公司，前歐盟國會議員和歐盟預算委員會主席保羅·卡薩卡（Paulo Casaca）代表歐盟追蹤這件事的發展，他指出：「我不知道哪一種情況比較糟。是這些公司故意買了被污染的奶油轉售給消費者；或是真說如他們所聲稱，他們完全不知情，而這也意味著他們並沒有能力分辨奶油的真假。」（伊塔布羅的大客戶甚至還收取了歐盟慷慨給他們生產和銷售「奶油」的補助金）

另一起飽受爭議的案件可追溯到二〇〇五年，檢察官聲稱，弗朗西斯科·卡西羅（Francesco Casillo）這位歐洲粗麵粉麵食領導廠商的總裁，將一艘滿載加拿大小麥的運輸船送進了巴里港口，而且這些小麥還感染了致癌的黴菌。他利用一份同謀的食品化學家假造的檢驗結果瞞混過海關，然後賣給幾個主要的麵食生產商，將之製成螺旋麵和水管麵，再賣給義大利的消費者。檢查官安東尼歐·沙瓦士達（Antonio Savasta）進一步說明，卡西羅剛開始提出認罪以換取減刑，承認販售未摻假、但對大眾健康有害的麵粉。只是首次審訊時的法官認為，針對這項犯罪的罰責太輕了。二〇一二年七月，經過漫長的審理過程，卡西羅和他的化學家被宣判無罪，其中一項理由是，因為歐盟提高了每批穀類貨物抽驗的樣本數量。安東尼歐·沙瓦士達表示，他對歐盟的新規定很失望，因為歐盟所規定的量幾乎是整艘貨船，數量大到他無法獲得足夠的穀物樣本，簡直形同縱容。

發生在時間更近一點的，在二〇一〇年十一月，一家生物柴油公司把三批原本該是工業用途的脂肪酸（例如用於紙張生產），出貨給德國一家蔬菜和脂肪飼料的製造商。這些不飽和脂肪酸已被戴奧辛污染，戴奧辛是一種工業副產品，也是致癌物質，而它們被混入脂肪飼料中，產生高達二千二百五十六噸受污染的脂肪飼料，之後又被賣給二十五家混合飼料生產商。接著，他們用在自己生產的動物飼料裡，再供應至德國、法國和丹麥成千上萬的家禽、豬隻、乳牛、肉牛、兔子和鵝的養殖場裡。歐洲衛生官員持續分析可能受影響的食物，但已下令大規模的農場進行防堵和將產品回收。

比這些食品污染個案更令人憂心的是，除了這些已曝光的案件之外，可能還有更多尚未被當局檢驗出與發現。說到粗麵粉污染事件，義大利農民聯合會（CIA, Confederazione Italiana Agricoltori）普利亞大區分會主席安東尼奧・芭瑞兒說，這個案件「打開了多年來所謂義大利食品『詐欺經濟』的一扇窗。卡西羅事件是二〇〇五年爆發的，但我們懷疑貨物受污染在我們國家的進口糧食中是種常態。」

義大利有一系列的執法機構負責保護食品業，包括像國家警察與金融警察的軍事警力、農業部的反詐欺單位、海關與公共衛生辦公室，甚至是林業服務單位。儘管他們通力合作——光是海關與林業服務單位於二〇一一年就檢查了十八萬件，並查緝約兩千三百萬公斤的貨物，總價值約八億四千六百萬歐元，但食品詐欺事件仍急劇上升中。

這個趨勢在世界各地都相同。ＯＬＡＦ這個隸屬歐盟的反詐欺機構在報告中指出，食品摻假和造假事件正迅速攀升。二〇〇九年，英國成立了一個新的食品詐欺諮詢單位，以因應食品安全犯罪上升的壓力。在美國，二〇一〇年零售食品和飲料總產值達五千六百億美元，幾個主要的學術機構，包括美國密西根州立大學，最近就成立了食品詐欺中心；美國總統歐巴馬也成立了一個總統特別任務小組，負責研究官方機構該如何從根本改善檢測與執行力（目前美國FDA只檢驗美國總食品供應量的〇・三％）。

誠然，食品與農業的管轄範圍太大了，估計全球每年產值約在五兆美元之譜，這使得規範變得非常困難。但食品造假事件數量增多的原因，並非規模所致，也不是因全球化造成。

有些詐欺行為是由大型企業所犯下的，他們的化學知識和專業能力遠遠超過那些督查人員。食品相關的巨大利潤，使不法商人對通常是低薪的報關行與執法人員行賄。而且，若犯下詐欺行為的公司是跨國企業，由於他們財大氣粗，本錢足夠，可以影響議員、支付有力的廣告宣傳，並運用法律行動，讓質疑他們做法的人和媒體噤聲。

然而，詐騙事件居高不下的最終核心原因是，大多數國家的政府缺乏政治意志面對它。在自由放任經濟與迷信自由市場的時代，往往由企業全權處理，甚至犧牲消費者的權益。

羅馬人建立並統治了歷史上規模最大、壽命最長的大帝國，主要得歸功於他們徹底奉行實用主義，甚至是犬儒主義，知道這樣的態度；他們還有一句諺語：caveat emptor，意思是：「買家當心」。但泰斯塔西奧山證明，有時羅馬人為買家設想得無微不至。當你在羅馬世界購買雙耳油罐裝的橄欖油時，你完全能從標籤上得知你買的是什麼。

誤把榛子油當橄欖油？前橄欖油大亨的造假疑雲

多梅尼科・瑞巴提（Domenico Ribatti）早年是位橄欖油大亨，他在位於巴里西北四十公里處安德里亞（Andria）的公寓門口迎接我；巴里是普利亞大區的橄欖油生產中心之一。

瑞巴提是位年約七十，個子瘦小的男人，有著琥珀色的大眼睛，厚重而灰白的兩道彎眉，給人一種世故的樣子。

從他的身形，想像不到他的聲音竟是出奇地低沉，但是輕柔且有點虛弱。這和我研讀法院對他不利的判決時所得到的印象大不相符。判決裡載有他被警察監聽的多起電話，當時他說起話來像是個事業有成的男人，習慣掌控權力、發號施令而且要立即見效。從他粗糙、略微紅腫的皮膚，還有帶我從他公寓到辦公室時走路小心翼翼的樣子看來，顯示他身體不太好。「這個官司已經毀了我的健康，」他疲憊地說：「他們把一個審理案件拖成十三次分開的審訊。」

百葉窗已經拉下，寬敞的公寓沈浸在藍綠色的氛圍裡，猶如海底的黃昏。我們經過一張矮而寬、顏色淡白的長沙發椅，旁邊有個茶几，上面擺了張鑲框照片，是兩位穿著芭蕾舞衣的年輕女孩，那是他女兒，他說，她們現在已經三十多歲。幾個鑲嵌著象牙和珍稀硬木的玻璃櫃裡擺著小盒子和動物俑，在昏暗的燈光下閃閃發光，像是閉館時分的博物館。不過，他的辦公室明亮而整潔。沿著一面牆的架子放了好幾綑藍色的文件夾。「這全是我的案宗。」瑞巴提說著，把手擱在案宗上，就像是農民站在一頭得獎的公牛旁，那是既熟悉卻又危險的行為。

牆壁上都是照片和文件。其中有一張是盧米埃爾的照片，她是瑞巴提在剛果的養女，他每個月寄四十歐元給她。另外還有一封很長的打字信，是其中一個女兒在他服監時寄給他的。「十三個月又兩天。」他看著這封信，用微微發抖的聲音說：「我是虔誠的基督徒，有很深的信仰，而且擁有一直支持我的家人。這讓我得以存活。」還有一張照片是一九九〇年時的瑞巴提，那是在問題未發生前，他剛從聯合利華的代表那裡獲得「最佳特級初榨橄欖油供應商」的殊榮，相片中的他皮膚黝黑、英俊，帶著成功者溫文爾雅的笑容。現在，他完全變了一個人。

瑞巴提是約瑟夫．瑞巴提（Giuseppe Ribatti）四對兒女中的第三個兒子。他父親是二十世紀初白手起家的典型例子，當時很多義大利南部人離開貧脊窮困的家鄉，移民到美國、澳洲和南美洲。

瑞巴提在貝內文（Benevento）當地教會成立的寄宿學校度過童年大部分的歲月，談起他的父親時仍充滿驕傲和敬畏。他說他父親是一位非常勤勞、節儉，而且無私的人，他在當地的碾壓廠打零工，學習橄欖油貿易直到一九二〇年，當時他已經存了足夠的現金，也累積了豐富的經驗，開始經營自己的碾壓廠。「他從零開始，以他自己的方式做事。」瑞巴提說：「他賺了錢，拿去投資，賺了錢，再投資，從不冒大風險。他是一個非常謹慎的人……大家都說，我很像爸爸。」

瑞巴提的父親繼續擴大他的碾壓廠規模，後來買了第二間廠房。一九六三年，這兩座工廠合起來，每天可碾壓三萬公斤的橄欖。那年，多梅尼科即將完成他在帕爾馬（Parma）大學的學位，但他父親要他回老家加入家族事業。「我只缺五次考試和兩份報告，而且已經開始寫畢業論文，主題就是橄欖油。」瑞巴提帶著淡淡的遺憾說。

他的人生有了翻天覆地的轉變。在他父親於一九七一年去世前，多梅尼科和他的兄弟們已將橄欖油事業經營地有聲有色。他說，他們七十五%的大宗油品都銷售給主要的橄欖油公司，如百得利（Bertolli）、沙索（Sasso）、百益（Filippo Berio）和卡拉佩利（Carapelli），其他賣給消費者的就用他們自己的品牌。

三年後，一九七四年，多梅尼科用自己的名義進入橄欖油業，創立一家新公司，名為「雷歐里歐」（Riolio S.p.A）。他與父親的保守策略不同，以大膽創新而聞名於業界。一九五〇年代後期，一些植物油精煉廠在普利亞大區設廠，將燈油純化，去除不佳的味道和氣味；瑞巴提在安德里亞附近買下一座小精煉廠，並迅速擴大成五．五公頃的生產中心。

他說：「我設定了一個目標，後來也達成了，就是要成為國際市場的領導者。」事實上，一九八五年時，瑞巴提是全世界散裝橄欖油最重要的貿易商。「剛開始，我是個投機者：我預測市場走向，然後在五、六個月前進場買進。我總是緊盯著市場，而且也總是預測正確。我會買下十萬、二十萬、三十萬噸的橄欖油，我知道可以隨時賣給百得利、沙索、卡拉佩利和聯合利華。」他的公司一直與大型客戶密切往來，有時賣出整個油輪的貨給他們。「我們是專業的品油師。我們很了解這些公司，知道他們想要的是哪一種標準的油。我們會準備運送給他們數千噸的油。」他說，他和其他一些大公司一起訂下橄欖油的市場價格。「我們每天早上都通電話，談論我們得做出的交易。但這並不是說我們組織了一個同業聯盟；我們只是做好生產者和碾壓廠的工作，並且也靠我們自己的努力創下銷售佳績。」

瑞巴提在突尼西亞、土耳其和西班牙聘僱代理商，代表他購買橄欖油，他自己也馬不停蹄地到各地出差：他到地中海各處視察每年的橄欖收成，並與代理商保持聯繫；他到瑞士處理複雜的財務結構問題，這是他專門建立起來以處理他的橄欖油交易的；他到羅馬，在那裡他與許多橄欖油業重量級的人物平起平坐，包括ASSITOL的總裁（ASSITOL是義大利權威的橄欖油生產者貿易協會），以及許多國家級的橄欖油協會會長。他出差之頻繁，甚至錯過了迎接小孩出生的機會。「ASSITOL的人常說，多梅尼科．瑞巴提的血管裡流的不是血，是橄欖油。」他補充說。

瑞巴提轉身，望著牆上自己從聯合利華主管接受特級初榨橄欖油廠商的獲獎照片。他最近拜訪了ASSITOL在羅馬的辦公室，他說：「他們看到我時全都哽咽起來，眼淚都快流下來了。『自從你離開業界，這裡變得像團屎堆。我們什麼都搞不清楚。』」他搖搖頭，仍盯著照片，彷彿在努力認出當時的自己，回想他的前半生，以及當時的光景。「一九九一年十二月十七日，一個昔日的朋友跟我翻臉，至今我已奮戰了十八年。那就像一輩子啊！」他的聲音已經小到像喃喃自語。他聲稱，檢查官多梅尼科．西賈（Domenico Seccia）是他以前經常一起吃飯的朋友，突然對他進行司法迫害。「我在替別人受罪，」他說：「我是代罪羔羊。」

據瑞巴提的說法，他被指控以榛子油和其他便宜的植物油假冒特級初榨橄欖油，這完全不是真的。他說：「當局抽取約五千五百個各一百公克的樣品，結果他們從未檢測出一公克那個該死的榛子油！包括檢驗分析，還有實驗室。這些我出貨的公司，他們不是傻子，是吧？百得利、聯合利華，他們自己也會檢驗啊！你認為他們會把榛子油當成橄欖油嗎？」

他說無知的調查人員和農場工會領導人攻擊他，因為他們誤以為橄欖油價格的崩跌是因為摻假，其實這是橄欖油市場的自然波動。他描述軍警檢調如何闖進他的橄欖油工廠，搶走文件，最終將他逮捕。

「這齣戲演了一年半，但他們從來沒有發現一件他媽的事。」他說，即使在此之前，他知道自己已被當局跟監，無論是在家裡或在外頭。「但我已經習慣了，我頭腦很冷靜。我很有人性，重感情，但上帝給了我第六感，幸好我意志夠堅定。」

他帶著挑戰的眼神看著我，目光銳利。「因為瑞巴提的離開，橄欖油業在屎堆裡越陷越深了，對不對？」他重複道：「為什麼它會變成屎？現在橄欖油的價格是兩歐元、二．二歐元，這些都是從二十五或三十年前，從一九八〇年代就開始的價格！是瑞巴提用榛子油造成的嗎？」

這時他已幾乎是用喊的，而且面紅耳赤。「這是地區銷售外務員在住家附近市場裡做的事！而我們現在談論的可是國際橄欖油貿易！」

他的聲音變得渾厚，沙啞而有力，他張著口呼吸，從他口中呼出一道濃濃混著咖啡味的香煙煙霧，向坐在辦公桌對面的我飄來。

「他們應該來這裡跟我說！但他們不敢。」

義大利調查人員談到多梅尼科．瑞巴提的故事，則是另一個版本。據他們的說法，瑞巴提東窗事發始於一九九一年八月十日，當時一艘名為馬札爾二號的生鏽油輪停靠在土耳其的工業港歐爾杜（Ordu），並抽取了兩千兩百噸榛子油進它的船艙。這艘船後來在地中海和北海迂迴航行。九月二十一日，馬札爾二號抵達普利亞大區東北部港口巴列塔（Barletta），船上的貨物在船隻的官方文件上變成了希臘橄欖油。它混過海關，可能有某些官方的縱容，讓油輪進油罐車，並送到雷歐里歐精煉廠，也就是瑞巴提的公司。在那裡，它混合了真正的橄欖油後，賣給雷歐里歐的客戶。

一九九一年八月至十一月，馬札爾二號和另一艘油輪卡特里娜・T（Katerina T）將近萬噸的土耳其榛子油和阿根廷葵花籽油運送至雷歐里歐，都是以希臘橄欖油的名義。多梅尼科・瑞巴提日進斗金，重整了大量房地產資產，包括之前在巴里的百貨公司。據義大利的司法文件所載，他買通兩名官員，一位是支付現金，另一位則是用好幾箱橄欖油的方式進行賂賄。他還多次前往羅馬，住葛倫大飯店（Grand Hotel），並會見一些義大利和國外的不法橄欖油業者。

然而，一九九二年初，瑞巴提和他的同夥已受到隸屬於財政部的金融警察的調查。其中一位工作人員在領帶上別上了一個微型攝影機，在一場由瑞巴提在葛倫大飯店宴請的午餐上喬裝成服務生。其他人則竊聽雷歐里歐高階主管的電話，聽到了點收賄款的沙沙聲。

在接下來的兩年裡，金融警察團隊與歐盟反詐欺辦公室的幹員緊密合作，將瑞巴提犯罪的細節一起拼湊出來。他們發現瑞士銀行帳戶和加勒比海的空殼公司，都是瑞巴提曾用來購買假橄欖油的帳號；他們也破解公司記錄裡的代碼與別名：「O.T」代表的是「olio turco」（「土耳其石油」，調查人員說意指榛子油），「Nicola da Bari」（尼古拉・達・巴里）代表的是他的同謀尼古拉・席若尼（Nicola Scirone，有一齣關於聖尼古拉斯的戲劇，聖古拉斯是巴瑞的守護神，據說他的骨頭滲出了聖潔的橄欖油）。

調查人員還發現，籽油和榛子油以油罐車、火車和船舶運送到雷歐里歐的精煉廠，在鹿特丹也有榛子油的庫存，等著運給雷歐里歐和其他橄欖油公司。

調查人員也追出了瑞巴提假油的流向：包括幾家義大利最大的橄欖油生產者，如雀巢、聯合利華、百得利和法沙內琪（Oleifici fasanesi），然後他們又將這些假油以橄欖油的名義賣給消費者，而且竟還收取了約一千兩百萬美元的歐盟補貼，這些錢本來是要用於支持橄欖油產業的款項（這些大公司聲稱他們是被瑞巴提騙了，而檢察官也未能找到證據證明他們是共謀同夥）。

然而，這事件只是在黑心假油大海裡的一滴水。本案件的檢察官多梅尼科．西賈告訴我：「我們聞風追上了這兩艘船，但還有成百上千艘載假油的油輪，我們卻一無所知，那是極驚人的數量。」

一九九三年三月，多梅尼科．瑞巴提被逮捕，連同他的首席化學家和其他三名同夥，被控以走私、詐欺歐盟、經營犯罪網絡和其他罪行等罪名。在纏訟多年的官司中，他堅稱他是被他的供應商——加勒比海的空殼公司所欺騙，誤把榛子油錯當成橄欖油賣給雷歐里歐。但是，當處理這些公司財務交易的瑞士金融家巴斯卡爾．布魯格（Pascal Brugger）供出共犯證言，並透露瑞巴提控制了他們後，瑞巴提百口莫辯。最後，瑞巴提認罪，求獲減刑為監禁十三個月。

義大利橄欖油公司科拉維塔（Colavita）的負責人里奧納多．科拉維塔（Leonardo Colavita）是橄欖油產業協會ASSITOL的前任會長，多梅尼科．瑞巴提也曾是其中的重要會員。科拉維塔告訴我，協會的政策是驅逐被指控從事違法行為的公司會員，這樣一來，正如他所說的那樣，「就沒人能攻擊我們，沒人可以說，『你的組織裡有罪犯！』」據科拉維塔說，當瑞巴提從該組織辭職時，他說：「如果我離開，每個人也得離開。」（但當時沒有其他任何一家公司離開ASSITOL）

「瑞巴提是位紳士，因為他沒有指名道姓，」科拉維塔說：「如果他全盤拖出，很多同業都得進監牢。」他認定許多橄欖油企業，包括義大利的主要品牌，都知道瑞巴提賣了摻假的油給他們（但科拉維塔說他的公司沒向瑞巴提買油）。「他們說不知道那是假油，但其實他們都知道。如果他們不知那是假油，那麼他們就是不稱職的。就如同我知道那是事實，他們也必須知道才行。而且，也因為他們並非不稱職，這便意味著他們知情。」

油品犯罪是一連串縱容和勾結的結果

橄欖油是歐盟最常見的摻假食品之一，這個問題在義大利尤其嚴重。義大利是橄欖油主要的進口國、消費國和出口國，也是世界橄欖油貿易的樞紐（在過去的二十年裡，西班牙的橄欖油產量已經超過義大利，但大部分是運到義大利包裝，以義大利橄欖油的名義合法銷售）。「食品飲料部分查出的假冒品，絕大多數都與這項產品有關。」里歐波爾多瑪麗亞德菲利普上校（Colonel Leopoldo Maria De Filippi）告訴我，他是義大利北半部的ＮＡＳ憲兵隊指揮官，這是一個隸屬衛生部轄下的反詐欺組織。

許多橄欖油詐騙是以低階的植物油做簡單的混合，再用植物萃取物加以調味和調色，裝入印有義大利國旗、維蘇威火山圖片的罐子和瓶子，再搭配有田園鄉村風格的假公司商標名。較複雜的詐騙，像多梅尼科．瑞巴提的案例，通常發生在高科技實驗室，它們是將多種取自橄欖與其他種籽和堅果製成的低價油，一起處理與混合，以這種方式製成的假油很難用化學測試檢測出來。

還有另一種普遍的技術是「溫和脫臭」，是用低價燈油經過四十℃至六十℃的熱處理，清除掉不佳的味道和氣味（阿法拉伐是橄欖油等植物油萃取設備的領導廠商，生產SoftColumn精煉系統，這是一種低溫脫臭設備。該公司銷售籽油，但據說也用在為大量的橄欖油脫臭上）。脫臭油雖然平淡無味，很不天然，而且缺乏法律上規定特級初榨橄欖油的果香，但基本上也沒什麼大缺陷，也沒留下精煉油添加化學添加物的痕跡。

在最近另一宗法爾卑桑那油品公司（Azienda Olearia Valpestana）涉及的食安案件裡，脫臭橄欖油似乎也摻了一腳。亞奇恩達油品公司是義大利最大的油品質易商之一。二〇一二年五月和六月，該公司四位執行長，包括總裁法蘭契西科．傅奇（Francesco Fusi），以及化學分析實驗室主任大衛．帕西里尼（Davide Passerini）遭到逮捕，罪名包括食品詐欺與組織犯罪網絡。調查人員扣押了該公司約八千公噸的油品作為實物證據。根據金融警察所做的詳細報告指出，在法爾卑桑那油品公司的化學實驗室裡，幹員發現了手寫的筆記本，記錄了如何將不同產地與數量的油混合在一起，其中包括來自西班牙和突尼西亞的燈油，以製造出看似百分百義大利製的特級初榨橄欖油。除此之外，他們還發現數不清的西班牙特級初榨橄欖油銷售合約，上面除了記載官方宣告的特級初榨橄欖油等級的特性，還有不同的人造添加物的化學特性：如歐盟所規定特級初榨橄欖油需具備的酯質、氧化物和游離脂肪酸；調查人員說，這可以看出這些油品實際上具有的化學特性。

利用電話竊聽、義大利海關對橄欖油瑕疵的詳細分析，以及其他的技術，調查人員拼湊出他們所謂「一個複雜的詐欺機制」的圖像，利用這個機制，以次級油混合組成了「特級初榨」橄欖油，其中也包括了脫臭油。據金融警察的報告記載，某些義大利橄欖油大廠即為法爾卑桑那油品公司的客戶；他們還指出，「地區檢察官不排除這項調查將涉及其他國內外許多橄欖油公司」。二〇一三年六月，錫耶納（Siena）的檢察單位起訴了傅奇和該公司其他七位經理；另外，農業部反詐欺部門的一位職員也因為祕密通報該公司即將被突檢而被起訴。但結果法爾卑桑那油品公司又被宣判無罪。報告中指出，義大利海關的實驗室針對問題油所做的分析顯示，其實它是符合歐盟規範的。不論檢驗最後的結果是什麼，似乎都無法解釋調查人員聲稱他們發現的雙重記數系統。它也使人對一個根本的問題產生更多疑問：到底歐盟這項部分由在大型油品公司任職的化學家所建立的規範，是否真能保證我們所食用橄欖油的品質呢？

其他大型的詐騙成功案例，得歸咎負責檢測油品犯罪官員的無能、默許，甚至是與罪犯的密謀串通。例如二〇〇七年七月，在普利亞大區調查並沒收了巴西萊油品公司（Azienda Olearia Basile）將近三百萬公升從北非、希臘和西班牙進口的橄欖油，但該公司辯稱是誤標為有機或「百分之百義大利製造」。其中一位犯罪嫌疑人是托尼諾．左里諾提（Tonino Zelinotti），他是化學分析實驗室與義大利海關品油小組的主持人，也是在羅馬和布魯塞爾建立橄欖油相關法律與真實性檢驗制度的核心人物。

檢方指控左里諾提錯將巴西萊油品公司的橄欖油認證為特級初榨橄欖油（而實際上它只是符合初榨等級或是更糟的等級），以及造假化學分析結果，混淆調查人員視聽（左里諾提不久之後便過世，不再是本案的嫌犯，這個案子也並未送交審判）。

串通事件同樣存在於義大利最高階的政府單位。二〇〇七年，歐盟調查確定發生在一九九年一月之前的九十五%歐洲農業補貼遭侵吞案中，有很大的比例和橄欖油業相關，而且是發生在義大利，布魯塞爾方面已指控義大利對於收回這些資金辦事不力。而在二〇一二年九月歐盟法院的一項有利判決中，歐盟從義大利政府那裡拿回了三億一千一百萬歐元的未收回補貼。一位歐盟官員告訴我：「被浪費的錢已經找回來了，對歐盟的納稅人而言，事情在這裡結束了。但對義大利的納稅人而言，他們的處境稍微有點不同。」

其實，有時候案件似乎是被蓄意地卡在審查橄欖油犯罪的調查人員上，像是受到官僚延誤、法律刁難、罰責太輕等因素，而且事實上，違規遭起訴的生產商還可延宕多年遲遲不繳罰款。德·菲利普上校承認，有些企業基本上不受調查，因為，「不幸的是，有些大廠商擁有強大的政治後台。」他說。

當然，ASSITOL及其成員的公司，無論是在羅馬或布魯塞爾，都有相當的影響力。幾位ASSITOL成員公司、橄欖油實驗室的負責人，也同時身兼義大利政府的食用油與油脂技術委員會的成員，協助起草橄欖油法規（多梅尼科·瑞巴提的首席化學家，喬阿基諾·德·馬可（Gioacchino De Marco）在牽扯入雷歐里歐案之前，也是該委員會的成員）。義大利食用油與油脂技術委員會，以及位於布魯塞爾類似的歐盟橄欖油技術委員會的資深成員，都是ASSITOL的科學顧問。

ASSITOL與義大利農業部來往密切，這可以從一項名為「橄欖油地中海軸心」（Mediterranean Axis of Olive Oil）的合作計畫中看出端倪。在二〇〇四年的政府文件中描述道，這項計畫是一個「非正式的國際橄欖油生產者企業合作」。根據ASSITOL前主席里奧納多．科拉維塔所言，這項計畫是由二〇〇一至二〇〇六年任內的農業部長喬凡尼．阿雷曼諾（Giovami Alemanno）發起的，預計由義大利政府提供資金。他說，這個計畫的目的是擴大橄欖油在敘利亞、摩洛哥、土耳其，和歐盟以外的其他地中海南部國家的產量，利用義大利南部港口的免稅倉儲設施，增加義大利的橄欖油銷售量。

保羅．德．卡斯特羅（Paolo De Castro）是繼任阿雷曼諾的農業部長，他告訴我，他不熟悉這項計畫，也沒有證據顯示它曾經實施過。但是當我描述這項計畫時，他表示贊同它的目標。他告訴我：「我們必須避免事情被扭曲，不要對商業行為畫地自限。而且重點是，人們不要自作聰明，走旁門左道；還有，這些突尼西亞油不會變成普利亞大區的特級初榨橄欖油。這樣問題就簡單多了，不是嗎？」然而，任何橄欖油生產者的企業合作計畫都違反了歐盟條約第一〇一條，這個條款明確禁止企業合作可能產生危害自由貿易與消費者選擇的權利。如果實行了，這樣的計畫似乎也有利於從歐盟以外進口的橄欖油規避關稅。像「橄欖油地中海軸心」這樣的計畫將會使同德．卡洛斯這樣的義大利小型橄欖油生產者逼入絕境，小型生產者被應該要捍衛他們權益的農業部出賣；若農業部不能保護他們，他們將被低價的進口橄欖油徹底擊敗。

在調查多梅尼科·瑞巴提的同時，歐洲反詐欺小組發現，曾被瑞巴提用來進口榛子油的兩艘油輪，也同時運送走私油品到普利亞大區的另一個港口莫諾波利（Monopoli）。該小組追查這些油的源頭，是來自瑞巴提一位叫里奧納多·馬赫塞亞（Leonardo Marseglia）的友人，他是莫諾波利一間名為「義大利榨油廠」（Oleifici Italiani）的橄欖油與植物油公司總經理。這家公司現在叫「義大利卡薩油品公司」（Casa Olearia Italiana），已成為歐洲主要的橄欖油進口商之一，也是全世界最大的食用油精煉廠之一。

即使是里奧納多·馬赫塞亞的敵人，也稱讚他是獨特的人才。一位金融警察的官員花了好幾年時間調查他和他的同夥涉嫌進口走私、侵占歐盟基金、組織犯罪網絡，以及其他罪行，但這些指控後來都因為訴訟時效已過而被撤銷。這位金融警察形容馬赫塞亞是「極精明狡猾的人，有特殊的商業頭腦。」一位住在馬赫塞亞老家奧斯圖尼（Ostuni）的老人，從小就認識他，說當地人多半羨慕馬赫塞亞，他濶綽的生活方式在那裡贏得了「歐納西斯」的稱號。「他膽大無畏，工作勤奮，像獅子一樣勇猛，完全不擇手段。」老人這麼告訴我。

走私油品嚴重影響當地橄欖小農的生計

不久前，我前往莫諾波利的卡薩油品公司拜訪馬赫塞亞。濱海高速公路穿過一長串的古老橄欖樹，是當地的歐格里亞羅拉（ogliarola）品種，具有巨大的酒桶形樹幹和短樹枝，其中有些已一千歲了。偶爾透過樹間的縫隙，窺見淡綠色的亞得里亞海，以及岸邊低矮的沙丘和廣闊的黃色沙灘。

普利亞大區具有平緩的沙質海岸線，以及眾多的小海灣，地理位置鄰近巴爾幹半島和北非，使得該地長久以來成為走私者的避風港。在二〇〇〇年某次政府鎮壓行動打亂交易之前，香菸走私販在夜黑風高的時候以改裝過的休旅車走私香菸，他們利用製作鐵軌的鐵材來做前保險桿，輪胎則灌了矽膠以防止警察的子彈射穿。「大大小小的犯罪組織似乎都想將普利亞大區的海岸瓜分成一塊塊小封地，每一塊專門從事自己的非法交易。」巴斯卡爾．德拉戈（Pasquale Drago）說。他是巴里的檢調官員，專門查緝香煙、大麻、海洛因與非法入境，並已成功起訴知名的黑手黨人物。

普利亞大區仍然是非法移民、毒品，以及如雷歐里歐案中，非法橄欖油和其他來自土耳其與馬格里布地區其他植物油進入歐洲的門戶，其中大部分的油品以義大利特級初榨油的名義轉售出去。

自一九九四年以來，普利亞大區的農場工會主席安東尼奧．巴瑞兒（Antonio Barile）已帶領數以萬計的橄欖農民封鎖莫諾波里、巴里和巴列塔的港口，阻止油輪載運外國橄欖油進港。他說，部分的油品是徹頭徹尾的違禁品，但有些油品還是獲得政府批准進入義大利，雖然這違反了歐盟法律。根據歐盟法律規定，只有當本地的產品供應不能滿足需求時，才能從非歐盟國家進口。

他譴責「港口當局與海關辦公室可恥的沉默」，並提出報告，說明究竟有多少外國橄欖油進口到普利亞大區；他也多次批評義大利農業部，尤其是前部長喬凡尼·阿雷曼諾授權非法進口，削弱當地生產者的權益，只讓橄欖油工業受益。「他必須撤銷授權，因為他們扼殺了普利亞大區的橄欖油。」巴瑞兒於二〇〇四年，當地橄欖農遭逢另一場危機時接受採訪，這麼對阿雷曼諾喊話。

低價的外國橄欖油進入當地市場的數量相當龐大，例如，根據金融警察的調查，二〇〇三年至二〇〇四年採收期在普利亞大區製作與銷售的橄欖油，只有百分之一為當地生產者帶來獲益。「成千上萬的橄欖油生產者都是這個『吸了毒』的市場的受害者。」巴瑞兒告訴我。

在莫諾波利，高速公路裙環繞著一片發亮的卡薩油品公司廠房，不銹鋼桶倉、辦公室建築、煙囪、倉庫群，不太協調地座落在一大片的橄欖樹林裡，像是剛降落的太空站。自從里奧納多·馬赫塞亞於一九八一年買下這塊工業區，它已經擴增了十五倍；二〇〇五年，該公司處理約一百萬噸的橄欖油和植物油，同時還經營能源、旅遊、建築、房地產和金融業。

義大利的媒體稱這位以擔任自家橄欖油家族企業貨車駕駛起家的馬赫塞亞為「義大利橄欖油皇帝」和「特級初榨橄欖油男爵」。儘管如此，馬赫塞亞說，他最近決定要退出橄欖油產業，因為地方當局多年來不斷攻擊他，指控他犯下一連串的橄欖油罪行。因此，他現在用橄欖油來提煉生物燃料和發電，因為，正如他所告訴我的，在這些領域（剛好也有歐盟的補貼），當局「比較不會騷擾你」。

購買橄欖油的金科玉律——「買家自求多福！」

在的卡薩油品公司接待區的牆上是一幅俗麗的表現主義油畫，畫的是三位農婦正從種植有多節瘤橄欖樹的地面上撿拾起橄欖，畫作裡跟窗外隨處可見的那種樹長得很像。

六十五歲的馬赫塞亞有著壯碩的骨架、粗脖子，以及如同衰老的職業拳擊手般厚重眼瞼的雙眼，還有一種戰士特有的輕佻笑容，像是隨時都準備好要回到遊戲中再戰個幾回合。他習慣以「我們」稱呼自己，而且也不拘禮節，讓人不懷戒心。他不時會友善地戳戳我的手臂，以強調他說的話。

我問他是否承認橄欖油摻假、違法，或其他被指控的罪行。他回答說：「到目前為止，我們從來沒有因為任何一件事被定罪，因此，我們不認為還要再多說什麼。我們已經被審問過了，都是無罪釋放，因為那些事根本是子虛烏有。」他說，他認識多梅尼科．瑞巴提，但從來沒有與他有過生意來往。「他被定罪，送進監牢。但這並沒有發生在我們身上。」

關於一些主要的橄欖油公司對購自瑞巴提的橄欖油部分被摻假是否知情，他不置可否，但後來他也提到，「買者當心」是橄欖油交易的金科玉律，即使油品已經過化學測試。

「你不用急著付錢。先檢驗，再付款，不然你就別付錢。如果一切都沒問題，這意味你……」，馬赫塞亞說到這裡停了下來，猛然抬起眉毛，笑了起來：「你就被騙了！這是簡單的邏輯，你知道了嗎？」他眨眨眼睛，接著說：「你只有從我們這裡，才會聽到百分百的事實，因為我們要退出（橄欖油）業界了。」

馬赫塞亞是另一位在普利亞大區南部的橄欖油文化裡長大的橄欖油人，從小在父親位於奧斯圖尼的小碾壓廠像蜜蜂一樣忙碌的工作；當年，那裡有一百零八家那樣的碾壓廠。「如果在家沒看到我的話，也總能在工廠找到我，那是一定的。」他記得父親彎腰撿起已經掉到地上的橄欖，因為不撿就浪費了——這景象很像卡薩公司門廳的那幅油畫。「這件事讓我學到，滴水可以成大洋……我也學到了製作優質油的動力，這繼承自我父親的執著。事實上，我們是第一家生產食用橄欖油的碾壓廠，當時這地區其他人都是生產燈油。」

他說，大多數義大利人對橄欖油品質的認知，出奇的少。「其中有太多騙局，也得歸究於人們徹底的無知。甚至許多生產者也無法說出他們的油是好還是壞：他們說這是好的，因為這是用他們自己所種的橄欖製成，因為他們是在正確的時間採收等。他們說，人們應該吃來自農村的食物，沒有必要去品嘗或測試油。不，這是不對的。在這裡，傳統混淆了事實，掩蓋了真相。」

馬赫塞亞告訴我，當他開始從國外進口橄欖油，以提高本地低階油品的品質時，和當地的橄欖油文化產生了衝突。他開始在他面前的平板電腦上，寫下一些清楚且大的斜體數字。

「義大利生產三十萬噸橄欖油。需要額外的三十萬噸（進口橄欖油）才能滿足國內需求，另外，還要大約四十萬噸供應出口。所以你每年必須進口六十萬至七十萬噸的橄欖油。在普利亞大區，橄欖油具有很高的價值。如果你是從托斯卡尼或莫利塞（Molise）這些地方進口，那裡的人以十歐元、十五歐元的價錢銷售特級初榨橄欖油，沒有人會在意這件事。但是在普利亞大區，船一進港，人們就會說：『他媽的！』因為我們進口的量很大，也會將油品加以混合，藉此挽救許多當地的低等級和有異味的油。但人們認為這樣做是公然挑釁，彷彿我們偷走了窮人的收入。」

據馬赫塞亞估計，有九十八％在義大利銷售的特級初榨橄欖油事實上並不是高階油。「法律只規定，（游離酸度）不超過達〇．八％和味道要無瑕疵，就只是這樣。我也認為它應該是這樣。但，它『應該是』這樣，並不表示它真的就是這樣。」

他畫了一個圓餅圖，藉此說明他認為全世界真正優質橄欖油的佔比：特優橄欖油佔二％；次等油佔八％，這種油還不錯，但並非特別好；其餘的九〇％是他所謂的『馬馬虎虎油』。既然特優橄欖油太過稀少，不足以滿足消費者的需求，於是橄欖油公司便將次等與三流的油品當成特級初榨油來銷售。

「我們這裡的油，絕不是特級初榨橄欖油，」他指著圓餅圖裡的次等和三流油品說：「它們肯定是不錯的油，但如果要說是『特優油』，還稱不上。」

而且，他似乎完全不認為這是個問題。「我們先給大家好油，」他說：「然後，才是非常超優的特優油，這樣的油售價每公斤要四十或五十歐元，但全世界只有少數幾個有錢的呆子才買得起這樣的油，我們就先不考慮它了。不是應該這樣嗎？」他告訴我，他們家用的是普通的油：「對我們來說，『好』就夠了。我們希望和普羅大眾一樣。」

在卡薩油品公司的餐廳吃午餐時，馬赫塞亞向我展示了他所謂的好油。他說，橄欖油品油師採用的 strippaggio（品油的方法之一）和其他複雜的風味測試方法全是「膨風」。「品嘗一盤麵很容易。品嘗一杯葡萄酒很容易。品嘗一份水果很容易。品嘗油也是一樣，它必須具有愉悅的口感。如果是不愉快的口感，就不是好油——這是相當簡單的道理。他們說你需要具備很多知識去理解它，那是因為他們想讓品油這件事顯得比較知性。」

他伸手越過桌面拿了一瓶朱斯托（Giusto），是他公司在超市的品牌。他轉開瓶蓋，把瓶口朝向我說道：「聞看看。它是香還是臭的？」

我覺得它的氣味很好：有水果派的味道，強烈的清香，讓我聯想到寇拉提那橄欖。

馬赫塞亞把瓶子移到嘴邊，倒入兩大口。「把它倒進你嘴裡，好嗎？」他含著油，含糊地說：「如果不是很噁心到你想把它吐在別人臉上，那就是好油。」他說，好油的特徵，就是非常可口，那是一種吞下油後會口齒留香和清爽的感覺。

馬赫塞亞把瓶子遞給我。「現在你嘗一口，不要做其他傢伙教你的那些動作。」他說：「假裝你是在吃糖果，或是吃好吃的食物。然後我們看看它在你的嘴裡留下什麼味道和口感。」他目不轉睛地看著我把油吞下，然後點點頭，表示滿意。「品嘗食物其實很簡單。」他說。

黑心橄欖油商尚未定罪，黑油早已蔓延全球

一九九四年，八十位金融警察幹員突擊卡薩油品公司，帶走了四批橄欖油違法運送的詳細文件，其中也包括馬札爾二號與卡特瑞娜．T這兩艘船的資料。一九九六年七月，法院對馬赫塞亞和他的十六位生意同夥發出了逮捕令，罪名包括違反歐洲共同體的騙稅行為，以及經營犯罪網絡。三個星期後，馬赫塞亞在他律師的陪同下向當局自首，並遭到監禁。

檢方指控他進口突尼西亞橄欖油，並惡意稱其為歐洲產品，從而逃避非歐洲貨物的關稅；在銷售這批油後，還非法接受歐盟的橄欖油補貼。

此案件的檢察官多梅尼科．西賈，同時也是起訴瑞巴提的檢察官相信，是馬赫塞亞將這些犯罪手法傳授給瑞巴提，最終瑞巴提也因此被定罪。西賈告訴我：「瑞巴提承襲了馬赫塞亞所有的詐騙手法和程序，馬赫塞亞和瑞巴提的案件幾乎如出一轍。」

一九九七年一月十三日，義大利最高法院作出裁決，下令逮捕馬赫塞亞與其同夥的法官認為，「文件證據充分證明，在莫諾波利所卸之貨物是來自歐盟以外的突尼西亞的橄欖油，未繳交進口關稅，其後還使用假造的銷售交易方式作假成義大利橄欖油，造成嚴重的歐盟詐欺行為。」法院還指出，法官之所以下令將之逮捕，因為他認為這些人「有重覆發生類似行為的具體風險」，以及「被告本身具有的犯罪性格」。不過，經過多年的司法角力，檢察官仍無法將之定罪，對馬赫塞亞與其同夥的指控因為訴訟時效已過，已於二〇〇四年遭到駁回。

但是里奧納多・馬赫塞亞的法律訴訟問題並未畫下休止符。二〇一〇年底，他和五位合夥人因為另一個涉及到美國的橄欖油犯罪行為，在巴里接受一場不公開的聽證會審問。

根據金融警察搜集到的資料顯示，在一九九八年和二〇〇四年間，卡薩油品公司非法進口一萬七千噸土耳其和突尼西亞的橄欖油，這顯然是買通了義大利的海關官員，以逃避超過兩千兩百萬歐元（約合三千萬美元）的歐盟關稅。

歐盟法律允許非歐洲公司得免稅運送橄欖油至義大利進行加工處理；然而，調查人員說，卡薩油品公司所指稱的進口商美國農（AgriAmerica）這家美國公司，事實上是馬赫塞亞為了躲避關稅所成立的一個空殼公司。這些油後來在卡薩油品公司的實驗室加以處理，調查人員懷疑，油品就是在這裡和其他的植物油混合，雖然他們無法證明這一點。有些油的確是由義大利公司購買，但大部分則被運到美國的經銷商，當成義大利橄欖油賣給消費者。

根據金融警察調查，美國農的客戶包括一些全美最大的橄欖油經銷商，像是東海岸橄欖油（East Coast Olive，目前隸屬於葡萄牙食品業巨頭索芬那〔sovena〕），它是美國首屈一指的橄欖油進口商和自有品牌的廠商；還有超市集團威芬食品公司（Wakefern Food），以及北美最大的食品業批發商西斯柯（Sysco）（目前沒有證據顯示這些公司知道他們的油源是來自馬赫塞亞）。大多數人不會把這些名字跟橄欖油聯想在一起，從這裡就可以看出橄欖油產業是如何徹底地被中間商控制，以及有多少個中間商在消費者和橄欖樹間形成阻攔。

馬赫塞亞和他的同案被告被指控組織犯罪網絡，以遂行非法買賣；但熟悉內情的調查員表示，馬赫塞亞不太可能被定罪。「他有最高層的保護傘，從右派到左派的政治光譜上都有。」調查人員告訴我（援引偵查不公開為理由，馬赫塞亞拒絕對他的指控發表評論，但他表示，期望能和他先前經歷過的案件一樣被判無罪）。事實上，二〇一二年五月，馬赫塞亞和他的共同被告在組織犯罪網絡這部分被宣判無罪（因為他們未從事這項工作）；其他所有指控也都被判無罪（因為他們的行為不構成犯罪，或者因為他們的法律追溯期已過）。這宗案件的檢察官伊莎貝拉·吉內法（Isabella Ginefra）正等著收到正式的判決後，再決定是否上訴。不論結果如何，二〇〇八年，義大利稅務法庭已宣布美國農是一間為了逃稅而成立於海外、但實際上是存在於義大利的空殼公司，因此判決繳交逾兩百五十萬歐元的罰鍰，其中包括罰款與未繳的稅金。

儘管ASSITOL的政策之一是驅逐不遵守法律的成員，但卡薩油品公司在ASSITOL這個於羅馬和布魯塞爾有著相當大影響力的組織裡的會員地位仍屹立不搖。卡薩油品實驗室的負責人馬里奧·雷那（Mario Renna），和其他幾位ASSITOL會員實驗室的負責人一樣，也是義大利政府食用油和油脂技術委員會的成員，這個團體協助政府起草橄欖油法規。

ASSITOL似乎不太在意里奧納多·馬赫塞亞的卡薩油品公司過去所牽扯的法律案件。「的確，十五年來他們是犯了一些詐欺的大案，」二〇〇六年時科拉維塔告訴我：「他們進口特級（初榨橄欖）油，叫它籽（油）；或是進口籽（油），卻稱它是特級（初榨橄欖）油。」但根據科拉維塔的說法，那已經是過去的事了。「在過去的十年裡，他是百分之百清白的，」科拉維塔這樣說到馬赫塞亞：「他已經改頭換面了，但很多（公司）並非如此，他們才正要開始進行更嚴重的勾當。」

PART

3

第三章

橄欖油的神性與魔法

默默地，橄欖讀著身體裡那本石刻聖經。

——提尼斯・里佐斯（Yannis Ritsos，1909~1990，希臘詩人），〈葡萄樹的夫人〉

雖然歐洲正籠罩在不確定與失序的陰霾中，但義大利向全世界展現了公民和羅馬精神中不可思議的冷靜與紀律。不認識我們，或是只透過文學認識我們國家的人，如今讚嘆著我們的經濟、政治和軍事成就……因此，這正是我高舉的橄欖枝，在法西斯時代即將邁入第十五年的時刻。但注意！這棵橄欖樹是生長在一個巨大的森林裡：八百萬棵精心削尖的刺刀森林，由一群年輕、勇敢、強壯的男人高舉著。

——貝尼托・墨索里尼，一九三六年十月二十四日演說

中世紀古道上的橄欖樹，是我回家的路標

我家門前有一條小徑，就在面對著以花崗岩和粉紅色石灰岩構築的清水牆陽台之間，蜿蜒爬上一個陡坡，這裡的葡萄藤攀在野生栗樹枝條的棚架上，在太陽的照射下呈現白骨般的顏色。從法國測量師於十九世紀初繪製的區域地圖上看來，這條小徑似乎是一條「古道」，當時拿破崙甫征服義大利，將利古里亞（Liguria）收進版圖。它至少從中世紀就存在至今。

當地的歷史學家認為，這條小徑建於羅馬時期，甚至是鐵器時代。如今，只有少數老農民走過。鬆軟的地面上夾雜著崎嶇不平的鵝卵石，在夏季裡，會有很長的一段道路都長滿了三葉草、百里香和野薄荷。

但這裡的風景還是恭敬地依循著古道的路徑延伸開展著：陽台順著古道時而筆直、時而彎成直角的線條依勢建造，古道兩側如人群圍繞著營火般地環抱著中世紀的農舍，並與之分享脈動、貿易，和此處帶給世界各地的新聞。在這些景緻出現之前，這條古道便已存在，而且所有的一切都是以它為中心。

所有的一切，除了一件之外。當這條小徑在我家上方一百公尺處，穿過山坡上的鞍部——那是一處迷人的地方，午後有陽光灑落，春天的紫羅蘭比山谷下的還提早幾個星期綻放。小徑在此轉了一個馬蹄形彎，幾世紀以來的旅客到了這裡都得多走五步，以避開擋在路中的障礙物。這個古老的障礙物就是一棵橄欖樹，粗壯的樹幹讓人聯想到當地的農夫，而部分露出的樹根則像一雙年邁的手，緊緊抓著土壤。因為樹蟲、鳥、釘子，也許還有子彈的緣故（第二次世界大戰期間，

游擊隊為了躲避法西斯和納粹，有時便會藏身在巨型橄欖樹的空心樹幹裡），樹皮被刺得千瘡百孔。樹幹裡有一些由已不復記憶的野火所致的焦黑塊，這對這棵樹必定是致命的打擊。但橄欖堅韌的生命力，讓綠芽從焦木中冒出，樹也獲得重生。猶如在雅典衛城人民心目中神話般的橄欖樹，它於西元前四八〇年被波斯人攻陷時遭焚，但隔天便從還在冒煙的殘株中發芽，預示雅典將於災後重生與繁榮，因而一直被雅典人奉為聖樹，護佑著雅典。它也像奧德修斯自他史詩般的旅程返鄉時，在綺色佳海灣頂端看見的那株橄欖樹。在久違離家的這段期間，物換星移，人事全非，這棵樹成了一個地標，告訴奧德修斯，他到家了。

我十年前搬到這裡，在此之前，這個橋段對我來說簡直不合邏輯：為什麼荷馬選擇了一棵橄欖樹，而不是海灣的曲線或附近山丘的稜線，讓奧德修斯知道自己已回到綺色佳？之後，當我每天從我的微旅行返家時，我便開始留意我家後面山上的橄欖樹。不知何故，我的視線總是尋找著那棵樹，而不是那條古老的石板路、地平線的起伏，或者是我家屋頂的形狀。似乎自然而然地就會讓人從神話的角度聯想到這棵樹。

農民、教士、拿破崙的士兵、文藝復興時期的傭兵、強盜和赤腳聖人，一列列長長的隊伍，從這棵橄欖樹前走過此古道，然後消失在時間的沙暴裡。它似乎就是景觀的一部分，和這裡的山坡、山谷的粉紅色石灰岩峭壁，或蔚藍的海岸線一樣亙古，甚至也像每個晴朗的早晨，如夢般漂浮在海上的科西嘉島。

儘管樹身巨大、蒼老而堅韌，但你知道它也只是個平凡的生命：它會被旱災或毒藥摧毀，也可能明天就因霜凍或電鋸夭折。在年輪所留下的，不僅是如同在峽谷壁上整齊排列的地質記錄，它同時也紀錄了這個社區在豐收或歉收時的歷史、困厄，以及歷代以來看管它的眾人，而它也報恩般地撫育著他們。直到最近，這棵橄欖樹所生產出來的橄欖油仍點亮村裡的每一個家庭、使機器運轉順暢、治癒村民的疾病。人們還食用它所生產的橄欖油，橄欖樹枝仍一年四季遮蔽他們的房子；復活節時，教區神父依然分送橄欖樹枝，提醒教友們保持對耐心、勇氣和力量的信念。這棵橄欖樹是此地的象徵，它的油是此地的精髓。

一棵樹能活這麼久，從陽光進行光合作用、自岩石土壤吸取少許雨水，便能吐出神奇的汁液，這本身就是一種奇蹟。難怪古人將這賜予生命、奧妙頑強的樹奉為神聖，將它產出的油視為來自雅典娜、阿里斯泰俄斯[1]和大力士海克力士的禮物。也難怪這個在古典世界裡關鍵而活躍的元素，深入誕生於當地三大的一神教之中，為希伯來人、基督徒和穆斯林的禮拜油貢獻光亮，也讓他們的經典中充滿這多節瘤、灰綠色的橄欖樹影像。

❦ ❦ ❦

教會保存了蠻族入侵後的橄欖油文化

食譜書和歷史一樣，都是由勝利者撰寫的。當來自歐洲北部和東部的日耳曼民族於西元第四和第五世紀占領羅馬帝國時，便徹底改變了當地的烹飪習慣，以動物性脂肪取代了帝國的橄欖油。這些林地的獵人和牧人身上穿的是皮草，而不是亞麻寬外袍和絲質長袍；他們引進了日耳曼新式飲食，讓希臘羅馬人的飲食不再是麵包、葡萄酒和橄欖油三寶，取而代之的是肉、啤酒和動物脂肪。

帝國新主人的口味很快就開始流行起來。豬肉和橄欖油都被列入免費配給首都羅馬公民的食物。森林的面積度量單位不再是公頃，而是以「豬」為單位，也就是一頭豬每天吃草的範圍。在月曆上十二月的插畫，以往希臘人和羅馬人所熟悉的橄欖收成景象，被豬隻爭食林地上的橡實，以及屠宰豬隻的圖像所取代。曾經心懷困惑和厭惡來描述蠻族偏愛動物性脂肪的古典作家，現在也開始讚揚它：一位博學的哲學家，也是東歌德王國狄奧多里克大帝（Theodoric the Great）的御醫安提姆斯[2]，便提到豬油奇妙的特質，他說，北方人用它作為蔬菜和其他食物的沾醬，甚至當成一種萬靈丹來生吃：「對他們來說，它就是藥物，根本就不需要其他的藥了。」

蠻族所愛的啤酒、奶油和豬油如排山倒海而來的態勢，古帝國已招架不住，基督教修道院和天主教堂成了舊式橄欖油專業知識的孤島。在禮拜、經濟、健康等各方面，還有基督教神職人員日常飲食中，橄欖油仍扮演重要的角色，人們也藉此過著虔誠信仰的生活。為了製造聖油，點亮教

1 希臘神話中的阿波羅之子，以擅養蜂著稱。

2 西元六世紀初的希臘醫生，著有《營養學》一書。

堂，僧侶和祭司需要穩定的橄欖油來源。為此，教會頒布了保護橄欖樹林的命令，有時甚至連砍一棵樹都是禁止的。

橄欖油常被當成一種替代貨幣，而且價錢不斐：在中世紀的合約中，三到五公升的橄欖油曾價高到和一頭豬等值。僧侶農耕專家可以在他們的寺院圖書館找到加圖[3]和科魯邁拉[4]，以及其他古典世界權威的書籍，並根據他們的建議，在公有土地上栽培橄欖樹，製作橄欖油。當日耳曼民族皈依基督教，他們的飲食與教會的規範起了衝突，特別是在齋戒日，基督徒禁止吃肉和動物性脂肪。每年為期一百至一百五十天，即在周五、四十天的大齋期，以及一系列依當地習俗訂定的節日和守夜時，虔誠的基督徒必定會使用橄欖油代替羊油或豬油，來烹煮和調味食物。

製作橄欖油需要一些希臘羅馬時代的古老技能，蠻族常常缺乏這部分的技能。在教宗大格里高里[5]出版的《對話錄》裡，他講述了一位名為桑楚勒斯神父（Sanctulus of Norcia）的故事。這位神父於西元六世紀住在現今的溫布利亞地區，當時該處剛被倫巴底戰士團占領不久。有一天，桑楚勒斯到一座橄欖油碾壓廠，請倫巴底碾壓廠的異教徒主人，將他的雨衣裝滿橄欖油。幾位粗魯的男人已經在碾壓廠裡奮戰一整天，一滴油都擠不出來，他們以為桑楚勒斯在嘲笑他們，便把他狂罵一頓。這位不為所動的聖人只是微微一笑，愉悅地說道：「這是你們為我祈福的方式嗎？來吧，將我的雨衣裝滿油，我就離開。」當倫巴底人又把他辱罵一頓後，桑楚勒斯瞄了碾壓機一眼，發現油出不來，便向他們要了一桶水，祝禱一會兒，然後，在眾目睽睽下，把它倒進了碾壓機。「如此，汩汩的橄欖油流了出來，」這位聖徒傳作家總結道：「先前徒勞無功的倫巴底人，現在有了足夠的油，不僅裝滿了自己的瓶子，也塗滿他的皮膚。他們心中充滿感激，因為經由這位前來乞討橄欖油的聖人的祝禱，如今，得其所求，而且豐盈滿溢。」

桑楚勒斯的神來一桶水，歸功於技術的功效可能要比神蹟的成分來得多一點：經驗豐富的碾壓廠工人通常會將熱水倒進碾壓機器裡以提高產量，尤其是在第二道壓榨的時候，他們得費勁地從快榨乾的果渣裡，再擠出最後幾滴油（所謂的「初榨」和「冷壓」曾經是用來區別是以新鮮橄欖所製作的優質橄欖油，還是由加熱殘渣所製成的橄欖油的術語。時至今日，這些用語都已過時，因為現今所有真正的特級初榨橄欖油，都是以新鮮橄欖在低溫下製成，而且大部分也根本不是用碾壓，而是以離心的方式製造）。

橄欖油也是教堂的重要燃料，可點燃祭壇和聖殿的油燈。某些大教堂會消耗大量的橄欖油：如西元五世紀時的拉特朗聖殿[6]，就全年整天點著八千七百三十盞油燈。橄欖油優於其他燃料，因為它可以持久地散發出明亮、清晰的光芒，而且無異味。在西元九世紀的富爾達修道院[7]，多半是以豬油做為油燈的燃料，味道極差，以致於好學的修道院院長拉巴努司・瑪烏如司（Rabanus

3　羅馬時期的的政治家、國務活動家、演說家，也是羅馬歷史上第一個重要的拉丁語散文作家。

4　西元一世紀的西班牙人，著有《論農業》。

5　西元六世紀時的羅馬教宗，也是中世紀教宗制的奠基人，被稱為「中世紀教宗之父」。

6　天主教羅馬總教區的主教座堂。

Maurus）——當然他自己在午夜點了許多豬油——懇求加洛林[8]國王「虔誠路易」（Louis the Pious），在義大利賜予他一片橄欖樹林，以便用更文雅、芬芳的方式照亮他的教會。無疑地，許多人都同意拉巴努司的提議，歐洲各地富裕的信徒紛紛奉獻金錢或橄欖油，幫助點亮教堂的燈，讓它們能永遠燃燒，使他們的靈魂得到救贖。來到威尼斯港口的水手和商人，也遵循古老的傳統，留下金錢或橄欖油，為聖馬可大教堂的祭壇點燈。其他地方的信徒，則將他們的橄欖樹或整片橄欖園捐贈給教堂，以做為供應油燈的燃料。

西元一一四七年，第二次十字軍東征期間，一群騎士前往聖地時在經過普利亞大區的旅途上，在巴里大教堂停下來瞻仰巴里的守護神聖尼古拉斯[9]，並立約將四十棵橄欖樹產出的橄欖油永遠捐贈給教會，條件是教堂的油燈必須持續不間斷地燃燒，直到他們安然返回。這類的贈予也常規定，如果橄欖油不是來自立約出讓的橄欖園，贈予便無效。而這也是假油猖獗的證明，顯示當時的假油可能摻了液態豬油。

停留在巴里大教堂期間，騎士們當然也蒐集了一些橄欖油，為他們未來前往聖地的考驗儲存油料。聖尼古拉斯的骨骸在此的六十年前從土耳其運抵當地，全歐洲都驚嘆從骸骨裡所滲出的神奇橄欖油，據說它能治癒無數的疾病。尼古拉斯的墳墓是許多歐洲和中東地區中，聖人遺物會流出聖油的聖地之一，氣味芬芳宛如開在天堂的花朵，在聖人逝世紀念日時便有如聖泉般湧出。即使只是位在神殿旁燃燒的燈油，通常也具有神聖的力量。

也許是因為橄欖油以吸收氣味和香味著稱，加上其長久以來與神性連結，燈油被認為會吸收聖殿在燃燒處的神性，因而凝聚了神聖的精華。中世紀的朝聖者熱衷在基督教世界的聖地收集這種被稱為「聖徒之油」或「祈禱之油」的物質，會將之裝在銀製、鉛製或赤土製的小瓶子裡帶回家。這種瓶子稱為「聖水瓶」（ampullae），在歐洲許多教堂的寶庫依然可見，有些還留有聖油的痕跡。這種油也是聖物的絕佳防腐劑，在十一世紀的羅馬，基督的包皮和臍帶（顯然是當祂的肉體升天後留在人世的）便用橄欖油虔誠地保存在教皇的私人教堂。聖潔的燈油如此受到尊崇，也因此部分被視為異端的基督一性論者[10]在彌撒中便是飲下燈油，而非飲聖餐酒。

直到今天，人們仍相信聖尼古拉斯的骨骸會滲出聖潔且有療效的橄欖油，教堂神職人員在每年五月會以莊嚴的儀式把這些油收集起來。然而，巴里的墓窖在一九九〇年代進行翻修後，油量便大大減少了，如今祭司只能勉強用海綿吸到一杯珍貴的油，他們用好幾加侖的聖水稀釋後，再分發給信眾。天主教教會對於將聖尼古拉斯的聖油稀釋，似乎頗能接受，跟過去比起來，他們不再那麼關心油的純度了。教宗保祿六世也於一九七三年裁定，植物油可以用來代替橄欖油，當作給病人的聖膏油。

7 位於今日德國中部。

8 西元七至九世紀統治法蘭克王國的王朝。

9 西元四世紀時出生在土耳其南方的好心主教。人們認為他是會悄悄送禮物給人們的聖徒。

10 基督一性論者認為基督雖然經歷過人身與人世，但只具有神性，不具人性。

橄欖油千奇百怪的魔法奇蹟與騙局

即使在中世紀時期，橄欖油具有神聖的含意，但就語意和象徵上仍然是一種難以捉摸的物質，而且對它們的溢美可能勝過實質。由於橄欖油廣泛應用在希臘羅馬時期的浴池、體育場、露天劇場和神廟，在田徑競賽、享樂、情趣用品與宗教祭祀上都是要角，因此橄欖油保留了異教的氣息，這有時令基督徒感到困擾，甚至覺得受到威脅。教會試著揀選這些有象徵意謂的特質，在洗禮、堅信禮、驅魔，以及臨終時，將聖油塗抹在信徒身上，神學家認為，這項儀式可以使他們成為基督的使徒，對抗罪惡和邪惡。

然而，對橄欖油不安的記憶仍如影隨形。早期修道院裡嚴格限制將橄欖油做為乳液，顯然是因為它一直具有異教的吸引力。西元五世紀時，修道院明文規定，嚴懲在沐浴後全身塗抹橄欖油的僧侶，並且責令「任何人皆不得允許以橄欖油塗抹身體，除非是在重病的情況」。像聖安東尼[11]一樣的苦行者、令人讚嘆的沙漠隱士們，為了展現其超越異教與肉身的騙人把戲，他們會聲明永遠不在身上塗滿橄欖油：安東尼慎重其事地拒絕在身體塗抹橄欖油，令當時的人大為驚異。

雖然人們可以在日常生活中放棄橄欖油，但在神蹟故事、夜夢和幻想裡，卻顯示他們仍然嚮往能舒適的抹油。在西元六世紀的《聖拉德貢德傳》[12]裡，拉德貢德出現在一位因水腫而瀕臨死亡邊緣的修女夢裡，她命令修女脫下衣服，爬進一個空的洗衣盆。拉德貢德將橄欖油倒在修女頭上，為她穿上新衣服。第二天早上修女醒來，發現自己已經痊癒，頭髮還散發著神奇橄欖油的香氣。

西元四世紀的埃及聖人馬加利尤（Macarius）也是一位著名的禁慾主義者，他利用在患者全身抹油的方式，治癒了一位被巫術變成馬的處女——即使對一位堅定的禁慾主義者而言，這也是一件很難坐懷不亂的棘手任務。而最生動的異教橄欖油奇蹟，也許當屬《聖佩蓓受難記》（*Passion of Saint Perpetua*）裡一段奇幻的故事，這是西元二〇三年佩蓓在迦太基競技場被野獸咬死殉道前，於獄中所寫下的。故事中寫道，佩蓓有天晚上夢見一位名為龐波尼恩斯（Pomponius）的基督教執事來到她的牢房，拉著她的手，領她到露天劇場，當時有一大群觀眾正在看台上觀看。「在那裡，一位醜陋的埃及人和他的助手聯手與我扭打。後來也有一位清秀的年輕男子來當我的助手。我被扒光衣服，變成了一個男人。我的助手開始為我擦油，因為這是他們競賽的習俗。」後來，佩蓓擊敗了埃及人，腳踏著敵人的頭顱以示勝利，並獲得了勝利者的戰利品：一支附有金蘋果的手杖。

弗洛伊德若讀到這一段，應該有如獲至寶的感覺吧。

無論如何，從橄欖油在聖徒傳裡所扮演的神聖角色，可得知橄欖油被廣泛使用於治療的情況。中世紀的藥劑師接受了希波克拉底的意見，對皮膚病、消化不良到婦科疾病的許多病症都開立橄

---

11 羅馬帝國時期的埃及基督徒，為基督徒隱修生活的先驅。

12 法蘭克族的公主，建立了聖十字修道院。

欖油的處方，並用它做為許多春藥和油膏的基底。中世紀時，曾有藥物是從蠍子、蝮蛇、鸛、蝙蝠、狐狸等動物身上萃取而出，並以橄欖油當作基底的處方。有些醫學權威開出的處方箋是在病人全身搓抹橄欖油後再泡熱水澡，以治療腎結石和癲癇發作，還建議把下半身泡在橄欖油裡，認為此法能做為某些毒物的解毒劑。

此外，服用橄欖油還被認為能有效治療許多疾病，包括腸道寄生蟲、毒蛇咬傷，甚至精神錯亂。但有一本醫學著作同時也警告，不可將橄欖油提供給性格易怒的人服用。修道院的地窖看守人則相信，橄欖和橄欖油能有效重建體內體液之間的平衡，因此有時他們開立橄欖油的藥方，來控制暴力衝動或性衝動。因為他們認為，這種狀況是血液中過量的熱和潮濕的體液所導致的。醫生和聖人都用橄欖油對付痲瘋病、失明和中邪；妻子也餵食丈夫橄欖油，期使另一半能從妓女的詭計和咒語中解救出來。偶爾，聖徒的聖油甚至可以讓人死而復生。

然而，橄欖油也被用在邪惡的法術和咒語裡。教會經常發出禁令，反對巫師和術士使用聖油；例如西元八一〇年時，圖爾（Tours）大教堂的聖堂參事會下令，神父必須謹慎看守聖油，因為當時很多人相信，罪人若設法在自己身上塗抹聖油，將可躲過審判。此外，聖油和騙人的萬靈油其實只有一線之隔。西元四三〇年左右，一位僧侶背著一個浸泡在橄欖油裡的殉教者骨骸，出現在迦太基。當僧侶還在患者身邊時，這些生病和殘疾的人滴了他的油後，似乎就痊癒了，但當他一離開，患者便不約而同地又舊疾復發。迦太基的公民最終認定，他的偽治療是魔鬼般的幻覺，而不是神力醫治的結果，後來這位僧侶騙子很快就逃離鎮上了。

在以巴衝突下被高牆壓扁的橄欖樹

我與任教於耶路撒冷希伯來大學的考古學家埃胡德·內澤（Ehud Netzer）一起坐在希律堡（Herodium）。最近他在這座約一百公尺高的錐形小丘上，發現了大希律王陵墓。

我們吃著有橄欖、口袋薄餅和苦洋蔥的午餐，眺望著遠處耶路撒冷的紫色霧靄。低地上點狀分布著貝都因村落的清真寺尖塔，被綿延在沙地上以瓦楞鐵皮和未經處理的混凝土所搭建的建築物圍繞著。在另一個方向的猶太人屯墾區，像是提哥亞（Tekoa）、諾克丁（Nokdim）和艾爾達（Eldar）這幾個城市，整齊的橢圓形瓦房占據了城鎮附近的山頭，像是小型的軍事要塞。在希律堡的東部和南部，只見猶大山丘（Judean Hills）光禿山脈的波狀山脊向地平線延伸，在沙漠陽光的照耀下下閃閃發亮。這裡到處是小小的橄欖園，在太陽炙烤下的土地是一片片朦朧的綠色田壟。樹木想要在如此險惡的條件下存活下來，簡直是不可能的。

但它們倖存下來了，甚至還生機蓬勃，從亙古以來即是如此。在舊約時代，提哥亞便以橄欖油聞名，在每年的橄欖收成儀式舉行過後，人們便將橄欖油以四輪馬車運往耶路撒冷，作為神廟的祭祀供品，並點燃七分枝蠟燭台[13]。

當我說這些話時，內澤哼了一聲，把滿手的橄欖籽扔下山坡。「橄欖樹就是權力，」他激動地說：「這裡的人，不管是巴勒斯坦人或以色列人，都是靠種橄欖樹來控制並占領土地。」

內澤說，他挖掘考古現場幾十年來，看著希律堡附近的橄欖園範圍不斷擴大，而橄欖園的擴張也讓這塊土地也見證了社會動盪與潛伏暴力。近幾年，因為擔心穆斯林的攻擊，以色列軍隊曾有一段時間拒絕讓他進入此區。但內澤很擔心從此就永遠無法再到這裡，就像當初發生在耶利哥（Jericho）的情況一樣。耶利哥也是他最重要的考古挖掘之一，在二〇〇〇年的第二次起義[14]後，巴勒斯坦當局宣稱完全控制該區。在這裡，工作充滿血淋淋的風險。一九八二年七月三日，一位美國出生、定居此處的以色列人大衛・羅森菲爾德（David Rosenfeld）在希律堡被殺死了。兇手是兩名當地的貝都因人，捅了羅森菲爾德超過一百刀，他們其中一人是內澤的考古團隊組員。「我和兇手的老父親很熟，」內澤傷心地說：「大衛死後兩天，一群以色列人和美國人、阿拉伯人、猶太人，一起沖洗血塊。我們點了一盞油燈，以猶太教的祈禱文為死者祝禱。」

與此同時，內澤也感受到來自猶太人的壓力。大衛・羅森菲爾德葬禮後隔天，猶太人在鄰近山頭占領一個名為埃爾—大衛（El-David）的新據點，以報復這起謀殺案（這個社區後來更名為諾克丁）。這個社區的網站寫道：「我們毫不畏懼猶太人。阿拉伯人獲得了一個新據點，也有新的定居者。」在這樣緊張的情況下，一位意外的訪客前來拜訪內澤，他來自一個稱為「阿特拉卡蒂夏」（Atra Kadisha）的極端正教組織，該組織的宗旨是捍衛猶太墓地，必要時不惜以武力剷除任何形式的阻撓，就連考古學家和造路者也無一倖免。他說，在他心底揮之不去的擔憂，是阿特拉卡蒂夏也許哪一天會關閉他的考古挖掘現場。

年復一年，內澤目睹了敵對雙方在希律堡以及約旦河西岸附近紛紛種植起橄欖樹，直到橄欖樹的美麗在他腦海裡蒙塵。「現在我看到了橄欖樹的另一面。我看到的是權力鬥爭，是丟石頭的人和狙擊手可以藏躲的處所。在我心中，這個原本對猶太人和阿拉伯人代表和平的象徵，已經變成衝突、仇恨與險惡的圖騰。」

西元一九六七年的六日戰爭後，以色列占領了約旦河西岸大部分的土地，其中包括了巴勒斯坦農民所擁有約一千萬棵橄欖樹。起初，巴勒斯坦人還能不受干擾地繼續照料他們的橄欖樹，直到二〇〇〇年第二次起義時，以色列軍人和猶太居民以安全為由，開始燃燒、砍伐、剷除該區許多的橄欖樹，尤其是靠近公路和猶太人定居點附近，以及與約旦、敘利亞邊界的橄欖樹。從此以後，巴勒斯坦人擁有的成千上萬棵橄欖樹——某些消息來源指出，數量高達五十萬——在這場以色列自由派媒體所稱的「橄欖戰爭」中，被摧毀殆盡。

自二〇〇五年十月起，以色列開始在沿著固有領土和西岸地區之間，被稱為「綠線」（Green Line）的邊界建造了西岸隔離牆（許多巴勒斯坦人稱它為「種族隔離牆」），破壞橄欖樹的速度突然變快了。這塊由高牆、溝渠、戰壕與其他障礙物所組合的網狀系統，寬六十公尺，高八公

13 在猶太的廟宇中正式儀式所使用的純金聖物，象徵創造天地七日。

14 在西元二〇〇〇年猶太新年前夕，耶路撒冷的巴勒斯坦人對以色列人發起的第二次大暴動，以反抗以色列的統治。

尺，酷似冷戰時期的柏林圍牆，它使破壞變得更激烈，並阻止了擁有橄欖樹的巴勒斯坦地主進入。以色列的定居者因而被指控竊占巴勒斯坦人的橄欖，包括那些是已收成的，或是直接從樹上採收的，有時還甚至是在以色列軍隊的默許下進行採摘的橄欖。

基督徒也捲入了這場橄欖戰爭。與埃胡德・內澤在希律堡聊過天的兩天後，我前往位於耶路撒冷西北方的小鎮阿布德（Aboud），去拜訪菲拉斯・納西伯・阿里達神父（Father Firas Nasib Aridah）。他是在約旦出生的天主教徒，也是該鎮教堂聖母七苦堂的神父。

「你竟真的來了！」當他看到我時這麼說。在電話裡，他已建議我僱請一名巴勒斯坦司機在白天載我到阿布德，「以避免旅途上的任何不快。」他這麼叮嚀。阿里達有一頭紅褐色短髮，聲如洪鐘，動作和他說話的速度一樣敏捷、果斷。雖然他身著教士服，卻有著和運動員或軍人一樣的活力與氣勢。

他帶我參觀這座小教堂，它有著質樸的彩繪玻璃窗，還有一個講台，是用二〇〇〇年時被猶太屯墾居民砍倒的古老橄欖樹做成的。隨後，他腳步輕快地走到小鎮外圍，向我描述他最近和以色列軍隊交鋒的戲劇性場面。一路上，許多鎮民向他打招呼，他們頭上圍著格子紋的中東巾，並稱呼阿里達神父為「阿班內」（Abuneh），這在當地阿拉伯語方言裡有「長老」和「上帝的使者」的雙重意思。阿里達神父不時停下來抱抱嬰兒，拍拍人們的肩膀，用阿拉伯語和他們說笑。他經常笑。「如果我不笑，我就不是一個真正的神父，」神父說：「笑可以訓練一些你用其他方法都訓練不到的肌肉。」

阿里達解釋說，他們鎮上有一千三百名穆斯林和九百名基督徒，幾個世紀以來大家互相容忍與尊重，和平共存。「他們一起工作、購物、旅行，送孩子讀同一所學校。穆斯林在我們教區的複合式空間裡，與我們一起慶祝聖誕節和復活節；基督徒也到鄰近清真寺的大廳，慶祝齋月和宰牲節。基督徒和穆斯林一起併肩採收橄欖。即使是最貧窮的人也會帶一瓶他們第一批做好的橄欖油來我們教會，作為聖餐。」

西岸隔離牆威脅了這個古老的平衡。在城市的邊緣，我們走的這條路被一個新土堆起的護堤擋住了，這是以色列士兵以推土機堆起的屏障，以阻止車輛進入隔離牆附近。我們爬上護堤，遠眺橄欖園梯田和更遠的牧場。一道由推土機清除的紅色刈痕從中間劃過，像是一道疤。

阿里達說，至目前為止，阿布德已有五千一百棵橄欖樹在這項工程中被摧毀，如果隔離牆全部完工，當地居民將再失去一千一百英畝的村地，其中也包括一萬棵以上的橄欖樹。

「有些家庭因為這道隔離牆失去了一切。好幾世代以來，他們仰賴這些樹林支撐整個家庭生計。許多家庭每年食用四十到六十公升的橄欖油。現在，有些人得額外買油，或者改用廉價的籽油或棕櫚油，因為他們買不起橄欖油。此外，他們的收入也減少了。當收成好的年份，靠著賣橄欖油、食用橄欖和橄欖油肥皂，一棵橄欖樹可以賺進兩百美元。對我們的家庭而言，橄欖樹不僅只是生命的象徵，它就是生命。」

我們走下護堤的另一邊，進入村莊和隔離牆線間的橄欖園。這些樹盤踞在那裡，枝繁葉茂，樹幹粗壯，隨暗色樹枝伸展開的，彷彿是被無情烈日烤黑的。周遭的刺梨仙人掌和黃色大卵石讓我想起普利亞，直到該地區的呼拜者[15]召喚穆斯林開始拜禱時，才讓我回過神來。

阿里達說，自從邊界禁止巴勒斯坦人進入後，很多人失去了他們在以色列的工作，這使得來自這些橄欖樹的收入更形重要。「沒有橄欖樹，許多年輕人無法受教育，許多二、三十歲的年輕人也無法結婚，因為他們的積蓄不夠，汗顏向新娘求婚。人們也沒辦法蓋房子。這似乎是以色列的策略：從下層結構摧毀巴勒斯坦人的社會，從根切斷。他們透過我們的樹，間接地來殘害我們。」

阿里達停頓了一下，彷彿覺得自己扯太遠了。「你看，我跟大家關係不錯。我在貝特阿爾耶（Beit Aryeh）和奧法里姆（Ofarim）都有朋友，那是兩個最靠近猶太人的定居點。雖然這兩個定居點是蓋在阿布德的土地上，我與以色列軍隊將領交談，也和普通士兵攀談，我尊重他們，他們也尊重我。戰士有命令，我必須遵守。我們只希望擁有最基本的正義和尊嚴。」

我們經過最後幾棵橄欖樹，進入了推土機清理過的低谷。阿里達駐足在一處土壤翻動過的紅泥灰地上，那裡看不出曾長過作物。他掏出了一疊有摺痕，而且不是很清晰的照片，這些照片是在以色列人進駐那天拍攝的。他快速地翻著照片，讓我看清楚推土機如何在以色列士兵的前導下挺進；攜帶防暴裝備的士兵，如何帶著突擊步槍，如何在這裡排成一列。就在我們現在所站的地方，他們還設置了鐵絲網線圈。還有阿里達神父和村民們如何跪在他們面前，在士兵的鋼趾靴前栽種了一棵小小的橄欖樹苗。

「我們向他們獻上這場和平祭禮，並跟他們說：『我們只希望能保留讓我們賴以維生的東西。』」

在阿里達的最後一張照片裡，這棵小樹在士兵的靴子下被踩扁了。

他看著這張照片氣憤地說：「士兵必須遵守他們的軍令，但我希望他們的命令裡沒有包括這一條。」

連可以上吊的橄欖樹都沒有？那你可真窮！

希臘人消費的橄欖油居世界之冠，平均每人每年要消耗二十一公升。相較之下，義大利和西班牙人是十三公升，英國人一公升，美國人則不到一公升。

在希臘人當中，克里特島上的居民消費（與生產）最多的橄欖油。而在克里特島中，又以位於島的東南部一個擁有兩千八百人的克里薩（Kritsa）村莊拔得頭籌，那裡每人每年食用約五十公升的橄欖油。克里薩堪稱是橄欖油的世界之都。

克里薩的一方之王是尼科斯·扎查里阿德斯（Nikos Zachariádes），他之前是位幹練的警察，在雅典的反食品詐欺單位服務三十年後回到故鄉，全心投入了橄欖油事業。

他是個粗壯的男人，禿頭，有著扁鼻與微凸的雙眼。當我們在二〇一一年一月一個明亮的早晨初次見面時，他用銳利的眼光盯著我瞧，額頭因專注而堆起皺紋。有一瞬間，因為那銳利的眼

15 在伊斯蘭世界中，呼拜者負責每天在黎明、正午、午後、日落及晚上，五次召喚忠誠的穆斯林拜禱。

光，我不禁憐憫起過去和他纏鬥的黑心食品業者，同時也擔心起他的血壓。

他問我為什麼對橄欖油感興趣。當他聽了我的回答後，他手指間的念珠輕聲互撞，額頭的皺紋鬆了一點，變得平滑，也發出了會心一笑。接著，尼科斯・扎查里阿德斯用力拍了一下我的手臂，當我是他的朋友。

接下來的四十八小時，從清晨到深夜，他以毫無保留的善意陪我走過橄欖園、碾壓廠、屋舍、辦公室，和克里薩的工作坊，向我介紹當地人的橄欖油人生。我見了幾位村裡的名人，包括市長、牧師、製刀師傅；以及仍利用山羊皮和木製釘子，以手工製作傳統克里特島靴的製鞋師傅。但除此之外，鎮上空無一人，因為其他村民都外出採收橄欖了。鎮上每個人都擁有橄欖樹，也都製作橄欖油。當地有句諺語說，要表示一個人真的很窮時，就是當「他連可以上吊的一棵橄欖樹都沒有」。

我們參訪的起點是一座克里薩合作社的現代化碾壓廠，這裡有兩座阿法拉伐離心機隆隆作響，像是雙噴射引擎。我看著農用卡車、多用途運載車和驢背，載來一袋袋麻布袋的橄欖。每位農民把大量的橄欖倒進來，帶走一張寫上橄欖重量的紙條後，就轉身離開。

這時，離橄欖油製成還有一段很長的時間，這和我之前拜訪過的其他公共碾壓廠有著強烈的對比。在那裡，生產者會緊盯著製油的每個過程，直到橄欖油拿到手了才會離開。扎查里阿德斯解釋說，在他的推動下，合作社裡所有一千位生產者已同意將村裡的土地視為一座大橄欖園，並統一製作橄欖油。「我們對製作優質橄欖油有共同的信念，就是種植好的橄欖，並快速處理。利用這個方法，我們可以在晚餐前處理完一天的採收量，並縮短橄欖閒置到碾壓之間的時間。」相對地，鄰近合作社的農民各自製油，在碾壓廠前常大排長龍，得等到三更半夜。克里薩的共同碾壓制度不僅可以製作更好的油，在產量部分，也比大多數的希臘合作社多十倍、二十倍，甚至五十倍，這也讓他們的油更容易銷售給連鎖超市這樣的大客戶。

扎查里阿德斯在二〇〇六年從雅典回到克里薩後，建立了這個革命性的制度，並對橄欖油的製程做了一些改革，後來自己也成為村合作社的理事長。半年後，克里薩橄欖油在著名的馬里奧索利那大獎中（Mario Solinas Award）獲得銅牌，這是一項每年由國際橄欖油協會所主辦的大賽。二〇〇八年，克里薩橄欖油在同一項比賽中勇奪金牌。

不久，扎查里阿德斯又採取了另一項大膽的策略——與格亞（Gaea）結盟。格亞是一家生產高品質橄欖油和一些具希臘特色食品的私人公司，由知名的希臘商人阿里斯．克凡洛詹尼斯（Aris Kefalogiannis）所領導。「對希臘農產合作社而言，我們的合作是史無前例的創舉。因為合作社是非常典型的政治組織，而且一向對私營企業持保守的態度。」克凡洛詹尼斯解釋說：「這是尼科斯．扎查里阿德斯展現他創新的商業頭腦和勇氣的另一種方式。」

多虧了這次合作，克里薩得以將它的橄欖油銷售到英國、芬蘭、立陶宛，和其他遙遠的國度。跟其他希臘合作社比起來，他們在國內市場之外，尋找更寬廣、獲利更高的市場，並將獲利直接分配給橄欖種植者。在希臘經濟危機中，當橄欖油的價格處於歷史低點，許多種植者放棄自己的橄欖園時，克里薩的農民比附近農民的收入多出了二十五到三十％。

參觀工廠後，我們在碾壓廠席地而坐，吃個簡餐。大家傳著吃新鮮採摘的 stamnagathi，這是一種類似菠菜的綠色野菜，另外還有稱為latherà的全麥麵包。扎查里阿德斯在上面滴了一排用當地高朗尼基（koroneiki）橄欖所製成的辛辣橄欖油，這種橄欖油是利用一種改良的氣體泵，連接到離心機製成的。全世界沒有任何地方的人，能為你準備像克里薩人吃的這麼多橄欖油；也沒有人能像克里薩人，將橄欖和橄欖油以幾乎是無孔不入的方式，應用到日常生活的各個層面。

在我拜訪期間，我經常想到安塞．凱斯（Ancel Keys）這位明尼蘇達州的流行病學家和化學家。他在五〇年代研究克里特島、義大利南部和其他地方的傳統飲食與心臟疾病之間的關聯性，因而奠定了現在所謂「地中海飲食」的基礎。凱斯和他的同事對這個島民食用的橄欖油量印象深刻：「看到一位老農夫每天早起時便喝光一杯橄欖油，著實令人感到驚異。」與他合作密切的夥伴亨利．布萊克（Henry Blackburn）這麼回憶道。類似這樣的觀察，促使凱斯思考橄欖油對健康養生的潛在益處。

我在克里薩期間的每次出訪，都遵循同樣的腳本：在相互介紹後不久，主人便遞上一杯開胃烈酒拉克酒（Raki），接著端出一盤盤當地的特色菜，都是以在村裡碾壓廠裡製作的新鮮橄欖油烹調，或是浸泡在橄欖油裡。每個廚房的角落必定立著一個高大的大陶甕（pithari），這是一個容量一百公升，裝橄欖油用的赤陶甕；爐子旁則有一瓶小金屬油罐（muzuraki），容量大約一公升，這小油罐通常在每頓餐後就見底了。

我們吃生洋薊、白蘿蔔、羽扇豆等，還有十多種我記不得名稱的克里特島蔬菜，全沾了油亮的橄欖油。另外還有口袋薄餅形狀的起士麵包放在一個倒滿油的小煎鍋裡煎煮，有橄欖油燉煮迷迭香野兔肉、油炸山羊起士口袋麵包，還有一種用油炸、整隻吃的小魚，叫barbugna。甜點的部分，有撒上切碎榛子與蜂蜜的杏仁餅和芝麻餅乾，綠顏色顯示了它們含的橄欖油量。

希臘東正教受橄欖油影響的程度也毫不遜色。和克里特島其他地方一樣，在克里薩的受洗儀式中，教父會用橄欖油塗滿嬰兒全身，依宗教習俗，這些油必須在儀式後留在孩子的皮膚上三天，父母才可以將它沖洗掉。在婚禮上，夫妻交換橄欖皇冠，而新娘的嫁妝裡總是包括一塊橄欖園的持份。在葬禮上，當死者被放進墓穴時，神父會將橄欖油以十字形灑在棺木上，吟誦道：「求你用牛膝草潔淨我的罪，我就會潔淨；求你洗滌我，我就比雪更白。」收成的時候，許多信徒帶來一瓶瓶他們新製作好的油到教會，經過神父的祝福後，使用在多種治療和儀式中。在古典時代，教堂的燈是以橄欖油為燃料，橄欖油也同樣照亮了家中的神像和路邊神龕中的聖徒像（在海上遇到暴風雨時，一些上了年紀的村民會灑幾滴擺放在聖尼古拉斯像前的燈油，因為聖尼古拉斯是水手的守護神，他們相信這個灑油的動作能讓海浪恢復平靜）。橄欖油也被視為是種壯陽藥，當地有句諺語，翻譯後大致是這樣：「吃橄欖油，晚上生龍活虎；吃奶油，沉睡有如木頭。」在古代半宗教性的儀式裡，橄欖油可以躲過邪惡之眼，甚至預知未來：孩子受洗時，大人會急切地觀察洗禮盆裡橄欖油浮在水面上的形狀，據說這樣可以看出孩子的個性和將來的財運。

橄欖油一直是此處的生活重心。尼科斯．扎查里阿德斯帶我去拉托（Lato），這是於前邁諾安時期在克里薩附近山頂所遺留的堡壘廢墟，俯瞰著愛琴海。在那裡，我們看到壯觀的巨石石雕，以及大型碾壓廠和貯水槽的遺跡。在附近另一個鐵器時代早期的遺址德瑞羅斯（Dreros），考古學家挖出了一塊銘文，上面描述一種城裡所有年輕人必須通過的成年儀式，要求他們種植與照料一棵橄欖樹，並確保其茁壯成長。

在克里薩西邊約一小時車程的克諾索斯（Knossos），是邁諾安帝國的首都；邁諾安帝國幾乎是仰賴橄欖油所建立的。人們在這裡挖出了一塊泥板，上面描述了定期舉行的儀式中獻給神祇的祭油。在邁諾安宮殿出土的壁畫、雕塑和珠寶，也經常可以見到濃密的橄欖樹，並結滿累累果實。

克里薩附近挖掘出土的墓葬，時間橫跨自邁諾安前期到現今有三千年之久，在骸骨中經常可找到橄欖核與橄欖油容器，顯然橄欖與橄欖油被認為是來世重要的儲備。在附近的城鎮哈吉歐尼可勞斯（Hagios Nikolaus），還發現了羅馬時期的墳墓，裡面葬的應該是位運動員，在墓裡發現了一個儲放香油的香水瓶，和運動或洗澡後使用的刮身板，還有一個金色橄欖葉的頭冠被戴在死者的眉毛處，顯然是為了表彰死者的運動長才。經過好幾個世紀，潮濕的泥土已滲入頭骨，金色橄欖葉的頭冠成為頭骨上永遠閃爍的裝飾。

在我即將結束克里薩之行時，我們參觀了小鎮東部高地上的橄欖園，剛好遇見扎查利亞家（Zacharia）的五位成員：一對年近三十的年輕男子和女子、他們五十多歲的父母，以及年近九十歲、頭戴黑色頭巾、腳著綠色雨靴的祖母。他們帶回了水滴狀的高朗尼基橄欖。父母親和兒子正用液壓機與振動手臂耙下橄欖，將橄欖收集在防水布上，並運到一張摺疊桌上放置。摺疊桌有四支腳和一個金屬平台，年輕女子和祖母在那裡將果實從樹葉和樹枝上分開來。

年輕女子喬吉亞．扎查利亞（Georgia Zacharia）在黃昏的陽光下工作著，說起話來溫和平靜。

她說，她每年都期待著採收季，因為這時全家人才能聚在一起。「到了晚上，我沒有時間和精力去想我的問題和煩惱。我已經累壞了。」她說，希臘目前正遭逢經濟危機，採收橄欖對她是一種極大的安慰：「每個人都有自己的橄欖樹、橄欖園。自給自足的理想離我們不遠。情況會轉危為安的。」

被義大利黑手黨染指的農田，以有機重現生機

二〇一〇年四月，當普利亞土地農產合作社（agricultural cooperative Terre di Puglia）的工人走進布林迪西省（Brindisi）附近梅薩涅鎮（Mesagne）的橄欖園，準備修剪橄欖樹時，他們在一棵樹下發現了一枚土製鐵管炸彈。這不是他們第一次接獲警告。幾個月前，就有人擅闖入他們的汽車，用潦草的字跡在儀表板上撂下狠話。此外，他們三不五時也會在信箱裡發現紙條，上面寫著毫不掩飾的威脅：「誰今天上工，就得為其他人付出代價。」、「閉嘴！」、「別擋我們的財路！」縱火犯更在夜裡溜進他們的土地，放火縱燒橄欖園、葡萄園和農場設備。

炸彈是目前最新、最高等級的恐嚇方式。「當然，它的目的不是要殺人。」普利亞土地農產合作社的理事長亞歷山德羅．里歐（Alessandro Leo）說：「就像其他打從我們開始墾殖這片土地

以來所收到的訊息一樣，它是要恐嚇我們，動搖我們的合作社。」

里歐盯著我看了片刻，似乎想看我是否相信他說的話，或者是要確認自己對解釋此事情的真實性。然後，他笑了起來，聲調高亢而愉快，一邊還搖了搖頭：「至少，我是這麼告訴自己。畢竟，我們知道這些人是誰，以及他們過去的所做所為。我們知道他們什麼壞事都做得出來。」

里歐和合作社的同事所墾殖的土地，不久前還屬於聖冠聯盟（Sacra Corona Unita），這是一個在普利亞大區活動的黑手黨組織。他們的前首腦科西莫．安東尼奧．斯克提（Cosimo Antonio Screti），人稱唐．托尼諾（Don Tonio），是該組織位高權重的角色，當地人都對他畏懼三分。斯克提因為販毒與參加犯罪組織被定罪後，義大利政府沒收了他大部分的房地資產，包括這片橄欖園，調查人員相信這片橄欖園是斯克提利用非法活動所得買來的，特別是透過毒品交易。

二〇〇八年一月，政府將這座橄欖園和其他幾座葡萄園與農田的使用權交給了一個名為土地解放組織（Libera Terra）的非營利性組織旗下的成員——普利亞土地合作社。土地解放組織專門對抗義大利無所不在的黑手黨，負責開墾從暴徒那裡搶回的農田。合作社的工人是社會的弱勢，包括一些戒毒者。這些曾是毒品的受害者，透過在這片曾被著名的惡棍用買毒品獲利購買的土地上辛勤勞動，來重建他們的尊嚴和自主權。

問題是，惡棍並未就此離開。唐．托尼諾後來因為健康狀況不佳被釋放出獄，他回到了他位於農田中央的別墅，當時農地已由合作社認養墾殖。無論是他或是他先前在「聖冠聯盟」的同夥，看到別人在他們仍認為是自己的土地上收割橄欖時，心裡非常不是滋味。「他走路的樣子彷彿自己還是這裡的老闆，」里歐回憶道：「他天生就有典型的傲慢態度和囂張氣焰。」

普利亞土地農業合作社接管這塊土地的那一年，除了該區長期失業的人外，沒有任何農民或工人敢為他們工作。「大家都對我們退避三舍。」里歐說。他們連一台拖拉機都沒有，他和工作伙伴只好打電話給義大利的林業單位，請對方幫忙犁地，好讓他們可以播種小麥。

雖然如此，但第一次的收成還差強人意。他們種的是從一位當地老農民那裡找到的本土小麥種，他們用收成的小麥焙烤稱為tarallini和friselle的傳統普利亞脆麵包。他們同時也栽種當地品種的fiaschetto蕃茄，用來做義大利麵醬汁和番茄乾。他們修剪被長年棄種的尼格阿馬羅（Negroamaro）葡萄品種，製作優良的紅葡萄酒。而從他們百年樹齡的橄欖園，製作出幾百瓶橄欖油。

當他們逐漸名聲遠播後，地方和國家級的機構也伸出了援手。烹飪與公平貿易的非政府組織「慢食」（Slow Food）裡的農藝學家和釀酒師，開始為他們提供諮詢；一些全國性的連鎖超市，如COOP，也開始銷售他們的產品。土地解放組織與鄰近奧斯圖尼（Ostuni）一個知名的機構，以及多家當地橄欖種植者和橄欖油廠商簽署合作協議。最後，在地的農民開始一個一個來到合作社工作。其中一位農民對亞歷山德羅．里歐這麼說：「我做夢也沒想到我會踏進唐．托尼諾的地，也沒料到能看見這片曾經長期長滿荊棘的土地，如今居然會重新肥沃起來。」

當亞歷山德羅．里歐嘗到第一口新油時，令他五味雜陳，情緒激動。「我想起它所蘊涵的不公義與公義的特別故事。我也想到曾經品嘗這油的人，以及現在得以品嘗它的人。」

里歐說，橄欖油是土地解放組織所種植的代表性食物。「我們每項產品都有一個故事。我們希望重拾對食物的認知，不再僅僅是物質和商業上的價值，而是附加了文化的價值。因此，我們強調食物與其土地（territorio）的關連性，也就是它所生長、它自盤古開天以來的地景。尤其是這些古老的橄欖樹，就是這塊土地的象徵。它們是此地景觀的核心，它們也餵養了它的子民長達好幾個世紀。當你食用這種油時，吃下的不只是來自某個工業化橄欖園裡一棵不知名樹木所製成的食物，而是吃下來自地球某處所出產的食品，它具有獨一無二的歷史。」

里歐和他合作社的同事所種的橄欖樹，只施用被核准的、天然的化學肥料，從明年開始，他們的橄欖油將被認證為有機食品。「我們要從農藥和其他有毒農產品所造成的系統性中毒中解救這片土地，這在橄欖油產業裡尤其嚴重。這是另一種有組織的犯罪，是另一個黑手黨，我們都需要挺身而出反對，否則這些農藥就會像職業殺手一樣害死我們。」

Extra Virginity : The Sublime and Scandalous World of Olive Oil

PART

4

第四章

橄欖油裡的健康成分

橄欖樹肯定是上天給予的最豐盛的禮物。

——湯瑪斯・傑佛遜，〈寫給詹姆斯・羅納森（James Ronaldson）的信〉，1813

橄欖油與真相終將水落石出。

——巴斯克諺語（Basque，在法國與西班牙瀕大西洋的交界處一帶）

「宇宙是對掌性（chiral）的！」當踏進阿利莎．馬泰（Alissa Mattei）她那間通風佳、採光好的接待室時，我聽到她正這樣說道。

接待室裡有一張長長的橡木桌，上面擺滿了玻璃試杯、一台筆記本電腦、十幾瓶橄欖油，以及用牙籤和彩色黏土球做成的異戊二烯和其他有機化合物的分子模型（我很快了解到，「對掌性」指的是一種結構的特性，像我們的左右手一樣，它們的實物與鏡像是無法重疊的）。

二〇〇八年，馬泰的前公司卡拉佩利（Carapelli）被西班牙跨國食品SOS集團併購前，她負責該公司的品管實驗室將近三十年的時間，可說是一位赫赫有名的人物：她個子嬌小，身材豐滿，滿頭紅髮使她的圍巾和身上的飾品更引人注目。她的眼睛大大的，呈杏仁狀，眼神裡有著智慧、幽默和無比的好奇心，似乎能直視你的靈魂；除此之外，眼光還帶點狡黠，但你不會在意，因為光是盯著那雙彷彿來自她托斯卡尼家鄉鮮榨橄欖油般的綠色雙眸，便讓人十分愉快。

離開卡拉佩利公司後，她開始經營蒙特古科莊（Casa Montecucco），那是一座由溫馨的家庭農舍變身而成的假日農場，位於托斯卡尼南部海岸的野生林地馬雷瑪（Maremma），設立農場的目的是為了讓人能認識當地的好油與美好生活。馬雷瑪也是義大利最好的野豬狩獵和騎馬場，還生產超優質的托斯卡尼葡萄酒。

馬泰的父親是托斯卡的畫家，母親是那不勒斯的男爵夫人（毫無疑問地，馬泰的眼睛肯定是遺傳自她母親）。當她接待賓客，準備餐點時，過程都非常簡單而且令人激賞；偶爾她還會說出一針見血、高深莫測，那不勒斯式的幽默——「宇宙是對掌性的」、「自然界所有存在的事都是偶然與必然的結果」、「我是一個超慷慨的人」。與她相處一段時間後，你將發現，她所說的可能全都是真的。

果真有世界上最好的橄欖油？

馬泰以務實的角度評論了假油事件。她說，油品詐欺在橄欖油產業裡是普遍的行為。「它總歸是有經濟方面的道理。添加二％或三％的籽油到特級初榨橄欖油裡，售價就能翻漲三倍，讓你賺進好幾桶金。」她細數近代造假橄欖油的詐騙史，對於姓名、日期和地點都如數家珍。像是在利古里亞發明脫臭油的公司、在普利亞大區使之發揚光大的公司等。還有，研發摻假油新方法的化學家，與在科學委員會建立檢測摻假測試系統的，通常就是同一批人。她說，雖然把脫臭油當成特級初榨橄欖油販售是非法的，但幾個主要的橄欖油大廠商通常報價時還是報脫臭油的價錢，而真正的特級初榨橄欖油是禁止「粗煉」的脫臭過程的，它們只能以機械的方法製作。雖然她也正在開發新的脫臭技術，但她說這並不是為了製作假油，而純粹是為了當成挑戰，試圖用化學的方法，將本質良好而只是口感稍差的橄欖油除去不佳的氣味。

在馬泰的解說下，你會了解，由於橄欖油產業的化學家、貿易商、交易決策者間的爾虞我詐，在她所描述的橄欖油世界裡，已經對橄欖油品質造成致命的威脅；而這種情況也正逐步貶低特級初榨橄欖油的等級，並將不可承受的低價壓力轉嫁在無數的小型高品質橄欖油生產者身上。

即使如此，看得出阿利莎對優質橄欖油仍懷抱著熱情。她精於品嚐，因而像是「慢食」機構和幾個主要的橄欖油生產者都很需要她擔任顧問。她是世界頂尖的橄欖油化學家之一，對橄欖油分子幾何形狀的「高矮胖瘦」皆瞭若指掌，就像農民熟知自己的田地般。

她說，她在橄欖油跨國公司工作了半輩子，卻幾乎沒看過橄欖樹。現在，她首次擁有屬於自己的橄欖園。她悉心照料這些細瘦的五歲橄欖樹，就像寶貝著自己的孩子，並用它們製作出品質絕佳的橄欖油。阿利莎．馬泰也是一位被橄欖油感動的人，橄欖油觸發了她內心的矛盾。

馬泰也很樂於分享優質橄欖油的相關資訊，因此她經常對普羅大眾講授橄欖油的化學和感官特性。今天我就是來聽她知名的演講，介紹橄欖油主要的脂肪酸——油酸。

她先用筆記型電腦顯示一系列亮眼的分子模型，展現她最近頗感興趣的對掌性。「對掌性分子在自然界隨處可見。但這是個謎，因為，生命開始時的簡單分子，如甲烷和氨，都是對稱性，而非對掌性。那麼，對掌性的分子是如何形成的？」她解釋說，橄欖油也一樣具有對掌性成分，如α－生育酚和葉綠素。「因此，橄欖油裡蘊藏了自然界最深沈的奧祕之一！」她眼裡閃爍著光芒說道。

「現在，我們來製作油吧！」她遞給我牙籤和黏土塊。我試著跟著她圓潤靈巧的手，捏出一系列的彩球——藍色代表碳原子，紅色代表氧原子，白色代表氫原子——再利用牙籤表示化學鍵，將三個碳原子連結在一起。她從碳原子分叉出氧原子和氫原子，產生了一個形狀大致像大寫E的分子。「這是甘油，橄欖油的核心，橄欖油是一種三酸甘油酯——一種由以甘油為基礎，搭配三個脂肪酸分子組成的酯類有機化合物。」接著，在甘油E形的每個水平鍵上，她加上了一個脂肪酸，這個脂肪酸包括一個長鏈碳原子，而每個碳原子則各有一對氫原子。馬泰解釋說，所有的脂肪和油都是由三酸甘油酯組成，但碳原子的鏈長不同。油酸有十八個碳原子，人類的母乳和椰子油裡發現的月桂酸有十二個碳原子；而油菜籽油和芥菜籽油裡的芥酸則有二十二個碳原子。和其他的脂質一樣，橄欖油也是多種不同脂肪酸的組合，其比例依橄欖品種、生長氣候條件，以及它吸收的水量而有差異。

一瓶橄欖油最主要的脂肪酸，即油酸的含量，可以從五十五％到八十五％不等（橄欖油裡還含有其他十八種少量的脂肪酸）。馬泰從桌下拿出一支大肚瓶的橄欖油，瓶頸上貼了一個標籤，上面寫著「全世界最好的橄欖油」，宣稱它在最近的一場橄欖油競賽裡勇奪冠軍。她說：「不同橄欖油的脂質特徵可能大相逕庭，其差異性幾乎就像它們是來自不同種類的植物。怎麼可能會有『最好的油』？」

馬泰繼續往下解說道，脂肪酸不僅其碳鏈的長度不同，碳原子之間長鏈的連接類型也不同。大多數碳原子彼此以單鍵連接，這裡是以一根牙籤作為標示。但在鏈長中間，也就是第九和第十個碳原子間，她放了兩根牙籤；然後，也各拿下了一個氫原子，並將長鏈中的扭結轉了三十度。這種缺少氫的情況，表示油酸是「不飽和的」，也就是它的碳鏈沒有完全被氫原子給占滿。油酸和其他帶有一個以雙鍵連接的脂肪酸，被稱為「單元不飽和脂肪酸」，而那些具有兩個或更多個雙鍵的脂肪酸，是「多元不飽和脂肪酸」；這兩種類型的脂肪酸通常存在於植物油。其他的脂肪酸，其碳鏈皆由氫原子填滿，被稱為「飽和脂肪酸」（牛油、羊脂、豬油和其他動物脂肪主要就含有飽和脂肪酸）。脂肪酸的結點和缺少氫原子的數目，取決於它所包含的雙鍵數目，這具有重要的生物學意義。飽和脂肪不含易反應的彎曲雙鍵，只有直直的碳鏈，形成整齊嚴密的晶體結構，在室溫下通常呈固體；單元不飽和脂肪酸和多元不飽和脂肪酸分子的結構則到處彎彎曲曲，堆積得沒這麼整齊，且脂肪通常是液體狀的。此外，在含有碳雙鍵的脂肪酸鏈上，消失的氫會留下了一個缺口，使得這個脂肪酸鏈易遭受活性分子的侵入，例如空氣中的氧氣。脂肪酸包含的雙鍵愈多，就越容易氧化，或者酸敗。因此，大多是單元不飽和脂肪酸的橄欖油，比起其他多元不飽和脂肪酸的植物油，保鮮期會來得長些。

碳鏈與氫原子完整結合的動物性飽和脂肪酸最容易保鮮。基於這個原因，一個世紀前的食品化學家就設計了利用補足碳鏈氫原子缺口，從而加長保鮮期的方法。這種化學處理過程稱為「氫化」，也會將雙鍵轉化成單鍵，提昇氫化脂肪的安定性，並使之呈固態。此外，我們的身體會將它們誤認為自然的飽和脂肪，並將它們如細胞膜一樣融入組織；但它們卻會在體內產生發炎反應，從而提高動脈硬化和心臟疾病的機率。

「橄欖油理論說得夠多了，該是動手做的時候了。」她話鋒一轉，便起身走進旁邊的廚房。「會有客人來吃晚餐。」她帶我進入蒙特古科莊專業級的廚房，空間是以大理石和不銹鋼材質建構而成。她的夫婿、也是家族酒店和餐館的接班人盧西亞諾·奇皮亞尼（Luciano Cipriani），正用一把大彎刀幫一塊帕爾瑪火腿剔骨。在接下來的三個小時裡，我看著馬泰和她夫婿在廚房裡手腳俐落、天衣無縫地合作著，一起準備十五人份的五道菜，當然也用了數量驚人的橄欖油。身為一個生長在二十世紀七〇與八〇年代的美國、天天聽到反油口號的我，看見阿利莎·馬泰用如同管絃樂團指揮般的熱情，將翡翠色的橄欖油大方地淋在蔬菜湯、烤里肌豬肉、馬鈴薯，和她從自家花園採摘的菊苣和辣椒上，實在覺得很過癮。

在廚房的架子上，我注意到一個五公升裝的卡拉佩利油瓶，她說是她用來烹調和油炸的油，顯然馬泰對前雇主還很忠實。我想都沒想，脫口便問她最喜歡什麼油？有那麼一瞬間，她的笑容凝結，彷彿有些失望，我也想起她曾說過油品中的化學差異。然後，她又笑開了，並拿起我們早先見到的那瓶獲獎油。「當然是全世界最好的油。」她笑著說。接著，她把油舉起來，對著光線，眼睛瞇成一條縫，彷彿在研究它的內容物。「誰知道這裡面到底是什麼……」

橄欖油和牛油的曠世廚藝大戰

「若我是國王，我會什麼都不吃，就只吃脂肪。」一位十七世紀的農民這樣表達了他對三酸甘油酯的嚮往，不論它是飽和還是不飽和的。這是在五個世紀以前，當人們還未失去對脂肪在醫療與烹飪上的青睞，也是在氫化過程尚未使脂肪變成危險食物之前的事。

油脂是種非常高效的能源，不僅對燃燈、火爐、橄欖樹的種籽發芽有益，對人類也很有用。在無情的使用人力勞工與長期酷寒的年代，當大多數人每天關心的只有能否溫飽時，高脂肪的食物總是讓人將之與健康、富裕聯想在一起。在教堂裡，脂肪匱乏的農民可能聽過《以賽亞書》裡對信徒的建議：「你們要留意聽我的話，就能吃那美物，得享肥甘，心中喜樂。」他們也可能聽過，詩人把將自己交付給上帝，比擬成品嘗到油滋滋的一餐的祝福：「我的心就像飽足了骨髓肥油，我也要以歡樂的嘴唇讚美你。」

但該選擇哪一種脂肪，是飽和的或不飽和的？動物脂肪或橄欖油？到了中世紀晚期，這些古代敵對雙方之間的戰線，或多或少都沿著現代南至托斯卡尼，北至艾米利亞—羅馬涅大區[1]的界線。在這條界線以南，除了部份地區會使用由入侵的蠻人所帶來的一點豬油之外，橄欖油是燒烤或煎煮蔬菜、湯和魚時較受青睞的油。而在這條線以北的義大利，以及越過阿爾卑斯山的地區，因為氣候寒冷，橄欖樹無法茁壯生長，只有少數上流社會人士是橄欖油愛好者。除了在大齋節期[2]和齋戒日外，動物脂肪在市井小民的生活中占有重要地位。

北歐人對橄欖油有著複雜的情結。他們珍視它的神聖象徵和藥用功效，但不喜歡它的苦味和口感，因為這和他們用於調味家鄉食物的香甜動物脂肪大不相同。如果他們真要食用橄欖油，會偏好產自加爾達湖岸邊溫和的橄欖油。但一般而言，他們對橄欖油仍是敬而遠之。

聖赫德嘉．馮．賓根（Hildegard of Bingen），這位中世紀德國的神學家、神祕主義者、詩人和博學者，倒是為北方人說話。她認為，橄欖油是極好的藥，但卻是很糟的食物，「吃的時候會覺得噁心，如果用來烹調則會毀了食物。」也許聖赫德嘉和她的姐妹們拿到的是品質不佳的橄欖油吧！

十六世紀晚期的英國旅行家托馬斯．普拉特（Thomas Plotter）發現，只有劣質的橄欖油才會賣到歐洲北部。這些劣質橄欖油是從被萃取過的好油中，所留下的殘渣裡所碾壓出來。在他那個時代的一個片語：「和油一樣的褐色」，說明了這種油的外觀和口感。

在這場橄欖油和動物脂肪之間的曠世廚藝大戰中，隨著動物脂肪的勝利，一項新的運動於十五世紀展開。這次動物脂肪的二度入侵，與十個世紀前羅馬帝國結束時，被毛茸茸的、吃脂肪的日耳曼蠻族突然進犯不同；此次是透過飲食習慣的微妙變化，以及宗教改革後，羅馬當局對飲食規範的逐漸鬆綁所致。在北歐某些地區的土地長不出橄欖，居民對橄欖油也不感興趣，教會法中修正允許教徒在大齋節期和齋戒日時使用奶油，於是開啟了奶油大規模取代橄欖油的大門。

法國和英國的廚師開始使用這種吃起來溫和的脂肪，用以取代橄欖油。動物性脂肪長久以來就是他們傳統飲食的一部分，現在他們進而剔除了地中海飲食的影響力。遠在南部的西西里島，一些美食家和饕客也吟誦讚美這種奇妙甜蜜的新式調味品。十五世紀的義大利美食家大師馬蒂諾（Maestro Martino），同時也是阿奎萊亞（Aquileia）教區的御廚，在他於一四五〇年所著，頗具影響力的食譜書《烹飪的藝術》裡，指示讀者為西西里通心粉備料時，要準備新鮮牛油和香料，而不是橄欖油。一齣當代戲劇裡，有一群威尼斯嘉賓在餐桌上享用一盤盤鋪滿大量奶酪、肉桂、糖粉的通心粉，而且「牛油多到讓他們可以在裡面游泳」。

1 位於義大利北部的大區，轄區形狀如三角形。

2 大齋節期，又稱「預苦期」，是教會傳統中特別思念基督的受苦受死的一段期間。早期信徒在這段期間會悔改自省，禁食禱告。

牛油甚至也實現了窮人的願望，就像在義大利北部摩德納（Modena）的一個佃農家庭，他們離開了自己的田地，渡過波河，搬進倫巴底大區，「因為，據說那裡的馬鈴薯麵疙瘩[3]有一大堆的奶酪、香料和牛油」。

從十五世紀直到十九世紀，橄欖油和牛油之間的大戰被搬上歐洲繪畫、文學和街頭戲劇，正如狂歡節與大齋節期之間的戰爭一般，牛油全副武裝領頭上陣，後面跟著一群動物脂肪和奶製品等子弟兵；而它的主要競爭對手橄欖油，則帶領了鯡魚、白菜、麵包，和其他大齋節期等諸多食品。

儘管如此，多數南歐人仍然忠於橄欖油，不僅是因為他們自古醉心於地中海飲食，也因為牛油衝擊了他們的傳統觀念——牛油是不自然，甚至是危險的。曼托瓦[4]的宮廷貴族前往英格蘭時，必得儲備充足的好油才出門；亞拉崗的樞機主教於一五一七年到低地國[5]旅行時，也帶了他的私人廚師和充裕的橄欖油。他說：「由於奶油和乳製品在弗蘭德[6]和日耳曼地區被廣泛食用，因此這些國家到處都是麻瘋病人。」

巫術、助性，想不到橄欖油還有這些用途！

如果有廚師推薦牛油，也必定會有其他人挺身擁護橄欖油：西元十五和十六世紀出現了新一代的食譜，主要是在義大利南部一帶。這些食譜提出了一種令人振奮的新式地中海飲食法，融合了多元種族的特性，以澆淋橄欖油的方式烹調與料理食物。義大利文藝復興時期著名的人文學者巴托羅密歐・沙奇（Bartolomeo Sacchi），亦即一般人所熟知的普拉提納（Platina），撰寫了《論正確享受與健康生活》，這是一本關於烹飪的專書，當中首次提及義大利料理中正確使用橄欖油的方法。如現代義大利廚師一樣，普拉提納建議調理新鮮蔬菜和豆類時應淋上大量的油，魚類料理則可以用得少一點。

一般民眾每天也都會食用定量的橄欖油。一位在托斯卡尼旅行的英國遊客注意到當地居民的橄欖油消耗量頗大：「富人用橄欖油，因為他們想要節省；窮人也用橄欖油，因為他們沒有其他的選擇。」在托斯卡尼，連卑微的水手都有一份橄欖油的配給：他們每天的口糧即包括有二十八公克的橄欖油，是從儲放在船艙裡的陶罐裡倒出來的。類似的陶罐裡裝著油，隨著第一批西班牙和葡萄牙探險家航行到新世界，後來陸續在佛羅里達州和北卡羅來納州海岸的船難殘骸中被發現，這些船隻有大帆船，也有小型三桅船。

文藝復興時期，橄欖油的應用更加廣泛，有時甚至到超乎尋常的地步，人們充分發揮橄欖油的化學特性，以及與靈性相結合後的特性，也因此助長了橄欖油的消費。在女巫熱潮爆發時，法官

3　義式傳統食物，類似中式不包餡的小湯圓或麵疙瘩。

4　義大利北邊的文化重鎮。

5　現今的荷蘭、比利時、盧森堡一帶。

6　今日比利時北部一帶。

和教皇審問官發現，女巫通常會在身上塗滿用橄欖油做成的神祕藥膏和軟膏，據說這樣可以讓她們呼風喚雨、毀壞莊稼、並騎乘掃帚飛去參加女巫的安息日，而且還可以使四肢麻痺無感，以免受撒旦的觸摸而萎縮。在一些地區，單是擁有橄欖油，加上「藥膏、有害的粉末、裝有害蟲或人骨的盆子」，就能被冠以施用巫術的罪名而被捕。雖然瘟疫肆虐的時候，橄欖油被視為可以防止瘟疫，但同時油商也被認為會使用油性物質來散播瘟疫。此外，調查官會用沸油對洩密者逼供，有時甚至用大量的沸油來執行死刑。驅魔師也會用聖油和祈福過的橄欖樹枝驅走被附身者身上的惡魔，一邊吟誦道：「我用這聖油為你塗膏，藉此為你免去所有惡魔法術施加在你身上的詛咒、箍咒、符咒與魔法。」

從比較正面的角度來看，橄欖油也是早期文藝復興時期醫家與煉金術科學家愛用的材料。聰明、熱情，並以美貌著稱的卡特琳納．斯福爾扎[7]，便將橄欖油廣泛運用在她的實驗裡，包括近五百種的藥品、香水、乳霜和美容療法等。她從魔法儀式裡衍生出一些祕方，並用代碼寫下，以避免洩露機密；其他還有限制級的春藥和助性祕方，可說是源自於古希臘時期以橄欖油提高性趣的光榮傳統。

除了用於巫術和性趣方面以外，橄欖油產量大增的最大助力來自幾個新興產業，這些產業利用了橄欖油可當成脂肪酸、潤滑劑和溶劑的化學特性。例如位於馬賽和威尼斯的肥皂製造中心，他們將橄欖油倒進大型銅製煮皂鍋裡，混合鹼液、純鹼和海水，得到一種濃稠、糊狀的混合物，這是一種脂肪酸鈉鹽，在非專業術語裡稱為「皂」，再將它倒入模具硬化。從弗蘭德斯到佛羅倫斯的每一座毛紡廠都需要大量的橄欖油，在紗線編織之前要先將它們軟化，因為粗梳和精梳工序已將羊毛的天然潤滑劑——羊毛脂去除掉了。此外，橄欖油也被廣泛應用在紡織、印染和製革等方面。

橄欖油分級制度反而助長了假油氾濫

橄欖油的需求日益增加，也增進了種植橄欖和製作橄欖油的專業知識。十四世紀波隆那詩人巴甘尼諾・波那費德（Paganino Bonafede）撰寫的《鄉巴佬寶典》（*Treasure of Restics*）裡，他用一百四十三行的十一音節詩，詳述了種植橄欖的技術，包括嫁接、修剪和施肥。部分權威人士建議用手杖敲打樹枝的方式，將果實打下來，但溫布利亞的作家科尼歐洛・德拉・科尼亞（Corniolo Della Cornia）則像他之前的羅馬農藝學家一樣，傾向以手工採摘的方式，因為這樣對樹枝損傷較小，能產出更多的橄欖油。

又如《農業藝術全集》（*Panoply of the Agricultural Arts*）這樣的專書，已將橄欖以品種和產區做區分，藉以改進採收、碾壓、儲存和運輸方法，以建立並提昇前人對橄欖的知識，而這些新的方式都讓橄欖油的使用更科學。聰明的工程師開始沿著河道興建橄欖碾壓廠，並改採水力產

---

7 一四六三年出生於米蘭的貴婦，年輕時以大膽聞名；私下熱衷煉金術、打獵和舞蹈等。

生動能，而不再用騾子和牛轉推磨；十六世紀時，羅馬附近的蒂沃利（Tivoli）就有十八座以水為動力的碾壓廠。此外，佛羅倫斯的商人法蘭西斯科·巴爾杜齊·佩戈洛蒂（Francesco Balducci Pegolotti），也對將橄欖油貿易規範和標準化很有貢獻。在他廣受歡迎的《貿易實務》（*Pratica della mercatura*）手冊裡，詳述了義大利每個主要城市測量橄欖油重量的方法，也描述了橄欖油生產日益重視監督、品質的情況，以及普利亞大區港口的運輸方式。

事實上，儘管橄欖樹的數量在西班牙和希臘南部快速擴張，但普利亞大區仍如同它在中世紀時一樣，是文藝復興時期世界首屈一指的橄欖油產地。普利亞大區的家族，如巴列塔（Barletta）的斯寇巴家族（Scoppa）、莫爾費塔（Molfetta）的魯菲洛家族（Rufolo），都是靠著國際橄欖油貿易致富；而比通托（Bitonto）的史卡洛基家族（Scaraggi），更靠著把油賣到埃及和拜占庭海撈財富，因此他們能在威尼斯、亞歷山卓、君士坦丁堡和其他地中海東部的港口設有經銷商。但在普利亞大區最成功的商人是外國人，像是倫巴底人，尤其還有無所不在的威尼斯人，他們活躍於巴瑞、莫爾費塔、巴列塔和其他普利亞大區的主要城市，其船舶將普利亞大區的橄欖油載遍整個地中海地區，包括從西邊的熱那亞和馬洛卡（Moallorca），到南邊與東邊的突尼斯、亞歷山卓和君士坦丁堡。

橄欖油的市場變得越來越精打細算，也愈來愈複雜。企業家發現，他們可以用較便宜、較低等級的油來魚目混珠，例如以腐爛的橄欖製油、在剩餘的橄欖果渣中加入熱水以二次壓榨的方式取得熱壓的橄欖油，或者收集從所謂的「地獄」，也就是碾壓機器下方如洞穴處所滴下的廢油。

生產者也開始為橄欖油分級，在銷售合約與帳單上載明是工廠級的「粗油」（oleo grosso）或食用級的「細油」（oleo claro）以做為區分；「細油」的價格是「粗油」的兩倍。商人還依據產區，區分橄欖油的品質：例如加爾達湖（Lake Garda）、加埃塔（Gaeta）、托斯卡尼和馬爾凱（Marhe）產的橄欖油通常屬於最高等級的油；普利亞大區、馬略卡（Mallorca）、利古里亞，和加泰隆尼亞（Catalonia）的油屬於中檔油；而來自卡拉布里亞（Calabria）和安達魯西亞的油，雖然產量豐富，但普遍被稱為「製皂用油」（一般而言，直到四十年前現代製油技術問世之前，跟較冷的氣候環境相比，要在地中海南部無情的溫熱氣候生產美味、完美的橄欖油實在困難得多。而且直到今天，卡拉布里亞和安達魯西亞大部分的橄欖油仍屬燈油等級）。

工業用橄欖油的出現和一系列的橄欖油分級，增長了無所不在的假油風險。許多城市通過了嚴格的法律，以對抗低級油混合高級油後所產出的較低級油品，卻混充高價油售出的情況。在十五世紀，維諾納（Verona）法規明訂嚴懲走旁門左道的橄欖油碾壓廠，並譴責以橄欖粕油混充高級油這種「新式且惡劣的詐欺行為」，其中還將橄欖粕油形容成「一種含苦味、煙燻味和混濁」的物質，「即使只有少量也足以徹底破壞大量的好油」。到現在，在維諾納（Veronesi）地區的橄欖油生產者，就像其他高品質但小規模的橄欖油產區，如加爾達湖、馬爾凱等，正逐步被狡獪的威尼斯商人所操控的普利亞大區和安達魯西亞大量且低劣的橄欖油，給擠出市場。

即使是低階的工業用橄欖油也難逃假油事件，手法是以更便宜的植物油摻假。一六一八年，倫敦當局廢除了未用純橄欖油製皂廠商的罰款和監禁罰則。二十年後，英國羊毛織造公司費爾法克斯（Fairfax）與巴恩斯利（Barnsley）位於義大利利佛諾（Livorno）的銷售代理商寫信給倫敦的合作夥伴，提到羊毛布料不斷遭受蟲害的問題，他把問題歸咎於油品摻假。「難怪有蟲從布裡長出來，因為油菜籽是在英國種植的，紡織業者早就知道把籽油混入橄欖油的技倆……因此，包裝久後，便長蟲了。」

隨著橄欖油這種液體黃金在環地中海和地中海東部各國之間「流動」，沿海的港口城市開始對其徵稅，這相對又引發逃稅問題。在十五世紀的一宗審判裡，橄欖油商人亞歷山卓．米尼斯卡爾奇（Alessandro Miniscalchi）和里奧納多．佩萊格里尼（Leonardo Pellegrini）這兩位傑出的威尼斯家族繼承人，被指控有系統地詐取威尼斯共和國的國庫。經過多年的審查，法院最終撤銷對被告的所有指控，但也從此加強了反詐欺措施，並授權油品犯罪調查員和海關官員在後來的案件中可動用「逼供程序」，甚至是酷刑，「因為近來許多詐欺案件盛行，它們以多種不同的方法和路線進行著，這個領域是如此寬廣，而且門戶洞開。」現代逃避歐盟徵稅和盜領歐盟補貼的橄欖油犯罪分子，其實背後有著歷史悠久的傳統！

威尼斯商人在普利亞大區對橄欖園和碾壓廠的掌控，於十六世紀出現了鬆動，這起因於日益增長的土耳其勢力逐漸啃蝕了威尼斯商人在亞得里亞海地區的貿易範圍。隨著威尼斯的海上霸權日漸式微，法國、英國和荷蘭船舶跟著接手，將橄欖油運到威尼斯。如此一來，市議員便徵收橄欖油新稅，但此時威尼斯又剛好爆發瘟疫，油輪無法進入港口，這種情況癱瘓了威尼斯的橄欖油貿易，也重擊了內部消費。法國、英國和荷蘭開始自行在普利亞大區的港口收購橄欖油，跳過威尼斯，直接交付給國外的製造中心。來自義大利橄欖油，以及從假油和逃稅所獲得的大部分收益，現在落入了外國人手中。如今在普利亞大區橄欖油市場具有主導地位的外國跨國公司，可以任意操縱橄欖油的價格、為普利亞大區的油重新貼標，延續了這種出現在中世紀、並在文藝復興時期定型的惡劣情況。

義大利的老祖母，每天早上會倒一小杯橄欖油給小孩喝

一陣明顯的焦灼感刺激了蓋瑞．波尚（Gary Beauchamp）的喉嚨後方，並伴隨著一種似曾相識的感覺。他的眼睛因為太刺激而流出眼淚，而且開始痙攣地咳了起來。這是科學家夢想的靈光乍現時刻，是連結了生物化學、免疫學和人類歷史的一個跨界連鎖反應。這全是因啜飲一口特級初榨橄欖油所引發的。

波尚是生理心理學博士，擔任位於費城的莫耐爾化學感官中心（Monell Chemical Senses Center）的負責人，這是一個研究嗅覺、味覺，以及其他感官的非營利性研究機構。上述他的這個頓悟，也是他一直心之所繫的見解，發生在一九九九年的艾里斯（Erice）一座位於西西里島西部的山城上，這是個俯瞰著美麗的藍色第勒尼安海（Tyrrhenian Sea）的城市。波尚在那裡參加一個全新研究領域的研討會，主題是「分子廚藝」。在研討會中，廚師和科學家進行一些烹飪實驗，他們端出某種食品，或準備一道菜，然後要求與會者研究出它的化學特性。就在其中一場

討論會上，義大利物理學家烏戈·帕爾馬（Ugo Palma）拿出幾個裝盛橄欖油的塑膠可樂瓶，這些橄欖油是最近他用巴勒莫（Palermo）郊外自家的橄欖樹製成的。他將三指劑量的暗綠色液體倒在數個玻璃酒杯裡，分散給在場人士，並示範品油術中名為strippaggio的技巧，那啜飲的步驟將揮發性的成分向上送進鼻腔。在第一次的吸入和嘖嘖啜飲後，房間爆出了咳嗽聲和含淚的讚嘆聲。

當波尚感覺到喉嚨深處奇特的灼熱感那一刻，他想到了「布洛芬（ibuprofen）」，這種非類固醇的消炎藥。回到費城，他花了好幾個月在由某家製藥公司委託的研究案中，咀嚼和吞嚥許多劑量的布洛芬。這項研究是希望以布洛芬取代乙醯氨酚；乙醯氨酚是另一種抗炎藥物，是無需醫師處方即可出售的藥品。「在吞嚥布洛芬時，會在喉嚨產生這種非常特殊的灼熱感，」波尚說：「布洛芬不像辣椒會讓你整個嘴唇、口腔、喉嚨都覺得很辣。它產生一種完全不同的感官反應，非常集中在喉嚨，而且只有當你吞嚥下去後才會產生的。由於化合物在感官方面展現的感覺通常會暗示了很多與之相關的藥理訊息，當我發現橄欖油具有類布洛芬的感覺時，我注意到，它們可能有些關聯性。」

此時，一連串的問題也隨之衍生。布洛芬的抗發炎屬性來自它會抑制引起腫脹的COX-1和COX-2抑制劑。那麼，橄欖油也是抑制COX的抗發炎藥嗎？布洛芬與其他COX抑製劑除了能緩解疼痛外，也與降低心臟疾病和某些與癌症相關的疾病。而橄欖油的神祕消炎功能也有這種效果嗎？橄欖油就是地中海飲食的關鍵嗎？

為了要解答這些疑惑，波尚帶回了一瓶以可樂瓶裝的橄欖油回到莫耐爾實驗室，他和同事將橄欖油分解出它的化學成分，並品嘗了每一種成分，看看哪種物質會造成喉嚨灼熱。他們最終分離出一個會產生灼熱感的分子。為了確定其中沒有摻雜其他化學元素，他們重新合成這個分子，將它放進無味的玉米油中溶解，而且，也花了好幾個月等待美國FDA的回覆，直到他們批准能夠攝食這種新型的人工物質後，才將它吞了下去——而且也真的感受到了同樣的喉嚨灼熱感。他們將這物質命名為橄欖油刺激醛（oleocanthal），是由拉丁文的「油」、「刺痛」和「乙醛」（透過酒精氧化產生的有機化合物）所組合而成的。經過進一步的試驗顯示，雖然橄欖油刺激醛具有和布洛芬完全不同的分子結構，但它和COX-1和COX-2抑制劑的抑制方式極度相似。波尚和他的同事後來證明，橄欖油刺激醛也能減少毒性蛋白質β源澱粉樣散播體（ADDLs）的不利影響，這是一種被認為會促使老年癡呆症發病的劇毒蛋白質副產品；更重要的是，該物質似乎能讓ADDLs產生抗體，從而避免阿茲海默症的發生。

這個有力但鮮為人知的療效來自特級初榨橄欖油的「極性脂質」（polar fraction），它含有一百多種微妙的混合，包括酚類、烴類、維生素，和其他易腐爛且常為揮發性的化合物，當油以化學或熱處理時便會消失（它們也被稱為「不可皂化的部分」，因為當油與鹼形成皂時，就會被留下來）。雖然我們對這許多化合物知之甚少，但已經有愈來愈多的醫學研究人員參與研究，顯示它們擁有廣泛的治療效果。

一些橄欖油的極性脂質為我們抵擋了人體化學裡重要的組成部分——氧氣——所造成的深遠傷害。這是自然界裡一個天大的諷刺：「氧」這個創造和滋養生命的關鍵元素，卻也是加速人類衰老和死亡的元凶。氧氣是細胞代謝的必須物質，但會產生某些稱為「自由基」的氧化副產品，它會破壞細胞，與低密度脂蛋白（「壞的」膽固醇）相結合，堵塞動脈壁，損傷ＤＮＡ鏈，導致惡性腫瘤，並分解體內的蛋白質。在八十歲之前，一般人身體裡有八〇％的蛋白質會氧化；換句話說，氧會使我們的身體衰敗。

而橄欖油中的多酚，如水合酪氨酸[8]和環環烯醚萜（secoiridoid aglycone），以及像角鯊烯[9]（squalene）這一類的碳氫化合物，都是強效的抗氧化劑，是保護橄欖油免於氧化變質的天然防腐劑，並且有助於屏蔽人體的各部分組織，免受自由基攻擊。根據臨床實驗顯示，多虧這些抗氧化劑的屬性，或是它們抑制癌症細胞增殖的能力，才有上述的功效。此外，橄欖油中的多酚也有助於預防大腸癌、乳腺癌、卵巢癌和前列腺癌。

茶多酚和橄欖油中的其他物質似乎對心血管也有好處，這得歸功於它們抗發炎的特性。也因為它們能降低血液凝結現象，因此能減少血栓、中風和心臟病發作的風險。這些其他物質亦可做為抗菌劑，以擴大免疫系統對感染的反應。橄欖油裡還有一些物質能阻擋陽光中的紫外線，把橄欖油塗在皮膚上，可以預防皮膚癌。而其他如橄欖油刺激醛，似乎能預防退化性疾病，如阿茲海默症造成的神經損傷。

「地中海飲食最重要的好處之一，是會讓心血管疾病、老年癡呆症和某些類型癌症的發生率較低。」蓋瑞．波尚說：「自一九五〇年代起，人們已經接受橄欖油為地中海飲食主要的脂肪來源，而這正是地中海健康飲食的基石。」部分橄欖油的優點是來自它的單元不飽和脂肪酸，但越來越多的醫療研究顯示，橄欖油中的多酚和其他僅占二％的「次要成分」，才是橄欖油有益健康的主要來源；也正是這些物質，賦予了高品質橄欖油辛辣味、苦味，以及其他高評比的感官特性。

事實上，橄欖油的健康特質是與它的口味、香味和其他感官特性強度成正比的。如果橄欖油沒有在咽喉後方產生灼熱感，代表它含有很少或根本沒有橄欖油刺激醛。如果它不苦，它的生育醇[10]和角鯊烯含量便很低。如果它沒有絲絨般的質地，那麼它便是缺少水合酪氨酸（食用級的橄欖，品質則是取決於它們的品種以及加工的方法，通常含有高濃度的油酸，以及特級初榨橄欖油裡的大量茶多酚和其他珍貴的「次要成分」）。

這些有益物質的濃度在每種橄欖油中的差異都很大，大約從每公斤五十至八百毫克不等。造成差異的因素，諸如橄欖品種、生長地點，吸收的水分、採果時的成熟度，以及所使用的碾壓和萃取方法。精製橄欖油含有的多酚類物質幾近於零，因為多酚類物質與其他極性脂質在煉製過程中已消失殆盡。但橄欖油標籤很少傳達這項重要的健康數據，卻必定會註明橄欖油的脂肪酸有益心臟健康的標語，企圖將精製橄欖油和特級初榨橄欖油混為一談，混淆視聽。

蓋瑞．波尚指出，只有一流的橄欖油才真正對健康有益。「在研究橄欖油以前，我通常在超市

8 一種抗氧化劑，能抗衰老。

9 親膚性極高的一種保濕物質。

10 一種抗不孕的維生素E。

隨便買一瓶慣用的油，以為那不過是淋在沙拉上的東西，不用太在意。現在知道箇中道理後，我願意花二十五美元或更多錢，購買一瓶高品質的橄欖油。」其實，長期且大量食用富含多酚的橄欖油，以及地中海飲食的其他元素，地中海飲食對健康的益處才會顯現。波尚回憶道：「在艾里斯研討會上，許多義大利人用自家種的橄欖樹製作橄欖油。當他們還是孩子的時候，祖母每天早晨都會倒一小杯油給他們喝，就像吃藥一樣。」

由於優質橄欖油具有苦味和澀味，波尚想知道，當人們聽到橄欖油對健康有益時，會如何地跌破眼鏡。「當我第一次嘗到真正的特級初榨橄欖油時，那辛辣、澀味和苦味的感覺是排山倒海來的。有那麼一瞬間，我覺得我可能做了傷害自己的事。例如，苦味通常意謂著有某種物質對我們人體某一部分是毒害的，像是藥是苦的，因為它正在殺死某些東西。所以，當人們食用優質橄欖油時嘗到苦味時，他們正體驗到的是，不希望被吃掉的水果，以及不希望組織被破壞的身體，兩者間產生的交互作用。優質的橄欖油必然是種經過後天學習才能懂得欣賞的箇中滋味，也是一種吃了會對大家有益的味道。」

檢測假油的工作，就像當偵探一樣

和蓋瑞．波尚晤談完不久，我與藍弗蘭科．康特（Lanfranco Conte）共進晚餐，他堪稱是全球橄欖油化學界的權威。康特是烏迪內大學（University of Udine）食品化學系的系主任，並擔任許多機構的顧問，包括位於馬德里的國際橄欖理事會、位於布魯塞爾的歐盟農業部，以及義大利政府位於羅馬的油脂技術委員會。但他最喜歡的工作，是到烏迪內附近鄉下的中小學帶領學生品嘗橄欖油，這也是我們初次見面的地方。

康特告訴我：「我們開始品嘗油之前，我會先讓孩子們看我家貓咪的照片。我告訴他們，牠的感官是如何精準，而我們的感官已經變得遲頓，需要接受訓練，才能變得更靈敏。這個開場總是能打破沈悶，孩子們開始爭相與我分享自己的寵物，像是他們的狗隔著門就會認人、祖父的羊聽腳步聲就認出主人等。接著，我給每個孩子兩杯油，一杯是好油，一杯是不好的油。我沒多做解釋，就開始上課了。」

康特是個引人注目的人物，身材高大，濃密的鬍子，年紀約五十多歲，有著因幾十年講課訓練而出很有磁性的男低音，還有右肩處有一點先天性的微凸，這讓他看起來有點像是莎士比亞舞台劇裡的角色。但他知道如何讓孩子們感到自在。

「當我把盛了橄欖油的杯子發下去時，我會說，先聞一聞，等一下才能喝。但總會有愛表現的小孩，馬上就把兩種油吞下去。我便指指他說：『你把它喝了嗎？不好的油也喝了？真是傻瓜！』接著總是引來一陣哄堂大笑，然後我們就開始順利上課了。」

烏迪內位於義大利東北端的弗留利自治區（Friuli）。從我們所在的餐廳望過去，僅數公里之遙的綠色田野和石頭農舍便是奧地利和克羅埃西亞。康特開玩笑說，他被「分發到帝國的外緣」，很像是西元二世紀那位孤獨的羅馬元老會議員，被派遣到蠻族居住的多瑙河內地。

事實上，烏迪內正是橄欖油和豬油的分水嶺，很久以前，一邊是羅馬帝國的領土，另一邊是蠻族的邊緣地區。直到今天，這條界線仍可由教堂的尖塔顯示出來：由威尼斯共和國建立的尖塔教堂的所在區域，人們習慣食用橄欖油；而奧匈帝國的洋蔥式圓頂教堂，則代表食用豬油的地區。我們的餐廳位在豬油地區：我的燉白菜和煎乳酪餅[11]都有一層厚厚的豬油，食譜裡沒有一道菜用到橄欖油。

藍弗蘭科．康特所教授的鄉村小孩來自兩個世界：有些是從橄欖油產地如伊斯特拉半島來的，這裡自羅馬時代便以產橄欖油出名；而另一些卻自出生以來從沒食用過橄欖油。「不管他們的背景為何，我很高興看到他們對這個主題的熱情和新鮮感，」康特說：「他們對於橄欖油應該是什麼味道，完全沒有偏見；更沒有許多義大利成人的盲目，認定他們祖父製作的橄欖油就是全世界最好的橄欖油。」

康特在學校的橄欖油課裡，將兩瓶油發給孩子後，請小孩仔細聞，然後嘗一口。「他們很快就分辨出好的油和壞的油。他們的嗅覺和味覺幾乎和我家的貓一樣敏銳，而且他們有時形容起橄欖油時，也具有化學家的深度。」一個男孩聞了一種有「霉味」瑕疵的油說：「這聞起來像頭牛。」藍弗蘭科．康特滿臉困惑，問小孩那是什麼意思，男孩解釋說，這橄欖油讓他想起父親的乳品倉庫裡，那些擠奶機該清洗時的味道。康特說，事實上這種奶酸味就是由產生霉臭味相同的乳酸散發出來的。

康特的職業，他稱之為「全世界最好的工作」：他在大學執教，分析食品，尤其是橄欖油；他在實驗室裡找出牛腥味和油膩口感、數百種其他的口味和氣味的生化原因，以及油品讓人產生的各種感覺。「若我整天都待在實驗室，我太太一定知道，因為我回家後會一副無憂無慮的樣子，好像剛騎了摩托車去山裡兜風。」康特生平最喜歡的事，就是窺探橄欖油裡深奧的化學特性、監看脂肪酸鏈的長度和扭結、酚類的濃度、固醇結構，以及揮發性化合物的消蝕，這些特質全部加起來，便是每種油的生產履歷。有些測試是量測油的新鮮度，藉此可以找出農民和碾壓工人在製作過程中所犯的錯誤。例如，游離脂肪酸是油分解過程中產生的，游離脂肪酸過高，意謂橄欖油是以腐壞的果實製作，或是使用過時的方法萃取。他也量測橄欖油裡過氧化物的量，當油品結合了空氣中的氧氣而變臭時，過氧化物的濃度就會上升。過氧化物的濃度過高，表示油品可能在碾壓、混拌或儲存時暴露於空氣中的時間過長，或者就是放太久了。

有時，康特還會發現橄欖油更陰險的蜘絲馬跡。例如，過高的吉柯二醇（erythrodiol）和熊果醇（uvaol），或超過二百二十五ppm的蠟，表示油可能已被非法摻入粕油；而異常高的花生酸（arachic）或亞麻酸（linolenic），表示它已被摻進菜籽油或大豆油。此時，康特會採用進一步的

11 一種乳酪和馬鈴薯煎餅。

測試法，以確定污染物，例如多環芳香烴（PAHs），這是在橄欖粕油裡所發現，是當有機物質在不完全燃燒時會產生的化合物（橄欖渣在它的油被萃取前，是在熔爐裡烘乾的），而且已被證實會導致癌症，以及遺傳性和神經損傷。「我的工作不像電視影集《CSI犯罪現場》（CSI）或《昆西法醫》（Quincy）那麼簡單，電視裡的主角把樣品放入一台質譜儀，按幾個按鈕，就出現一個高得像珠穆朗瑪峰的峰值，然後主角就可以大聲宣布：『這是古柯鹼！』但是，在橄欖油裡的每一種變化，不論是自然的或是人為的，都會留下痕跡，一位好的化學家是可以檢驗出來。」

以「偵探」來比喻康特的工作是很恰當的。康特先前帶領一個隸屬農業部反詐欺單位的實驗部門，專門檢測橄欖油與其他食品是否遭受污染、摻假，或有其他違法的行為。如今，他以身兼化學家和法律執行者的雙重歷練，為不同等級的橄欖油製定一套化學測試，這套方法也被列入了義大利和歐盟的橄欖油法律中，使得特級初榨橄欖油成為全世界控管最嚴格的食品——至少在書面上是如此。

康特重新在我們已經喝了一陣子的玻璃杯中，再斟滿當地的白葡萄酒，我們一起享受它的爽口和冷花香氣。他解釋說，這種酒以前叫「托凱酒」（Tocai），味道讓人聯想到匈牙利東北部和斯洛伐克東南部著名的「多凱甜白酒」（Tokaji 或 Tokaj），但它是用不同的葡萄品種製成的，義大利當地生產者稱之為「托凱」。然而，匈牙利和斯洛伐克的葡萄酒生產者強烈抗議，認為「托凱酒」在市面上會與「多凱甜白酒」造成混淆；為了消弭爭議，歐盟便授予「多凱甜白酒」獨家使用此一名稱，而義大利的生產者只得將他們的葡萄酒重新命名。

「所以，這是一種用托凱品種葡萄製作的酒，但不能被稱作托凱。」康特說：「現在他們已經開始改叫富萊諾（Friulano）。」他笑了，並做了一個鬼臉：「這是葡萄酒和橄欖油產業之間不同的另一個例子。」

「有一件事是肯定的，」他說著，一邊舉起他的酒杯，凝望這發亮的液體：「你不會看到這玩意兒用油輪載著，周遊列國。你不會看到滿載波爾多葡萄酒，或者單麥芽蘇格蘭威士忌的油輪。但是，即使特級初榨橄欖油和葡萄酒一樣需要細心苛護，容易腐壞的，但滿載三千噸特級初榨橄欖油的油輪，卻從不間斷地在地中海上來往穿梭著。」

「特級初榨……」他用極深沈與戲劇性的音調，充滿諷刺意味地覆誦著：「反正，這就是商人貼的標籤。」

康特說，在反詐欺單位工作時，他聽到了不少關於橄欖油油輪的事，也認識到橄欖油和葡萄酒產業之間的天差地別。當甲醇案醜聞爆發時，康特正擔任反詐欺單位的化學專家，親眼目睹了政府在事件發生後執行的強力打壓政策。這項政策為義大利葡萄酒行業掃蕩了許多低階生產者，進而大大提高了義大利葡萄酒的整體質量。甲醇案期間，他和反詐欺單位的其他調查人員被賦予很大的職權，揭發摻假葡萄酒的不法業者。相較之下，在檢驗橄欖油的這個領域，他們經常覺得綁手綁腳的。當實驗室員工和其他負責檢測摻假油的官員查緝到涉嫌橄欖油的犯罪案時，若最後查無犯罪事實，而造成經濟損失時，他們（現在仍是）就得承擔刑事責任。「當你決定要攔截三千噸的橄欖油，最後卻證明是場烏龍，那你就得輸到脫褲子了。」他氣憤地說：「誰會想擔這個責任？」

康特說，自一九九一年以來，國際橄欖理事會和歐盟的政策制定者，都試圖以緊縮每一種等級橄欖油的游離酸度與過氧化物，以及其他化學物質的參數，來提升橄欖油的品質。但他們一直無法徹底執行，主要原因就是來自生產者和貿易商的阻力，因為許多廠商擔心，更嚴格的品質標準將導致他們無法進入市場販售。康特說，目前針對特級初榨等級所訂定的游離酸度標準〇・八%仍然太高，優質橄欖油的標準通常是〇・五%或更低；他也認為，目前每公斤二十毫克當的過氧化物含量標準是「很不恰當」的。

我們安靜地喝酒。然後，就像之前與我交談過的幾位橄欖油生產者所想的一樣，藍弗蘭科・康特大聲祝願，希望橄欖油業也爆發一次如義大利葡萄酒甲醇案的醜聞，期待能藉此促進嚴格的新法制訂，並徹底執法，以重整橄欖油產業，就像他在葡萄酒產業所看到的情況一樣。「但是，橄欖油業已經有它的醜聞了。」他提到爆發於一九八一年西班牙所謂的「毒油症」事件，當時有超過兩萬人因為食用了以苯胺變性的菜籽油所製成的假橄欖油而中毒；苯胺是用於製造塑料的劇毒有機化合物。據估計，該次事件共造成八百人死亡，為數千人留下永久性的神經和自體免疫損傷。康特看了我一眼，以確定我是否理解這事情的嚴重性。假橄欖油事件已造成比甲醇案高過三十倍以上的死亡率，但橄欖油產業依然和油一樣地「滑不溜丟」，與好幾個世紀前的狀況如出一轍。

Extra Virginity : The Sublime and Scandalous World of Olive Oil

PART

5

第五章

你買到的，是特級初「詐」橄欖油嗎？

人們初次品嘗生長於紅土（以過往的讚美與死亡所構築而成的鮮血）的野生橄欖，
種在與破碎台地上相鄰一座彎彎曲曲的果園中——
帶有獨特風味的野生橄欖，滑順的綠色外皮包覆著全世界的綠意。

——威廉．歐克斯利（William Oxley）詩作（野生橄欖的獨特風味）

初榨橄欖油（virgin olive oils）：僅限以機械與其他物理程序從橄欖水果中所取得的油，且在處理的過程不會導致油品本身產生變化；處理的方式僅得以清洗、傾析，離心與過濾，且不得以溶劑或化學或生化試劑或酯化或與其他油品混合等方式取得。

——歐盟法律 1513/2001

攫取我目光的並不是瓶身貼著油品標籤、黑如瀝青的液體小瓶罐；也不是煙霧、溶劑與酸臭的氣味；更不是渾身沾滿焦黑的痕跡、外表看似有毒器具的古老熔爐，而是那群杵在熔爐之間的貓，飢餓地望著正在吃中飯的員工。

員工們看到我望著貓，注意到我驚愕地瞪著他們破爛又笨重的外套、鏟型的髖部，委靡不振卻又滿不在乎的迷濛雙眼。他們不屑地抬起下巴。

我在米歇爾・魯賓（Michele Rubino）的陪伴下參觀魯賓橄欖粕油工廠，親切的品管主任米歇爾說話直爽，他們家族在巴里南方的郊區經營工廠已有四代之久。「這裡曾經是開闊的鄉村地區」。當我們走過庭院時他如此說道。庭院高聳的煙囪噴出蒸氣，對照起背面成群的大樓，著實顯得詭異。「但是現在，我們身處市中心，人們對味道的抱怨不曾中斷。」在院子的一隅堆滿著果渣，那是橄欖榨油後留下的果皮、梗、果核與葉子的固體殘渣，其中仍有約八%的含油量，魯賓工廠就是要負責取出這些殘餘油。

我們走過機器設備時，米歇爾・魯賓一邊解釋著處理的程序：前端的裝貨機將果渣傾倒入一大樽貯液槽，然後送到用熔爐加熱的鋼鐵管裡，管子徐徐轉動，直到果渣中的水分幾已蒸發。接著，將乾燥的果渣移入高大的筒倉中，浸泡工業溶劑己烷。當殘渣油溶於己烷後，會留下果渣，此時利用發出如隆隆砲聲般巨大聲響的強大蒸氣，將溶劑與油的混合物送入另外的金屬容器裡，並再次加熱讓己烷完全揮發，留下來的就是既濃且黑的粕油原油（crude pomace oil），也就是米歇爾・魯賓稍早在辦公室曾給我看過小瓶罐裡裝的東西。這些油還要在相鄰的精煉廠裡，經過脫溶、去酸、脫味、脫膠以及其他的化學步驟，才能以食用油對外販售。最後的成品顏色清晰，無臭亦無味，必須再混合少許的特級初榨橄欖油以增添風味，就能冠上「橄欖粕油」（olive-pomace oil）的名稱販售。

這是特級初榨橄欖油的「窮親戚」，有著妾身未明的過去。義大利與歐盟的衛生稽查員常在粕油中檢驗出有毒物、石蠟油[1]與致癌物質；他們亦對全歐洲發出粕油有害健康的警告，導致油品回收或沒收。在義大利，像魯賓這樣的粕油工廠甚至不需要評定為食品製造廠；歐盟及西班牙、義大利與其他產油國，甚至還大力補貼橄欖粕油企業。粕油被廣泛運用在餐飲業與許多餐廳，以及做為食品的原料，例如披薩、義大利麵醬汁與點心小吃。在這些用途上，粕油都典型地被冠上看起來相當健康的「橄欖油」字樣銷售。粕油也常被用來摻雜在橄欖油裡，然後大量在超級市場販售，透過包裝，讓消費者誤以為自己買到的就是正牌橄欖油。

然而，不透明與誤導的標示正是今日的商業常態。現在，「橄欖油」已不僅意味著橄欖榨取的汁液；也可能是經過高度精煉、脫臭脫酸脫膠後的低階混合油，例如粕油。「特級初榨橄欖油」事實上（或應該）是橄欖的汁液，但聽起來卻不太自然，好像是經過了加工處理。「純」與「淡」聽起來很了不起，代表的卻是所有的感官品質與健康益處幾乎已被消除殆盡的油品。法律與規範是為了橄欖油業者所制定（通常也是由他們自己所訂定），鮮少顧及到橄欖農民或是循規蹈矩的特級初榨橄欖油製造商的利益，更遑論消費者的利益了。

1 常稱為礦物油，是從原油分餾所得到的液態狀飽含性碳氫化合物類混合物，無色無味。

真正的特級初榨，會讓你讚嘆「真是他媽的好油！」

根據歐盟與義大利法律規定，橄欖油必須經過品嘗小組測試，但是義大利政府當局卻鮮少落實，人們若想嘗試執行律法，可得冒著一定的風險。安德列亞斯．馬茨（Andreas März）的例子就是最佳的證明。

馬茨是瑞士的農藝學家，過去三十年來一直在一個叫做巴爾杜奇歐（Balduccio）的農場生產特級初榨橄欖油，農場就位於佛羅倫斯不遠處的皮斯托亞（Pistoia）外圍的山丘。

馬茨有雙農夫的手，又大又厚，永遠沾滿泥土，不過他那朝氣蓬勃的翹八字鬍、經過歲月洗禮的皮背心，再加上一條紅色的領巾，卻讓人聯想到美國西部開墾年代坐在蒸汽船上的賭徒，也像是德州的遊騎兵。

「我是位農夫，不過不是那種平常沉默寡言的農夫。」他的義大利文帶著托斯卡尼的腔調，間或夾雜一、兩句德文表示強調語氣。因為製造特級初榨橄欖油入不敷出，他常常得身兼數職，像是當卡車卸貨員，或受雇於其他農家以貼補家用。在一九八五年，嚴重的寒害侵襲托斯卡尼的果園，馬茨的樹木有九成受到波及，害他背負一筆貸款，而且還要養育三個嗷嗷待哺的小孩，為此，他甚至屈就從事新聞工作。

四年後，他創辦德文雜誌《純淨》（*Merum*），專門介紹義大利葡萄酒與橄欖油，並著手撰述一系列文章，揭發義大利鮮少被揭露、但一直都存在的劣質瓶裝橄欖油亂象。

他描述了金融警察在普利亞和義大利南方的調查，說到國際知名品牌如何因為販售摻雜油品而被抓包。他不斷強調，許多義大利的大品牌都違反國際法律，它們所生產的橄欖油明顯不及法律規範特級初榨等級所應有的風味與香氣，卻仍標示為「特級初榨」販售。

他在二〇〇四年親自開始展開調查工作。他在德國的超市購買了三十一瓶特級初榨橄欖油，寄送到佛羅倫斯，由三組訓練有素的品嘗小組進行測試，得到的結果都一樣。其中只有一瓶真正符合特級初榨的等級；九瓶為略遜一級的初榨橄欖油；其餘包括百得利（Bertolli）、卡拉佩利（Carapelli）、魯賓（Rubino）與其他主要的義大利品牌都被歸類為燈油，依法不宜為人類食用。

幾個月後，馬茨在《純淨》上刊登上述提及的檢測結果。卡拉佩利公司對佛羅倫斯商會提起民事與刑事訴訟，因為其商會的成員負責了其中的部分測試；另外，該公司也對商會的化學分析實驗室負責人蘿拉·馬贊提（Laura Mazzanti），以及小組負責人之一，亦是知名農藝學家的馬可·馬格利（Marco Mugelli），提出濫用職權與妨礙工商行為的告訴。

義大利法院最後駁回了這個案子，火大的商會決定要向卡拉佩利提出損害告訴。馬格利表示後來卻接到農業部高層來電，命令他們撤回提告，他們只得照辦。為了避免未來發生類似的爭議，他們只好停止為私人進行小組測試。「這確實發生了嚇阻的功效。」馬可·馬格利如此說道。

馬茨在二〇〇四年十二月的雜誌上刊登了馬格利的專訪。馬茨首先將那一年的測試結果做了個摘要：「如同超市大多數的特級初榨橄欖油一樣，工廠位於佛羅倫斯的卡拉佩利橄欖油也被評比為劣等。佛羅倫斯商會的品嘗小組認定卡拉佩利的特級初榨橄欖油標示不實。卡拉佩利油品品質不佳是商會專家獨立測試的結果，亦受到佛羅倫斯另一個官方小組托斯卡尼地方環境保護局（ARPAT）的確認。總部設於佛羅倫斯的卡拉佩利公司不趕緊修正標示，反而將矛頭指向獨立評鑑員……如果媒體敢對橄欖油市場的無政府狀態表示意見，就必須被消音，而要達到這個目的最有效的方法，就是恫嚇專家。」

馬茨接著詢問馬格利關於卡拉佩利對他提起的訴訟，並請他解釋現存的法律是如何規範橄欖油的品質。尤其是在二〇〇二年通過的歐盟七九六指令，針對每一種等級的橄欖油都有最新的要求規範。

馬格利說：「法律要求特級初榨橄欖油不能有絲毫的瑕疵，法律提及這沒有例外或特別寬容。」

安德列亞斯．馬茨接著問道：「所以理論上，在二〇〇二年之後，特級初榨橄欖油應該經過革命性的改革。如果法律確實落實，特級初榨橄欖油應該非常稀少囉？」

「是的，應該是非常少有。然而，事實上什麼都沒有改變。」

「你的意思是說，新的法律反而讓市場上大多數的特級初榨橄欖油變成非法的囉？」

「一點兒都沒錯。」馬格利贊同道。

「所以，只要是酸臭的油與帶著新鮮橄欖香氣的特級油品標示著同樣的名稱，義大利及整個地中海的優質製造商就無法賺錢；」馬茨寫道：「只要橄欖油製造商無法賺取合理的利潤，地中海地區的果園也就會繼續消失無蹤。業界的領導品牌了解橄欖油品質等級的差異，對它們會產生什麼影響，若讓消費者在品質或數量之間自行選擇，則會危及它們的銷售利潤。很明顯地，卡拉佩利為了避免面對這樣的威脅，於是反過來對最不知變通與最獨立的專家之一——馬可．馬格利，提出告訴。」

二〇〇六年三月，就在這篇訪問稿剛剛刊出不久，卡拉佩利就對馬茨提出誹謗告訴，要求天價的賠償。如果法官同意，馬茨將付出房舍、農場以及全部的身家做為代價。

我在當月稍晚時分拜訪馬茨，他與幾位阿爾巴尼亞雇員正在果園修剪樹木，空氣中瀰漫著燃燒殘枝煙霧所發出的刺鼻味。托斯卡尼有句古老的諺語說，樹木若經過適當的修剪，燕子即可以在樹枝間自由穿梭；若是大量修剪，就像是對葡萄樹所做的整枝修剪，養分就得以集中在果實而非樹木，空氣與光線能讓水果適時成熟，結實累累。

馬茨的四千株橄欖樹分散種植在陡峭的斜坡上，約四、五呎高，與義大利南方巨大的樹木相比，清一色都是灌木。灰色的矮短樹幹約一呎高，一些呈扭曲狀的樹枝彎彎曲曲地向外或向上伸展，狀似一個大酒杯，好吸納充足的光線。樹枝上滿布著橢圓形的狹小葉片，正面是灰綠色，背面呈銀色，微風吹動時閃閃發光。馬茨說這些樹木都是在一九八五年寒害之後重新種植的。

在托斯卡尼的山丘生產特級初榨橄欖油所費不貲，土地、勞工與原料都非常昂貴。光是收成一事就佔去了整體支出的大半，橄欖必須依靠人工的方式採摘，不僅是因為地形陡峭的關係，人工採摘也可以避免碰傷橄欖。橄欖一旦碰傷容易引發分解的酵素反應，進而破壞油品的風味與香氣。

馬茨人很熱情，但有點拘謹，直到午餐時間才開始放鬆。我們離開樹林走向他低矮的石造農莊，在通往廚房的路上，他從堆滿在門內、玄關與樓梯邊的數打橄欖油中挑選出好幾瓶來，這些都是最新一期雜誌裡所評論的產品。

廚房是農舍裡最大的一間房，有著焦糖色的石牆，與狀如大型帆船主桅的天花板樑木。空氣中充斥著辛香料與香草植物的迷人氣息，馬茨的太太伊娃小心翼翼地就著專業巨大瓦斯爐台上噴出的藍色火光擦亮銅鍋。

「我很喜歡做菜，而且我們都愛吃，所以就放縱自己奢侈一下。」她手持一只鍋子指向寬廣的廚房。「有時候我們會在這兒待一整天，煮東西，嘗嘗各式各樣的食物。」

「再喝點酒。」安德列亞斯．馬茨說著，邊遞給我一杯義大利氣泡酒。「畢竟這也是我工作的一部分。」就在聊天時，他們那兩位二十出頭的兒子也晃了進來，替自己斟杯酒，用不知是托斯卡尼還是瑞士的方言稱讚媽媽的手藝進步了，或是拿起鍋子煮點東西。看來這是馬茨農莊日常的午餐形式。

馬茨把帶進來的橄欖油在餐桌上擺成一排，長十五呎的橡木大餐桌上刻劃著歲月留下的痕跡。油瓶的形狀不一，有的有細長的頸部，有的是類似小酒瓶的矮胖瓶肩，其他則是顏色鮮豔的一公升裝瓶罐。馬茨在每個油瓶旁都放上兩個白色塑膠杯，並倒入油品讓我們一一品嘗。

就像我遇到的每一位橄欖油製造商一樣，馬茨也很喜歡向人介紹真正的特級初榨橄欖油，欣賞對方驚訝的表情，聽他們說真懷疑自己以前吃的到底是啥東西。

「我有很多來自德國、奧地利，瑞士與北歐國家的遊客，許多人從未見過新鮮橄欖。我會送上一大把的橄欖，請他們揉搓後再湊近鼻子好好嗅聞，用肢體與橄欖做真實的接觸。接著再告訴他們，『這才是真正的特級初榨橄欖油的味道與香氣，因為〔這〕就是製造的原料。』」

他說，一開始許多北歐人對特級油品含有的苦味與喉嚨的燒灼感非常抗拒，就像八世紀前的聖希爾德嘉（Saint Hildergard of Bingen）一樣。有些德國人還因此通報健康當局說這是摻雜了假貨的偽油，其實這恰好是正品的最佳證據。

「沒有在地中海地區生活過的人會偏好較無個性的橄欖油：溫和、微甜，稍微帶點鏽味；就像葡萄酒，初次喝酒的人喜歡柔順的地區餐酒[2]或便宜的奇揚第（Chianti），而不會選擇單寧味明顯的醇厚巴羅洛（Barolo）。這無所謂，好的油與好的酒都是要慢慢培養的嗜好，需要時間才會懂得欣賞箇中奧妙，以及分辨各個產地與年份的不同。但是，標示一定得確實，付出的價錢必須與品質呈正比。就像你不能將『巴羅洛』裝在便宜的日常葡萄酒瓶裡，也不應該將『特級初榨』放在低劣的『燈油』瓶裡一樣。但是現在的情況就是如此。」

他說自己盡一切可能地與製造商親自會面，拜訪他們的工廠。「確保好油的最佳方法就是認識產地，走在橄欖樹下，與採摘橄欖的人握握手。」馬茨敘述道：「就我看來，自己種橄欖、自己製油才是誠實的製造商。現在，有些油商從別處買油，混合後再對外出售，從不法中獲取利潤，與我們自己就是橄欖種植者迭有衝突。」

2 法國法律將葡萄酒分成四個級別。地區餐酒（Vin De Pays）是第二個等級，英文意思為Wine of Country。

我們嘗試了來自義大利各地的橄欖油，再把油品倒在伊娃不斷端上桌的菜餚上品嘗味道。這麼多瓶的橄欖油有幾個共同點，正如馬茨之前提過的，每一瓶都有新鮮強烈的青草味，以及新近收成的橄欖香氣。沒有一瓶像是從超市買來的油那樣，平淡無味、有油耗味、有肉味，或帶著一絲的酸臭味。

一般的特級初榨橄欖油不見得不好，但是高品質的特級初榨橄欖油可是精品，歐盟的規則說得一清二楚。事實上，「一般的特級初榨橄欖油」根本是矛盾的說法，「高品質的特級初榨橄欖油」也是贅述，「特級初榨」的「特級」兩字已經表達得十分清楚。就像馬茨說的：「依據法律字面上的意思，真正的特級初榨就是優質的橄欖油，如同葡萄酒的特級葡萄園（grand cru）一樣。那是會讓你跪倒在地，說聲『真是他媽的好油』。」

用餐接近尾聲，吃完了一大片的瑞士胡桃蛋糕（馬茨說提拉米蘇是比不上的），舌頭仍殘存著義式白蘭地（grappa）的後勁。我又問起他那無懼的小組測試以及與卡拉佩利的訴訟。「我很高興他們告我，」他回答道，「這讓我終於有機會讓世人注意到業界的腐敗。」

他打算放膽面對困境，就像是玩老千的德州遊騎兵。不過從他的聲音裡，以及伊娃放下手邊事情在爐台聆聽的表情，我能感受到身為農夫的疲憊與不安，一心只希望案子能趕快結束，重新回到平靜熱鬧的餐桌，回到樹木的靜謐懷抱。

全球食品供應的工業化，讓假食物存在得名正言順

遠從古典時代直到十九世紀初葉，歐洲人（也如同世上其他地方的人）從當地的農作物獲取脂肪與油品。小型的油坊、壓榨機與工作坊散佈於鄉間小鎮，歐洲北部多依賴動物性油脂，南方則以橄欖油為主。

工業革命於十八世紀初期從英格蘭開端，隨即擴展至歐洲大陸，各地工廠對脂質呈現前所未有的需求。蒸汽動力機器中精準又高速的零件需要大量且品質優異的潤滑油；紡織工廠對織品軟化劑的使用量大增；蓬勃的清潔劑產業對脂肪酸的仰賴亦愈來愈高。

傳統的動物性脂肪與植物油的來源很快便不敷使用。英國商人開始從熱帶殖民地進口一系列的異國油品，尤其是幾內亞的棕櫚油與印度的椰子油。無獨有偶地，法國也從非洲殖民地進口花生油，以及從東方國家帶來亞麻籽油以供應馬賽興盛的肥皂工業。

起初，這些油品都不能食用，但在接下來的數十年，食品化學家藉由精煉與氫化的方式，將植物油變成便宜、濃稠、可塗抹的油脂，且有很長的保存期限，這正是面對新興的工業社會發展出的工業飲食。

拿破崙三世在一八六六年宣布一項競賽，希望能為軍隊與勞工大眾發明出便宜、健康又方便的食物。法國化學家梅熱．穆里埃（Hippolyte Mège-Mouriès）以珍珠油（oleomargarine）贏得殊榮。珍珠油是將濃縮的牛油、水與從牛奶中分離出的酪蛋白攪拌而成的人造牛油。

梅熱．穆里埃在一八七一年將專利賣給荷蘭的約更斯（Jurgens）與范登堡（Van den Bergh）兩家奶油公司。這兩家公司隨即成為人造牛油的專門製造商，並且發現以便宜的植物油，尤其是幾內亞的棕櫚油與美國的棉籽油取代牛油與酪蛋白的方法，未幾便在比利時、德國與英格蘭設立工廠。

一八九五年之前，歐洲的人造牛油產量達到三十萬噸；到了一九二三年，氫化油與液態油佔據歐洲人攝取油脂的九成之多。約更斯隨後與幾家油脂公司合併，包括英國知名的肥皂公司利華兄弟（Lever Brothers），後來成為分佈世界各地的跨國公司聯合利華（Unilever），旗下眾多的熱帶農場提供源源不絕的油品，透過龐大的精煉廠經由全球的貿易網路流入人們的嘴裡。

隨著不知名的中間商經手的供應鏈愈來愈長，生產者與消費者的距離持續增加，食物的造假也變得益發容易。在英格蘭，圈地運動削弱了農民尋找食物自行烹調的傳統習慣，工業革命帶來了假食物猖獗的時代：麵包受到礬與硫酸銅的玷污；啤酒以一種具有麻醉功用的植物毒素——木防已苦毒素，來「修正」味道；孩童的糖果用鉛和水銀染色；「惡魔食品商」提供了一大堆令人作嘔、有時甚至還會致命的乾貨。

一八四八年，化學家約翰．米契爾（John Mitchell）觀察到英格蘭是「唯一一個沒有法律，或是沒有有效法律可保護大眾對抗假食物的國家」。造成問題的最大原因是英國政府強調的自由貿易，以及深信亞當．斯密[3]「市場那隻看不見的手」會自尋出路。

根據食物歷史學家碧．威爾森（Bee Wilson）表示，政府的態度很簡單，「人民與麵包師傅之間發生的事不是政府的問題，自由貿易就是最佳政策」。放任的結果致使英國的騙子在工業革命之前便受到保護。一七二六年，喬納森・斯威夫特（Jonathan Swift）早已經把造假的麵包與啤酒吃下肚，他對自由經濟市場可沒什麼概念。在他所著的《格列佛遊記》的小人國裡，「將詐騙視為比偷竊還嚴重的罪，經常被處以死刑。他們認為，小心謹慎再加上一般的常識可使人免於被竊，但是面對極端狡猾，誠實是發揮不了作用的。買賣雙方必須在誠信的前提下建立長期的交易行為，若詐欺是被允許或被默許的，當缺少法律的制裁時，則誠實的商人無法貫徹始終，騙子總是受益的那方。」

面對長途貿易的世界，對抗詐騙仍然大有可為，例如古羅馬人在泰斯塔西奧山的例子，又例如法國政府在十九世紀以一連串新通過的強硬法律對待假食物。然而，如果大家的口徑不一，市場只會為自己發聲，而不會在乎消費者的權利。「買方小心」與「賣方賺錢」之間存在著細微但重要的差異。

然而，除卻公然的造假之外，十九世紀，全球食品供應的工業化也催生了所謂的合法造假。從人造牛油與酥油開始，就陸續見於許多大量製造的食物，新的包裝技術也使得工廠得以使用越來越多同質與不明的材料來包裝食物。經過精煉與氫化的油意味著「牛油」可能是來自牛肉碎渣或是棕櫚油；「豬油」是由棉籽油製成；「橄欖油」則是由花生油或罌粟籽油或是當時市場隨便一

3 蘇格蘭政治經濟學家和倫理神學家。主要著作《國富論》是第一本試圖闡述歐洲產業和商業發展歷史的著作，書中極度讚揚重農主義者的自由放任觀念，而抨擊重商主義下的經濟管制。

種最便宜的商品所調配而成。

溫和、清淡的口感，居然是劣等橄欖油的特徵！

我在二〇〇六年四月造訪百得利位於伊維魯諾（Inveruno）的精煉與裝瓶工廠，工廠座落在米蘭外圍的工業區，遠眺北方的地平線可見阿爾卑斯山的積雪籠罩著。一株老橄欖樹矗立在工廠的大門入口處，稀薄的葉子略帶褐色，樹枝上掛著幾顆乾癟的橄欖。就像是西元二世紀的時候，悲哀的羅馬元老院參議員將橄欖樹種在多瑙河畔，但樹木受不了北方的冷冽，永遠無法茂盛茁壯。

這株橄欖樹以及其他幾棵樹都是八年前從原生地普利亞挖來種植的，目的就為了裝飾龐大的新建廠房，全球八%的特級初榨橄欖油都來自這間工廠。然而，儘管百得利公司有著驚人的橄欖油市佔率，但這幾棵可能是該公司所僅有的橄欖樹，而且還是在一九九四年被聯合利華併購時，向聯合利華所購買的。

百得利家族在一八七〇年代創設公司時，其身分並不是農夫或油坊主，而是金融業者，也從那時起，公司就開始經手他人的油品；在一九九四年，百得利公司被聯合利華併購。現在，油罐車裝載著從地中海地區買來的油長年駛入工廠，其中只有二十％產自義大利，其他則來自西班牙、西北非與中東國家。

接待我參觀工廠的油品高階主管馬可・德切利（Marco De Ceglie）風度翩翩，強調百得利並不是依賴義大利的形象銷售油品。「產地對我們一點也不重要，」他說道：「我們向來標榜的重點就不是（在標籤上標示）『百分百義大利』，而是義大利人生產與混合油品的技術，這才是真正的附加價值。」

而且，他對自稱是橄欖油專家針對超市油品所提出的批評非常不苟同。他認為那些人是自以為是地以家長式的口吻，甚至是獨裁的方式教育消費者什麼是好的橄欖油。

「有些人想要到我的地盤『教育』我，告訴我我應該喜歡或不喜歡什麼之前最好三思而行。」德切利說道：「我們可得為全體民眾考量，而不只是取悅有錢人，而忘了其他人。我們可不像瑪麗皇后（Marie Antoinette）會說：『如果農民沒有麵包吃，就叫他們吃蛋糕吧！』畢竟那些人最後可是腦袋落地啊！」

然而，德切利所說的平等主義與公平遊戲與百得利的行銷手法可不一致。事實上，百得利在義大利的電視廣告使用了托斯卡尼的腔調與氛圍，讓人們誤以為那是托斯卡尼當地的油。公司的網站有著醒目的「盧卡」與「熱情的義大利」字眼，並以純真的粉筆畫作繪出四代同堂共享的盛宴，還有莫扎瑞拉起司、臘腸和麥草包裹的瓶裝奇揚第葡萄酒，背景點綴著橄欖果園以及扁柏覆蓋的山丘，一副托斯卡尼的景象。事實上，百得利在義大利的廣告即試圖想要影響消費者什麼是好的橄欖油，並且誤導消費者對特級初榨橄欖油的認知。

直到二〇〇一年之前，百得利在美國販售的油瓶上仍標示「自義大利進口」和「義大利製造」的字樣，公司使用的文案包括「誕生於托斯卡尼山巒」，以及「百得利橄欖油和達文西（《聖母子與聖安妮》的作者）一樣，皆為義大利真正的大師傑作。」不過，在一九九八年，紐約的莫瑞、法蘭克與塞勒律師事務的馬文‧法蘭克律師對百得利提出集體訴訟，控告公司將西班牙生產的橄欖油運送至義大利裝瓶，並利用廣告欺騙大眾，因為消費者會願意多花點錢購買義大利橄欖油（法蘭克說明，百得利願意撤除不實的廣告與瓶上的標示，所以此案已在二〇〇一年結案）。

幾年前在義大利電視播放的廣告中，有一對外貌姣好的男女正用符合規定的鬱金香玻璃杯品嘗百得利橄欖油。「這不就是我們要的嗎？」男士說道：「有著溫和的口感，」女士也同意地說：「喉嚨不會覺得有辣味，味道也不會太重，這正是我們在找的橄欖油啊！」

實際上，「溫和」或「清淡」是劣等橄欖油常見的特徵，辣味、苦味與果香卻是法律規定特級初榨橄欖油應該具備的三大要件。

然而，其他的大廠依舊仰賴類似的行銷花招：卡拉佩利在最近的電視廣告中，就有位演員身穿文藝復興時期豪華舒適的絲綢錦緞，看起來儼然是達文西的模樣，操著明顯的佛羅倫斯口音盛讚卡拉佩利橄欖油。這種誘騙廣告可是銷售的利器，據消費調查報告指出，多數義大利人偏好購買他們認為是義大利、而非由其他國家的橄欖所製造的油品。其他國家的消費者無疑也是如此。

在伊維魯諾，百得利從各處買回來的油存放在高聳的筒倉裡，搭配上一旁的視察走道與輸送管的桶架，看起來簡直就像是彈道飛彈，油品的價格更高達一千萬歐元，這些流動的液態資產過去曾遭受宵小覬覦。德切利告訴我，數年前工廠遇過饒有經驗的油品小偷，破壞了監視機，然後以虹吸管從油罐車裡吸走數百萬歐元的油品。經過這次遭竊後，聯合利華裝設了警報系統，可監測廠內溫度與氣壓的移動或改變，並會自動發送手機簡訊警告工作人員。德切利聳聳肩說道：「橄欖油就是現金，一旦到手立刻可以脫手。」

不過，百得利每一天都得面對許許多多的潛在犯罪。每一批來到伊維魯諾工廠的油需要經過至少八次的造假檢測。

油品一進入廠房後，首先會以探針檢測油灌車，看是否藏有夾層；最後還要在公司的油品實驗室裡，透過全球最精密的儀器之一接受一連串的化學測試。德切利得意洋洋地帶我參觀實驗室，指著各種令人印象深刻的光譜儀與其他高科技設備，有的造價甚至高達五十萬美金。

不過即使如此，百得利仍難免犯錯，在一九九一年，他們與數家主要的橄欖油廠從多梅尼科．瑞巴提那裡買到榛果油，之後卻以橄欖油的名義賣給消費者。但是，百得利的品牌經理西蒙娜．多梅尼奇（Simone Domenici）告訴我，公司因為懷疑而將七成的油退了回去。不過，這些油很快便找到買主，「它們並沒有被倒進河裡丟掉，」西蒙娜說道：「負責裝瓶的另有他人。當然，瓶身貼上了特級初榨的標籤。」憑藉著最先進的實驗室設備，德切利說明道：「我們為橄欖油提供了固若金湯的保護。但是市面上其他的產品，我可以說，很難保證。」

脫臭技術剝奪了我們的味覺能力，也摧毀特級初榨的不凡價值

最難檢測出的造假技術就是脫臭，劣質橄欖油皆經過低溫處理以去除不好的氣味與味道。德切利指出，一些神秘的公司有高超的技術，精通脫臭的本領，他們所擁有的化學知識與高科技的設備可與百得利媲美。對方是誰，德切利心中有譜，但因為怕引發訴訟，他不願指名道姓。「我們談論的可是刑事案件，我當然不能告訴你名字。不過，可能是貿易公司、掮客，精煉廠與其他有相關能力的公司。」他說明道，雖然躲在暗處的敵人不斷有新興的造假手法，但百得利也一直持續發明新的方法檢測造假。「這就像是警察與小偷的遊戲，而我們扮演的是警察的角色。」

「他們也知道我們檢測的極限，於是就調整油品。」實驗室的一位技術人員這麼說道，她一直注意著我與德切利等的對話。「因為他們給我們的不單是純粹脫臭的油，而是以某種方式混合過，但我們……就他們來說……總之……」她看了德切利一眼，聲音越來越小。

百得利懷疑造假的油泰半都被競爭對手買走，現在的割喉戰是發生在量販型超市，一公升「特級初榨橄欖油」只要不到二歐元。最近，波隆納大學的食品品質實驗室由著名的橄欖油化學家喬凡尼．勒克（Giovanni Lercker）領軍，針對特價的特級初榨橄欖油所做的化學與感官分析發現，一公升售價低於三歐元的橄欖油中，有七成都不是特級初榨橄欖油，且可能含有脫臭過的油。

百得利將特價油品視為最強勁的競爭對手。「脫臭去除了油品天生的缺點，也讓消費者習慣了

平淡的味道。」西蒙娜．多梅尼奇告訴我：「當消費者嘗到一款醇厚的油，非常濃郁，果香味相當明顯，他們的反應會是『喔，這瓶油不好！』因為他已經習慣了經過脫臭處理的平淡味道。最糟糕也最可能發生的是，特級初榨橄欖油的不凡價值已被摧毀殆盡。」多梅尼奇說脫臭處理「懲罰了我們以及消費者」。

另一個令人哀傷的舊例發生在十七世紀，加爾達（Garda）的製油商控訴不誠實的威尼斯商人以次等的油剝奪了德國人的味覺能力。一些製造高品質橄欖油的廠商，如安德列亞斯．馬茨與葛拉奇亞．德．卡洛（Grazia De Carlo）責怪百得利、卡拉佩利與其他大廠牌同樣的問題，販售「溫和」的油侵蝕消費者對於真正特級初榨橄欖油的品味。橄欖油品質的標準迅速且普遍降低之後，結果人人都是輸家。

百得利的員工是知曉油品好壞的。德切利帶我到測試小組的房間，牆上貼著一張世界地圖，註記著許許多多的購油地點。他們分析且記錄每一種油在一年當中某個時候所應有的味道與香氣，有助於他們選擇好油並可發現假貨。「你得測試味道與化學成分，兩者缺一不可，這是一體兩面。」德切利說：「一旦我知道以寇拉提那橄欖製作的油在某個季節應具備某些特定的口感，若我嘗起來比該有的味道甜美許多，那一定有問題。」

我們坐在品油的小房間裡，一位助理帶來三種油品樣本，這是來自百得利品嘗小組在一年的時間裡會經手的上千種樣本之一。我們嘗了產自貝內文托（Benevento）附近、味道美妙的拉奇歐佩拉（racioppella）橄欖製造的產品，隱約帶著朝鮮薊與菊苣的氣味；使用寇拉提那橄欖製造的油有著明顯的苦味，杏仁味的餘韻十分強烈；希臘的高朗尼基則溫和許多，散發出些微清新的綠草香。德切利和同仁們專業十足地發出窸窣的聲音，轉動著眼珠子，非常愉悅地享受品嘗時光。

不過，我們卻沒有嘗到任何一瓶百得利的油。由單品橄欖製造出的樣本散發出特定地區與收成時節的鮮明特色，但是經過百得利的混合之後，卻只符合固定的口感。「我們明白消費者購買我們的油品所期待的是什麼味道，這也是我們所提供的。各式各樣油品的味道在一年內不斷改變，義大利製油的偉大藝術就在於維持其一致性。」

百得利也必須大量生產以滿足需求龐大的消費者，例如供應給沃爾瑪（Walmart）公司。德切利說明，沃爾瑪購買的最少單位就是一輛油灌車，也就是三十噸。他還記得，當初為了公司走遍全球的產油地區買油，最難磋商的對象就屬西班牙的大型合作企業，其產量驚人，儲油的設備多不勝數，討價還價的空間極其有限。

而普利亞的情況則完全相反，製造商與農業合作社的儲存筒倉不足，當新油（olio nuovo）的季節到來，他們就不知道該如何處理去年的存貨。「去那兒買油很開心，製造商不知道該把油放置何處，我隨便開個價就成交了，真是很荒謬。」他回憶道。

龐大的需求、激烈的價格壓力，與永遠相同的產品——這些特點讓百得利特級初榨橄欖油成為典型的食用油。就在我拜訪不久之後，聯合利華將百得利賣給西班牙的油脂企業SOS集團，該集團前陣子才剛買下卡拉佩利與其他數家歷史悠久的義大利品牌。

現在，雖然這些公司的行銷廣告依然強調產於義大利，但是有相當多的油其實都是來自西班牙。「基本上，這些公司都變成了西班牙橄欖油的包裝工廠。」卡拉佩利一位前任高階主管告訴我。

只是SOS集團自己的麻煩事也不少：橄欖油的價格暴跌，西班牙的經濟衰退，以及公司對前任總裁提出的法律訴訟。

前任總裁赫蘇斯與海梅．薩拉薩爾（Jesús and Jaime Salazar Bello）被控詐欺、洗錢，侵占公司二億四千萬歐元與其他不法行為（這件案子正在馬德里的西班牙國家法院審理中）。面對負債累累與股價暴跌，SOS集團已經賣掉丹特（Dante）與其他品牌，藉以增加營運資金，並在近期與全球最大的橄欖生產者合作社「白葉」（Hojiblanca）達成財務合夥協議，但仍然可能資金不足。

二〇一一年二月，義大利林業局軍團（Italian Forest Service）旗下負責食品品質的核心農業食品與林業（Nucleo Agroalimenture e Forestale）的調查員發現，SOS集團在佛羅倫斯、雷焦艾米利亞、熱那亞與帕維亞四間辦公室有偽造運輸文件的情事，事涉四十五萬公升的油，價值約四百萬歐元。原告律師假設這些文件遭到竄改是為了掩蓋油的真相，也就是說，這些油並不是特級初榨橄欖油，而可能是含有脫臭過的劣等橄欖油，真正的價值其實不到三分之一（佛羅倫斯地方檢察官正在調查這項指控，到目前為止，尚未起訴SOS集團。

解救義大利橄欖油的法律終於通過了！

卡拉佩利對安德列亞斯．馬茨在雜誌刊登的文章提出賠償要求一案，馬茨的律師提出辯方陳述後，二〇〇九年五月十二日，審理案件的首席法官——柯斯坦迪尼法官（Luciano Costantini），在距離佛羅倫斯不遠的皮斯托亞地方法院宣讀判決。

法官在判決書中將卡拉佩利對馬茨的指控分為五大事項，並依序提出說明。

1.如同超級市場大多數的特級初榨橄欖油一樣，工廠位於佛羅倫斯的卡拉佩利橄欖油也被評比為劣等。佛羅倫斯商會的品嘗小組認定卡拉佩利的特級初榨橄欖油標示不實。卡拉佩利油品的品質不佳是商會專家獨立測試的結果，亦受到佛羅倫斯另一官方小組托斯卡尼地方環境保護局的確認。

「針對第一項主張，」法官說道，「其描述的內容與事實相符。」

2.總部位於佛羅倫斯的卡拉佩利公司不立即修正標示，反而將矛頭指向專家個人。

「針對第二項主張，就提供給法院的文件證據與證人的證詞可以做為明證。卡拉佩利在二〇〇四年九月二十三日的確向佛羅倫斯檢察官辦公室提出控告小組主任與教師馬可．馬格利，以及佛羅倫斯商會的化學分析實驗室負責人蘿拉．馬贊提。」

3.如果媒體對橄欖油市場的無政府狀態表示意見，下場就只有閉嘴的份，而讓嘴巴閉上最有效的方法就是恫嚇專家。

「針對第三項主張，鑒於初步調查的結果與誹謗訴訟（卡拉佩利所提出）要求的賠償來看，馬茨就卡拉佩利採取的法律行動表達的見解完全正當。同時必須注意到，（卡拉佩利）反對就判決訴訟達成協議的願望非常清楚，不僅是為了損害的賠償，而且還想處罰應該負起責任的人，讓被告相信此次的訴訟實有懲罰意圖。」

4.所以，只要酸臭的油與具有新鮮橄欖香氣的特級油品有著相同的名稱，義大利以及整個地中海的優質製造商就一定會賠錢。

「〔針對〕第四項主張……佛羅倫斯商會與托斯卡尼地方環境保護局所做的分析確定橄欖油的低劣品質，從中衍伸出各式各樣的負面特質，「怪味」與「酸臭」是對氣味與味道的描述。

5.業界的領導者清楚了解橄欖油品質等級的差異代表著什麼，若讓消費者在品質或數量之間做出選擇則會危及他們的銷售額。顯而易見地，卡拉佩利為了避免這樣的威脅，於是反過來對最不知變通與最獨立的專家之一——馬可．馬格利，提出告訴。

「針對第五項主張，在第三項陳述中所作關於卡拉佩利提出法律行動的背後含意同樣適用於此。」

「安德列亞斯．馬茨仔細且認為地進行報告的調查，」柯斯坦迪尼法官在做結論前說道：「對於他被指控的犯罪情事本庭宣判無罪，因為根本沒有所謂的罪行。」

聽完法官的宣判，安德列亞斯．馬茨欣喜若狂。「我們做到了！法官一字一句地確認我的陳述！但這只是個開始而已。」

一星期後，馬茨的心情跌到谷底。「義大利媒體根本沒有報導這次的判決，沒有一個人注意到！經過這次我挑起的爭端之後，未來不會再有實驗室或小組願意做檢測，也不會有人敢帶給他們任何油品了。」他的聲音單調，講話也變得愈來愈輕柔，我幾乎聽不到他最後說的幾個字：「什麼都沒有改變。」

但是，事情似乎是有所改變了。二〇一二年十一月，西班牙最具權威性的消保組織——消費者組織（Organización de Consumidores y Usuarios）發表一份報告，揭露許多大廠牌，包括白葉、山富（Coosur）與滿點（Ybarra）在超級市場販售的「特級初榨」橄欖油根本名不副實。消費者組織痛斥這是「明顯欺騙消費者」。這份報告在西班牙媒體引發了強烈的反應，導致地方政府與國家政府不得不採取行動解決危機。

二〇一二年，歐盟發表「歐盟橄欖油的行動計劃」（Action Plan for the EU Olive Oil Sector），疾呼應該要有更清楚的標示與更嚴謹的化學參數才能力抗詐欺，為消費者提供更佳的保護。國際橄欖協會也在不久之前採取了更嚴格的化學參數，包括利用烷基酯測試以檢測脫臭油品。義大利政府的行動更為積極。在二〇一二年年底，國會以絕大多數的比例同意通過「特級初榨橄欖油產業的品質與透明度之行為規範」法案，這份法律隨即被暱稱為「解救義大利橄欖油之法」。面對許多重要的新興發明，法律強化了對摻雜與造假的罰則效力，賦予調查人員更多的直接權力，引進檢測脫臭油的方法，並加強小組測試在檢驗橄欖油造假一事上的合法重要性。

「橄欖油是我們文化象徵的一部分，也是義大利知名度最高及最食用廣為的食品。」來自普利亞，同時也是草案草擬者，並在國會見證法案通過的科隆巴・蒙傑羅（Colomba Mongiello）議員如此表示。「不過，食品詐欺，包括橄欖油在內的造假都獲利甚豐，通常都是由頗具規模的國際犯罪網路操控。打擊食品詐欺犯必須採用與打擊有組織的犯罪同樣的方法，那就是斷了他們的財路，這正是新法律所採行的方式。也許這就是為什麼會引起這麼多的抗議，也是我們收到這麼多威脅信函與辱罵的原因：我們打擊且危及了某些非常龐大的經濟利益，但是我們會朝著這條道路繼續前行，因為消費者必須了解他們購買與吃下肚子的是什麼東西。」

只是，這些措施引起了一些反彈。當法案在義大利國會審查期間，義大利油品產業協會（ASSITOL）與代表許多知名的橄欖油裝瓶公司的全國油品貿易協會（Federolio）對部分強勢觀點提出強烈的反對。某些政府官員也不表贊同。「（農業部的）部分官員不喜歡這部法律，」科隆巴說道：「當我們在國會擬定法條時，他們努力從歐盟法律中搜尋出枝微末節的技術性反對理由，藉以抵制或削弱這套法律。義大利的政治決心最終還是克服了官僚體系、遊說團體、派系，以及那些寧可在標籤上耍花招而不願著手製造優質橄欖油的人士。」

然而，當這部法律剛通過不久，歐盟農業部隨即收到二封正式的投訴，導致歐盟去信義大利政府要求就這部法律的某些技術層面提出解釋。就蒙傑羅來看，「這封信函的目的即在延後法律遲至一年後才得以施行。相反地，這部法律現在已經徹底生效上路了，而且對橄欖油市場的價格與習慣已經產生正面的效果。如今，每一次當地方法官與調查人員執行法律對抗橄欖油業界少數的『壞蘋果』時，我看到人們流露的感謝之意，誠實的賣家也表示，終於有人可以保護他們了。」

Extra Virginity : The Sublime and Scandalous World of Olive Oil

PART

6

第六章

橄欖油的革命尚未成功

人間的月亮已安然度過月蝕之災，
曾預言不祥的人反淪為笑柄，
疑慮叢生現今已轉變為信心百倍，
象徵和平的橄欖枝將永存於世。

——威廉・莎士比亞　十四行詩集之107

愛之適足以害之，是我們對待橄欖油的方式。我們的反應完全出於本能：油是最神聖的物品之一，但矛盾的是，它卻也是我們最初的污衊對象。像是：「在掌心塗抹油（grease the palm）意味賄賂他人」，「讓工作抹油代表耍點手段使事情順利（oil the works）」，這些說法，都是讓油變成貪污腐化的同義詞。

讓橄欖油成為生活美學的品油工坊

我坐在保羅．帕斯夸利（Paolo Pasquali）有著低矮天花板的寬廣房間內，裡面擺著一座古老但珍貴的櫥櫃，還有一張來自教堂聖器室、散發著時間光澤的龐大桌子，靠牆處有個盛裝聖水的水盆，打開上面的龍頭，橄欖油隨即汩汩流出。

他將這個地方稱為品油工坊（oleoteca），「葡萄酒有葡萄酒圖書館（enoteca）與酒窖，但直到現在，橄欖油仍尚未有類似的地方。當然，這不該像是眾人喧嘩、充滿競爭壓力的油坊，人們只趕著在最短的時間內壓榨出最多的橄欖油。所以我創立了品油工坊，一個快樂和諧、可以盡情享受橄欖油具有神話、科學特色，與多樣烹飪調性的所在。」

帕斯夸利在佛羅倫斯大學教授哲學，喜歡大量引用亞里斯多德、阿奎納[1]與李維史陀（Lévi-Strauss）的話語，先聖先賢的字句形塑了他的思維基礎。他也是一位受過訓練的音樂家，同時亦是出版業大亨，並在被網路洪流吞噬之前趕緊脫手，又賺了一大筆錢。他外貌英俊，有著突出的下巴，以及貌似文藝復興時期身經百戰的首領的鷹勾鼻。

現在，他在數百年來以創新的方式融合了藝術與科學的地方，訓練他的人員，將精力傾注於製造高品質橄欖油的工藝與技術上。

他在佛羅倫斯北方的山丘小鎮穆杰羅（Mugello），擁有一座建於十三世紀的坎佩斯特里度假別墅（Campestri），別墅四周圍繞著小型橄欖園，他就用這些橄欖生產橄欖油。

穆杰羅被稱作文藝復興的搖籃：喬托[2]在不遠處出生；弗拉・安傑利科[3]也誕生在附近；哲學家馬爾西利奧・費奇諾（Marsilio Ficino）在鄰近的卡法吉歐羅（Cafaggiolo）橄欖園教學與寫作，卡法吉歐羅也是梅迪奇[4]家族的祖居所在。

帕斯夸利相信，基於在二十一世紀，人們對優質橄欖油的哲學與美學有了全新的了解，橄欖油的現代復興時機已然成熟。

他說，我們使用的橄欖油語彙全然錯誤。油瓶的標籤只有製造方法與油品化學晦澀難懂的介紹，對消費者了解油的味道毫無幫助，也無法刺激他們的求知慾。官方的口味測試員也好不到那去，只會舞弄描述感官特色的蜘蛛網圖，叨念著借用自脂質化學的術語，「好像是護士卻假裝醫

---

1 中世紀著名的神學家與哲學家。

2 義大利畫家與建築師，是義大利文藝復興時期的開創者，被譽為「歐洲繪畫之父」、「西方繪畫之父」。

3 義大利文藝復興初期的偉大畫家，同時也是位修士。

4 義大利史上最富有的家族。

生說話一樣。」帕斯夸利發現，即便是人們用來形容橄欖油的基本用語，也充滿了多餘的意義，亟需重新修正。例如「辛辣刺鼻」與「苦味」對地中海居民而言其實有正面的意涵，但在北美卻讓許多人聽起來非常刺耳。在中國，「吃苦」是個古老的詛咒。

「我們一定要重拾橄欖油已然失去的高貴語彙。例如音樂的語言，就是用自然的方式描述美麗。我們說這瓶油帶著『花香』（floral notes），或說它的結構很『和諧』，都是從直覺上借用音樂的詞彙。」

就在他的談話快要令人感到不耐煩之際，帕斯夸利跳將起來，就像是所有文藝復興時代的人一樣，他也是行動派。他走向牆邊一座狀似視聽櫃的櫃子，是用銅與不銹鋼打造的，閃閃發亮，現代的素材卻與十三世紀的設計恰好吻合。

他拿出三個鬱金香形狀的玻璃杯，一個接著一個擺在櫃子附有的三個龍頭下面，打開龍頭，流出金黃絲帶般的翠綠色食用油，是三種不同的特級初榨橄欖油。這是他為了橄欖油所發明的「庇護所」，藉以隔絕氧氣、高溫與光線三大天敵，也是他新創的商業模式橄欖油保鮮系統OliveToLive，此發明可讓餐廳與店家在提供高品質橄欖油的同時又能賺錢。

「油與葡萄酒恰好相反，葡萄酒可以陳年，油卻會隨著時間氧化。油一旦裝瓶便會加速腐敗。以散裝方式販賣橄欖油是唯一的出路，而且得要是高品質的散裝橄欖油才行。」

他解釋道，這個櫃子裡有三個可阻絕光線的容器，能保存橄欖油免於氧化，並維持在最理想的攝氏十六度這樣的保存溫度。在義大利與美國已有少數高檔餐廳與橄欖油吧裝設這個系統。跟瓶裝油比起來，儲存在保鮮系統的橄欖油可以有較長的時間維持其新鮮與感官品質。

帕斯夸利另外又倒了三杯，然後將這六杯都放到桌上，其中三杯排成一排擺在我面前，其餘的留給他自己。他請我從較溫和的油款開始品嚐，先是來自加州索諾瑪附近的麥考伊牧場（McEvoy Ranch），接著進階至較刺鼻與苦味較明顯的安達魯西亞，最後是帕斯夸利自己的產品。他用左手手掌捧著杯子，再以右手握緊以增加點溫度。我也依樣畫葫蘆。接著他把大鼻子湊近杯子用力吸氣。

當我們用鼻子吸著橄欖油的香氣，思考著它的味道時，帕斯夸利談起自己主要的教育背景，如同他做的其他事情一樣，都是來自經驗的傳承。過去五年，他在坎佩斯特里製作橄欖油，積極參與油坊、橄欖的收成，與長年照顧樹木的工作。

「剛開始的時候，我走出戶外拜訪當地農民，拜訪我所能找到年紀最長的農民，花上一整天的時間與他們一起修整樹木、用鋤頭鋤草或採摘橄欖。我發現，跟橄欖油有關的話題，他們可以滔滔不絕地講上八個鐘頭，比足球的魅力還大。他們天生就是要做橄欖油的，我也被傳染了。」

自此以後，帕斯夸利將度假別墅變成高品質橄欖油的研發與交流中心。他為感官科學家、佛羅倫斯大學的學者與美國廚藝學院（Culinary Institute of America）親自主辦讀書會與休閒活動，未來還會有更多的研究計畫。

賓客在這裡可享受完整的橄欖油體驗，包括有專人導覽的品嘗活動、油坊與果園的參觀行程、參加感官科學研討會及享受橄欖油按摩；另外，在飯店的餐廳還有以橄欖油為主所設計的美味餐飲。他的農學博士女兒姬瑪負責主持研討會，陪同的還有她的兩個小孩，包括帕斯夸利最小的兩歲孫子科西莫，別墅今年所生產的橄欖油便以他的名字命名。

「小孩們很喜歡品嘗橄欖油，」帕斯夸利說道，「他們好像知道其所蘊含的優點與健康營養，也許是因為橄欖油中的亞麻油酸百分比如同母奶，可幫助腸子吸收。」

現在我們進行到第三款油，也就是坎佩斯特里自己的產品。味道相當濃烈：有過度的果香、強烈的苦味，以及令人皺眉的刺鼻味。我窸窣的嘗了幾口，便大聲地咳了起來，像是《魔山》[5]一書的角色。帕斯夸利閃著油油亮亮的嘴唇，眼也不眨的笑將起來。

他突然將話題扯到另一個他思考甚久的問題：橄欖油要如何才能賺錢？如他所云，他喜歡與橄欖油相關的神話、詩詞與科學，但他畢竟是位企業家。「既然人們在餐廳不會要求免錢的葡萄酒，又為什麼應該期待會有免費的橄欖油呢？在優質橄欖油變成餐廳的利潤中心之前，我們這些製造商永遠不可能賺取到合理的生活費。」

在他的餐廳，三款一組的橄欖油要價九歐元，生意興隆的很。美國廚藝學院最近在加州納帕的校園開了一間他的品油工坊，也是要收費的。帕斯夸利計畫迅速在西班牙、希臘、日本與新加坡新開四間橄欖油吧，並以此為跳板，教育全球五十位最優秀的主廚關於優質橄欖油的精緻藝術。「他們將成為意見領袖，教導大家如何運用真正的橄欖油。」

他身後的一扇門打了開來，小孫子科西莫搖搖擺擺地走進來，圓滾滾的雙頰因寒冷而透著粉紅。「爺爺好！」他嘰哩呱啦地說著，整個人靠在帕斯夸利的腿上。他看到桌上的油，伸出手想要拿最靠近桌邊的杯子，就是以他名字命名的那款強勁的坎斯佩特里。帕斯夸利用雙手捧起杯子以免摔落，科西莫的小嘴湊近杯子，一口喝光。

他甩甩頭，好似被打了一耳光，然後大聲地咳起來，雙眼含著淚珠。我以為他快要哭出來了，哦，他哭了，仍然不停地咳嗽，卻哽咽地吐出一個字「讚！」，然後把杯子遞給爺爺表示還要一杯。

帕斯夸利的表情在驕傲、溫柔，還有可稱為希望之間游移。有那麼一瞬間，我想他可能會哭出來。

「你覺得還會有更好的意見領袖嗎？」最後他這麼說道。

脂肪真的很優，別再誤解它了！

橄欖油的現代史起始於二次世界大戰結束後不久。明尼蘇達的流行病學家安賽爾·基斯（Ancel Keys）造訪那布勒斯、馬德里與克里特島上的醫院後發現，這些地方的冠狀動脈性心臟病的發

5 德國作家湯瑪斯·曼的作品，故事描寫主人翁來到瑞士阿爾卑斯山一間肺結核療養院探望表親，後來發現自己也罹患肺結核的故事。

病率比美國低很多。

這裡因為戰後物資缺乏，不像美國人仍有機會接觸各式各樣充裕的食物。基斯曾為了美國軍隊發展出K級口糧（K ration，K來自其姓氏的大寫），最近更完成人類飢餓生理學的劃時代研究。他懷疑，造成這個結果的根本原因，是兩邊人民食用的脂肪不同。然而，造成差異的，並不是攝取量的多寡，因為事實上，希臘與義大利人都攝取適量的高脂肪。真正的原因，是所攝取的脂肪種類不同所致。

基斯受到此項觀察結果的激勵，便著手針對希臘、義大利、南斯拉夫，荷蘭、芬蘭、日本與美國的傳統飲食及生活習慣，進行大規模的流行病學調查，其結果被稱做七國研究（Seven Countries Study）。

結論中發現，問題是出在飽和脂肪，以及連帶引起的血中高膽固醇，阻塞動脈，引起心臟病與中風。在美國與芬蘭，大部分的脂肪都來自於飽和脂肪，例如肉類與乳製品，引發冠狀動脈性心臟病的機率很高。反觀地中海地區民眾的主要脂肪來源是單元不飽和脂肪的橄欖油，心臟病的案例就很少（在日本，飲食中各種的脂肪含量都很低，因此也很少有心臟病）。

在一九六〇與七〇年代，基斯針對這個主題出版了一系列的刊物，而七國研究也在一九八〇年問世，他建議美國人（以及任何注重心臟健康與長壽的人）將脂肪的攝取量降低至總體卡路里的三成或更少。同時強調，他說的「地中海型態養生法」是指足量攝取蔬菜、水果、魚、麵包與義大利麵，適量攝取乳製品與葡萄酒，並且大量攝取橄欖油。基斯將這樣的飲食法取名為地中海飲食，並將橄欖油視為其中的關鍵。

基斯的報告引起意外且諷刺的結果。因為他大力強調低脂飲食，促使美國政府無條件向脂肪宣戰。一九七七年，由參議員喬治・麥高文（George McGovern）領軍的營養暨人類需求專責委員會（Select Committee on Nutrition and Human Needs）草擬了一系列強烈反脂飲食的目標，美國農業部與國家衛生研究院（National Instiutes of Health）也忙不迭地跟進，對反脂飲食提出建議。

隨後進行了一連串的臨床測試，聲稱可證明脂肪攝取與心臟疾病，以及肥胖與癌症和過度肥胖之間的因果關係。起初，固體的飽和脂肪成為眾矢之的，但在媒體與大眾的心目中，對脂肪的妖魔化迅速擴展到含有脂肪酸的所有食物，甚至是健康的單元不飽和脂肪酸，例如橄欖油也無法倖免。

營養學家設計出低脂飲食，食品公司為了滿足他們的需求，粗製濫造出一堆低脂食品。漸漸地，「低脂」變成苗條與健康的同義詞，雖然事實上這種食物經常含有大量不健康的糖與鹽，並鼓勵人們攝取更多的卡路里。這種觀念逐漸遍及全美國，並影響其他已開發國家的飲食習慣。今天，在全球不同角落的許多人相信，只要是脂肪，無論它是否為飽和脂肪，都是不當飲食的根源。

就在美國人唾棄脂肪三十年之後，唾棄背後的科學共識崩解了。經過好幾億美元的臨床研究，政府也花費數十億美金在營養教育課程與食品行銷，卻沒有證據可以證實攝取脂肪會引起諸如心臟病、癌症與過度肥胖等疾病。雖然氫化油脂的不健康無庸置疑，但卻沒有明確的證據足以證明不飽和脂肪與心臟疾病的關聯，即使是針對飽和脂肪也缺乏明確的科學實證。

還有，也沒有證據可證明脂肪會導致癌症。雖然每公克的脂肪比同單位的碳水化合物多了五卡，但是美國大量以碳水化合物替代脂肪，卻可能加速了過度肥胖的蔓延。美國在一九八〇年開始倡導低脂飲食，其人口過度肥胖的比例佔十四％，之後一路攀升至今天的三十四％。而且，脂肪在人體中扮演了許多重要的角色，一些研究人員相信，降低脂質的攝取會破壞人體一系列的功能，包括新陳代謝、細胞膜滲透性與神經傳遞（大腦中含有七十％的脂肪成分）。

現今的科學對飲食脂肪所做的歸納，來自於哈佛大學公共衛生學院（Harvard School of Public Health）營養學系的系主任華爾特．威利特（Walter Willett），他在美國農業部「二〇一〇年美國人的飲食指南」中的評論，仍然建議美國人應限制脂肪的攝取，使之佔總體熱量的三十五％。「要規定脂肪總攝取總量的上限是毫無科學根據的。」威利特寫道。

然而，經過數十年善意的錯誤訊息，每一種脂肪仍廣被人們視為禁忌。橄欖油是最健康的脂肪，也是地中海飲食的關鍵，但就許多人的營養及心理層面而言，卻仍不是這麼肯定。

假橄欖油的利潤媲美走私古柯鹼，卻不具任何風險

當基斯在克里特島與義大利觀察醫院的病患，並試圖釐清橄欖油與脂肪間的爭論時，歐洲以及地中海地區的橄欖油製造商與立法人員逐漸形塑出橄欖油的現代語彙。

一九五九年，聯合國創辦了國際橄欖油協會（International Olive Oil Council，後更名為國際橄欖協會，簡稱IOC），這是由地中海地區十八個生產橄欖與製造橄欖油的國家所組成的政府間機

構，目的在對農民與製造商提供財務與技術協助，籌募基金研究橄欖油的品質與化學機制，並促進全世界對於橄欖油的消費。

歐洲的中央政府為了促進會員國之間的合作，自二次大戰結束後不久即開始對企業提供額外的協助，法國外長羅貝爾．舒曼（Robert Schuman）因此說過「戰爭是無法想像也絕不可能發生的」。農業政策是協會的主軸，為了確保經過戰爭蹂躪的歐洲有足夠及可靠的食物供應，各國領袖提出共同農業政策（CAP, Common Agricultural Policy），對農民提供慷慨的補貼、獎勵與價格保證。

橄欖果農與橄欖油製造商因為共同農業政策的補貼而獲利良多。從歐洲經濟共同體的發起國義大利開始，隨著各國陸續加入歐洲經濟共同體（在一九九三年變成歐盟），希臘、西班牙與其他會員國亦跟進，歐洲對橄欖油的補助一直持續至今。

除了要保護橄欖油的產量外，在五〇年代的後期，歐洲經濟共同體與國際橄欖協會也開始注意到橄欖油品質的落差不斷加大。雖然橄欖油精煉廠依然隨處可見且收入頗豐，但多數的製造商仍採取前人在幾百年前以石磨、過濾墊與壓榨的古老方法製油。

位於普利亞的德．卡羅家族創新採用新技術碾碎、混拌和離心橄欖，從新鮮橄欖快速且有效率地生產出高品質的橄欖油。在精煉油、舊式壓榨油與採用新技術之間的味道及營養的鴻溝日益擴大，但在平凡、拙劣與優雅之間卻沒有嚴格的法律規定以示區別。

終於，在一九六〇年十一月十三日，歐洲議會（European Parliament）對橄欖油品質通過了跨時代的法律，創立數個新的油品等級。最高級的名稱有些奇怪，帶著科學與宗教神話的色彩：特級初榨。法律規定，特級初榨橄欖油只能以機械方式且不得以化學方式處理製造，並制定若干化學方面的規定，包括最多不可超過一%的游離酸度（free acidity）。

法律亦宣稱，特級初榨的產品「不得含有令人作嘔的味道，例如酸臭、腐爛、煙味、霉味，橄欖果蠅與其他類似的氣味」，不過如何制定或該由誰判定上述的味道，則沒有具體的描述。特級初榨橄欖油因此問世，但決定的方式卻付之闕如。

為橄欖油創立科學的品嘗測試，則起於國際橄欖協會。這是在八〇年代初期，由一間總部位於義大利因佩里亞（Imperia）的橄欖油學校——國立橄欖油品油師協會（National Organization of Olive Oil Tasters），所研發出極具開創性的測試方法。

來自義大利與西班牙的化學家和感官科學家組成的小組，投入二十年的精力與時間，經過小心翼翼的實驗，識別出橄欖油變質時其味道與香氣會出現的各種瑕疵，制定出嚴格且經得起一再重覆的測試草案，據此判定橄欖油的品質等級。

國際橄欖協會的味道方法論，加上一系列的化學規定，成為歐盟在一九九一年通過最新的橄欖油法律的基礎。之後經過部分修正，至今依然具有效力。要冠上特級初榨的名字，橄欖油必須是零瑕疵，同時具有一些聞得到的果香（胡椒味與苦味也屬於正面的特質）。因為這部法律，橄欖油成為世上第一種，也是現今至少在一定程度上因味道而需由律法決定品質的少數食品之一。

雖然與一九六〇年初始的標準比較起來已經嚴格許多，但合乎特級初榨橄欖油等級的化學標準依然過於鬆散，然而合法的味道測試已為傑出橄欖油的養成燃起新希望。

九〇年代中期是國際橄欖協會的巔峰時期。橄欖油的生產在地中海地區許多地方蓬勃發展，隨著新萃取技術的普及，橄欖油的品質快速提升。國際橄欖協會在地中海地區認可及協調的品嘗小組愈來愈多，定期以嚴格的環形測試法確定小組的能力及淘汰未通過測試的小組。

國際橄欖協會的執行主席法斯托．路查提（Fausto Luchetti）出身於義大利知名的外交家庭，也是一位魅力十足的企業家，負責領導協會在歐盟以外的國家進行推廣活動，成功讓外界認識橄欖油的烹調與營養好處。

「國際橄欖協會在法斯托．路查提的帶領下，讓橄欖油登上了澳洲的舞台。」澳洲橄欖協會的會長保羅．米勒（Paul Miller）這麼說道。「他們喚起了大眾的意識，為橄欖油在今日澳洲的普及化奠定了良好的基礎。」

橄欖油在九〇年代的成績斐然，卻同時也是橄欖油犯罪活動的全盛時期。

歐盟對橄欖油慷慨的補貼，變相鼓勵了許多產油國的造假普遍性，尤其是在橄欖油貿易的歷史中心義大利。許多地方的生產鏈事實上已變成一個龐大的犯罪網路，果農對他們自己手工採摘橄欖的品質大肆吹噓，碾壓廠的負責人對他們所能生產的油品數量誇大其辭，橄欖油公司也銷售數字極盡誇張之能事，甚至是橄欖油成員國也因油品欺詐而被抓。他們賺取暴利，在羅馬建造豪華的總部，卻忽略了他們所代表的橄欖果農和油品製造商。

九〇年代中期至晚期，橄欖油變成歐盟最常見的造假農產品之一，促使歐洲聯盟反詐欺局（OLAF, European anti-fraud office）成立特別的橄欖油專案小組。該小組曾起訴多梅尼科．利巴提與李奧納多・馬塞格利亞（Leonardo Marseglia）的巴瑞地方法官多梅尼科・賽齊亞（Domenico Seccia），著有《橄欖油在歐盟的詐欺》（*Olive Oil Fraud in the European Union*）一書，描述橄欖油製造商、橄欖油商販，銀行與食品公司的違法財團，從油品造假以及歐盟的補貼中獲取的雙重利益，並詳細揭露如何察覺並破壞這些網路的調查技巧。

一位歐盟的調查員告訴我，橄欖油造假的「利潤可媲美古柯鹼走私，卻沒有任何風險」。普遍的造假與精煉橄欖油的龐大供給，助長了價格大戰，甚至逼迫最大的油品公司如聯合利華和雀巢，也不得不在知情或不知情的情況下，冒著購買並販售造假油品的風險，尋求更便宜的油品來源。當莊園橄欖油的品質驟升，超市的特級初榨橄欖油卻直線下降。

真正的特級初榨橄欖油與工業用油的品質差異使國際橄欖協會終究分裂。根據章程，協會應該要負責推廣所有等級的橄欖油。但是隨著真正的特級初榨與較差等級之間的品質差異愈來愈大，高品質的製造商對特級初榨等級的認定要求也愈來愈多。

同時，因為精煉混合橄欖油與超市的特級初榨橄欖油的銷售狀況相當可觀，規模大的油品公司對國際橄欖協會的品嘗測試草案興趣缺缺，尤其是草案被納入歐盟法律後，低階的油品已被排除在外。

這些規模大的油品公司透過遊說與直接參與歐盟委員會，在歐盟制定橄欖油的政策上也扮演了重要的角色，並會對國際橄欖協會施加相當大的影響力，因為協會八成的營業預算皆來自歐盟。

危機出現在二〇〇二年。法斯托・路查提被歐盟指控不當管理國際橄欖協會的基金，只得辭去職位（此案仍在馬德里法院審理中）。路查提否認所有的指控，指稱這是歐盟某些高階公務員的計畫的一部分，將國際橄欖協會的橄欖油推廣基金轉移至北歐籽油的推廣費用。

路查提的朋友弗拉維歐・扎拉梅拉（Flavio Zaramella）密切關注事態的發展，他把責任指向橄欖油企業家，「是大型的企業競爭者想要趕他走」。路查提離職後，歐盟大幅度削減了國際橄欖協會的基金，嚴重限制了協會對橄欖油的研究與推廣能力。

經費的限縮同時阻礙了國際橄欖協會品嘗小組的網路發展，因為協會的資金不足，無法再進行環試驗[6]。但國際橄欖協會仍然擁有寶貴的經驗與專家，為協會工作的科學菁英值得信賴也可靠，而協會也以擁有全球最頂尖的油品化學家為傲，例如拉弗朗柯・孔特（Lafranco Conte）。

不過，這個曾經為橄欖油品質創立了革命性的新定義，並在全球各個角落散播好油福音的先進組織，今天卻為了保護大公司的利益，助他們一臂之力，而把特級初榨橄欖油的品質降至一般般，不但不願幫助真正生產特級初榨橄欖油的無名製造商，更別提站在消費者的立場把關了。

6 環試驗是指將不同實驗室間的結果加以比對試驗，以確認該檢驗法是否真的有效。

橄欖油和食物搭配後的化學變化，如音樂般豐富而美妙

二〇一〇年九月二十日，來自七個國家的化學家、主廚、感官知覺科學家、音樂家，廚藝創意家與品管控制工程師組成的電子小組聚集在義大利的維洛納（Verona），參加為期三天的「不只是特級初榨」（Beyond Extra Virgin）研討會，會議旨在討論橄欖油的未來。

這是特級初榨橄欖油歷史性的一刻。以橄欖油為發光基礎的地中海飲食才剛被聯合國文教組織列入人類文化遺產，於一九六〇年創設的特級初榨橄欖油等級也正要慶祝五十周年。然而，當參加者發現，其實他們自己對優質橄欖油的認識甚為淺薄，而要向全世界介紹橄欖油的真相又是多麼地困難時，其熱情被感傷甚至迷惘的情緒稍稍沖淡了些。

講者從諸多面向探討特級初榨橄欖油的神秘之處。專門撰寫食品科學的知名美國作家哈洛・麥基（Harold McGee）透過令人瞠目結舌的幻燈片，向大家介紹出自於引領潮流廚師之手的新潮橄欖油菜餚。

例如來自加泰隆尼亞的瘋狂天才費蘭・阿德里亞（Ferran Adrià）培訓了一個研究團隊，針對特級初榨橄欖油設計獨一無了二的嶄新菜色：將橄欖油注入由褐藻膠製成的球體，外觀狀似魚卵，被阿德里亞稱為「橄欖油魚子醬」；還有以樹薯粉麥芽糊精為原料所製成的橄欖油泡沫，吃起來就像是常溫下的冰淇淋，因為樹薯粉麥芽糊精是種細緻的粉末，吸收橄欖油後可以入口即化。

路易斯・拉羅（Luis Rallo Romero）是塞維亞（Seville）大學的果樹學系的教授，他說在他的血漿銀行（plasma bank）裡保存了西班牙罕見的橄欖品種，這些品種與用它們製作而成、風味特殊的橄欖油都在快速減產中。「血漿銀行」這名詞對在場的聽眾來說，都是前所未聞的。

來自坎佩斯特里別墅的保羅・帕斯夸利，則比較了橄欖油對我們的味覺、嗅覺，以及音樂對我們聽覺，這兩者間不同的影響。品嘗橄欖油可產生如錄音師所謂的起音、衰退、延長與釋放四種進程的感覺；精湛的作曲家盧卡・德・沃洛（Luca di Volo）與其樂團以小提琴與薩克斯風詮釋了橄欖油的果香、胡椒味與苦味。

在三天的研討會中最發人深省的，可能是來自佛羅倫斯大學感官科學家埃爾米尼歐・蒙特萊奧內（Erminio Monteleone）的報告，敘述他最近在赫爾辛基與佛羅倫斯所進行的盲測。消費者在嘗試了三種橄欖油後，清楚地表達了他們的喜好。但當相同的橄欖油搭配食物以後，原先所偏好的油款卻變得完全相反了。蒙特萊奧內說：「橄欖油經由化學變化與食物巧妙地結合後，改變了油品本身與食物兩者的味道。只有在菜餚中嘗到橄欖油後，我們才能對橄欖油提出適切的評價。」

這個論點立刻從若干的品嘗活動中獲得印證。世界級的主廚在大廳入口的料理台準備了各色各樣的餐點。包括來自拉斯維加斯巴爾托洛塔海鮮餐廳（Bartolotta Di Mare）主廚保羅・巴爾托洛塔（Paul Bartolotta）所烹調的代表作鹽烤紅烏魚；希臘的明星主廚克里斯托弗洛斯・萊斯奇亞斯（Christoforos Peskias）端上簡單卻富有層次的鷹嘴豆湯；西班牙的瑪麗亞・約瑟（María José San Román）現場示範香蕉慕斯與鮭魚芒果沙拉。

大廚一做完菜，便有侍者端著托盤穿過走道遞給在場的來賓。食物都分成小塊，一旁備有閃著亮光的塑膠杯，盛裝著三款高品質橄欖油，分別是口感溫和的畢安科利拉斯（biancolillas）、微酸的寇妮卡布拉（cornicabras）與濃烈的高朗尼基，以及來自數個國家的頂級莊園橄欖油。大家先單獨品嘗每一款油，之後再由主廚介紹如何與食物做搭配，並指出橄欖油如何帶出菜餚中潛藏的風味；每一款油擁有不同程度的刺鼻味、果味、香氣與口感，它們又是如何以不同的方式改變食物的基本特質，又或是如何增添了魚肉的鮮甜多汁，提升了隱藏在鷹嘴豆湯裡的花香，讓慕斯濃厚的甜美在嘴裡久久不散。

偶然會有濃烈的油款引發陣陣的咳嗽，咳得最大聲的通常都是來自研討會的主辦人克勞迪歐·佩里（Claudio Peri），他原是米蘭大學製程控制與食品安全的教授，現已退休。他外表高大，些微駝背，講話時喜歡撥弄細長的白色八字鬍，帶著溫和讓人充滿希望的微笑，令人感到放心，甚至會對他的領導與安排心悅誠服。

乍看之下，他似乎有些太嚴肅，也有點，嗯，太像老師了，以至於不像是會設計出這場走在時代尖端、充滿創意如嘉年華般的橄欖油研討會。但是與他聊過天之後，你會看到因迷戀橄欖油而真情流露的臉龐。他講述小時候，父親在溫布利亞的山丘經營一間碾壓坊，當橄欖油觸碰到嘴唇時，總讓他產生無法言喻的感動，他對橄欖油神聖與神話般的面向愛不釋手。你會感受到，在那溫和舉止的背後隱藏著的是位犀利的學者與冒險家，甚至有點離經叛道，這全然是受到橄欖油的催化所致。

「我這輩子的工作都是在大學傳授食品品質與食品科技的理論。退休後，我決定要試試看這些理論能不能變成真正具體、能為世人帶來好處的東西。這是我為自己設定的挑戰。」

佩里在大學時期便與若干食品企業合作，包括葡萄酒、乳製品、蔬菜蛋白質與籽油公司。但是對他來說，橄欖油是把理論帶入生活最適當的食品，這不僅是因源自於童年深刻的記憶，也是因為他一直對橄欖油所具有獨一無二以下的三種特質感到困惑不已。

其一，即使他將橄欖油視做天生高貴的產品，但油品的造假情況卻近乎失控，企業道德水準極其低落。其二，因為「特級初榨」的字眼已經完全不具任何意義，所以對於優質橄欖油的定義範圍沒有共識。其三，即便優質橄欖油具有廚藝與文化的價值，但是生產所需的花費飆高，快要使人無法負擔。

道德、傑出與經濟（Ethics,Excellence,Economics）這三種概念成為佩里新使命的口號，也是他在二〇〇四年創辦非營利組織３Ｅ的名稱由來。組織現在的會員包括了來自義大利、西班牙，希臘與美國等十八家世界級的橄欖油製造商，透過組織與會員，佩里計畫為優質橄欖油設立新的品質標準，他稱為「超優質」等級。

橄欖油必須通過組織的化學與感官測試才能加入３Ｅ，評定標準比國際橄欖協會與美國農業部的準則還要嚴苛。３Ｅ的代表紀錄每一家會員公司的採收，檢查碾壓的程序，測量油的產量，還要即時監控儲存筒倉的存貨直到賣出最後一滴油的過程。

不過，儘管有諸多詳盡的程序，「與橄欖油的品質相較，通過３Ｅ認可的橄欖油品質卻比不上生產者、販賣者與使用者的人品。這不僅是個認證單位，而比較像是致力於共同目標的一種運動。」佩里說道。除了創設優質的橄欖油之外，３Ｅ也希冀能幫助生產者賺取比較豐厚的利潤，像是透過向消費者解說優良的品質，並經由菁英銷售管道，如坎佩斯特里別墅、美國廚藝學院的品油工坊和餐廳，以及歐洲與美國少數的優秀餐廳，販售產品。

事實上，佩里將他與美國廚藝學院的策略聯盟，視作將優質橄欖油推向主流的關鍵步驟。「橄欖油已經受夠了品嘗小組呆滯老套的形容詞，以及侍油師各式各樣的假仙花招。廚師與消費者間充滿感官知覺的對話，才是通往優質橄欖油的管道。很快地，人們在家也能如法炮製。」

「百分之九十的西班牙人早餐麵包塗的奶油，應該換成橄欖油才對！」

如果克里特島的克里察（Kritsa）是橄欖油消費量的核心，那麼西班牙南部的哈恩省（Jaén）就是橄欖油生產製造的聖地。

位於安達魯西亞自治區的哈恩省其橄欖油的年產量約五十萬噸，與義大利全國的產量一樣多。哈恩被一片橄欖樹海所覆蓋，綠色的橄欖樹長河流經瓜達幾維河[7]山谷的低地，往上伸展至綿延起伏的山丘，再一路爬升到一千公尺高的陡峭山腰，一波又一波的綠樹筆直成行整齊的排列著。沒有一個地方像這裡，可以充分體驗西班牙系統性、近乎軍隊般嚴謹地種植橄欖，萃取橄欖油的風情，這與義大利美麗如畫和希臘隨興的風景截然不同。

過去五十多年，西班牙果農連根拔除了數十萬株老橄欖樹，重新種植具有效率且產量高的現代果園。許多果樹都是在四〇、五〇與六〇年代種植的，當時的軍人獨裁者弗朗西斯科·佛朗哥（Francisco Franco）在安達魯西亞省與西班牙其他地區推廣大規模的橄欖種植，作為國家自給自足、不依賴外國食物進口計畫的一環。

更多的果園見於七〇年代，當時，西班牙政府進行一系列野心勃勃的全國計畫，更新橄欖油生產的基礎建設；在一九八六年西班牙加入歐洲經濟共同體之後，當地的農夫與製油廠商符合條件獲取寬厚的農業補貼，於是又有更多人投入橄欖樹的種植。

然而，早在西元二、三世紀時，這個地區就是羅馬帝國的橄欖來源，特斯塔奇歐山丘泰半是由自古以來拿來盛裝這附近所生產的橄欖油的安達魯西亞陶油罐所堆積而成，而這些橄欖油的生產者正是來自附近的哈恩，歷史上，哈恩的產油者本就是以量而非以質取勝。這兒的橄欖有九成都是屬於皮夸爾（picual），因為此品種的出油量很高（佔總重量的二十至二十二%），大多數的果農都等到高峰期，當橄欖已經過熟、開始掉落，才把仍掛在樹梢的橄欖以四輪的果樹震動採收機採摘下來，採收機宛如隻大螃蟹般地在果樹間橫行，然後再以像是掃街機的車子強力吸走掉在地上的橄欖。

哈恩省每年生產的橄欖油約一半是燈油，特級初榨橄欖油則不到四分之一；全省有四百間碾壓

7 西班牙的第三長河，也是安達魯西亞自治區境內的第一長河。

場與合作社，只有少數幾家生產優質橄欖油。四處遍布著精煉廠和橄欖粕油萃取廠，煙囪噴出濃烈、聞起來微酸的煙霧。據傳，脫臭的技術相當普遍，弗拉維歐．扎拉梅拉就是在這兒看到碾壓廠的脫臭柱狀設備，它用來去除令人不快的氣味與味道，藉此可將劣質的橄欖油假冒成特級初榨橄欖油。

皮夸爾橄欖與哈恩省已經與低階的大宗橄欖油畫上等號；與羅馬帝國時期一樣，這兒生產的油約有八成運往義大利，再貼上義大利的標籤對外銷售。

卡內那城堡（Castillo de Canena）位於哈恩省中央一座高聳的山丘，狀似在一片橄欖綠的海洋中隆起的島嶼，附有塔樓的低矮城堡建造於文藝復興時期，乃是建於更早之前的中世紀、摩爾人[8]時期與羅馬時代的堡壘遺跡之上。溫馨的城堡擁有巨大的壁爐和令人深陷其中的舒適長沙發，沿著東面牆壁頂端是一條義大利式的走廊，而屋內的陳列擺設亦充分展現主人天生好戰的基因：厚達十呎的石牆上掛著矛、盾牌與古老的火器，一旁有數打獵物的頭，都是在全世界的森林與熱帶大草原打獵而來的戰利品。

事實上，直到今日卡內那仍是座城寨。我到達卡內那的那天早上，城寨的主人與女主人羅莎及弗朗西斯科．巴紐姊弟（Rosa and Francisco Vañó）正在召開緊急會議，那是這八年來在哈恩省的核心地區為推廣高品質橄欖油所召開的眾多會議之一。

羅莎與弗朗西斯科近五十歲，坐在擺著筆記型電腦的早餐桌上，手中按的智慧型手機劈啪作響，他們正想盡辦法要找到在亞洲某處失蹤的一批油。無線上網與手機的訊號因為厚實的石牆阻隔而有點緩慢，不過經過半小時密集的腦力激盪與磋商，他們終於找到油品的下落，並將它運往目的地。

巴紐家族乃貴族出身，自一七八〇年開始即擁有這座城堡與周邊廣闊的土地。該家族製造橄欖油已超過兩百年，不過直到二〇〇二年以前，生產的都是哈恩省典型的低階大宗橄欖油。

那一年，羅莎與弗朗西斯科分別離開他們成功的職場生涯，共同攜手為家族企業打拼。羅莎原是可口可樂國際部的行銷副總，弗朗西斯科則在西班牙傑出的商業銀行——西班牙國際銀行（Banco Santander）擔任高級主管。自那時起，這對姐弟憑藉著經營的敏銳嗅覺，以及對果園的悉心耕種，終將卡內那城堡變成全球特級初榨橄欖油的頂尖製造商之一。

羅莎・巴紐的外型俊俏，活力十足，穿著俐落合身。她把烤麵包上的番茄壓扁，倒上幾滴自家的橄欖油，轉動著棕色的大眼睛說道：「我們把公司經營的像是小型可口可樂企業。我們的油賣到三十八個國家，每個國家我們都起草了一份商業計畫、行銷計畫、競爭對手的完整檔案，以及市場趨勢的分析。」她說把橄欖油賣給對橄欖幾無所知或甚至是對其不信任的民眾，是她非常享受的挑戰。

在可口可樂公司，她曾向包括巴菲特在內的董事會做過英語報告，有過那些經驗後，她對所有

8　北非的阿拉伯人，自西元八世紀起，統治安達魯西亞地區近八百年。

的談判都能得心應手。「為了我的靈魂，我能走進地獄與惡魔開戰。」她笑著說道，邊遞給我一瓶細長的紅色玻璃瓶，上面畫著新藝術風格的裝飾，若不是瓶子的大小，看上去比較像是一瓶香水而不是橄欖油。「試試看我們的皮夸爾。」

事實上，我想要試的是桌上另外一瓶阿貝金納（arbequina）橄欖油，因為我對皮夸爾的印象不佳。哈恩省大部分的皮夸爾有著非常明顯的麝香腐臭味，也是許多超市橄欖油的主要橄欖品種，這項缺點被義大利人稱作「貓尿味（pipí di gatto）」。然而，出於禮貌，我還是把羅莎的皮夸爾倒在我的烤麵包上，咬了一口。短暫的風味稍縱即逝，瞬間的複雜味道比較像是陳年干邑而不是橄欖油。這瓶美味的皮夸爾打破了我的刻板印象，它帶著清新宜人的口感，果味、香氣與苦味達到完美的平衡，完全沒有我熟悉的貓臭味。

羅莎．巴紐說一開始在卡內那城堡工作時，她發現很難說服潛在客戶了解她們的油不同於安達魯西亞的一般油品。「人們會說：『哈恩的橄欖油？喔，不用了，謝謝，我不需要更多的大宗烹飪油。』或是『高品質的皮夸爾？別開玩笑了。』」為了改變人們的看法，她被餐廳和商店賞過無數次的閉門羹。「在可口可樂上班時，我開著藍色的積架公務車，擁有私人秘書，還有三十個人為我工作，行銷部門的預算有五十億比塞塔（約等於今天的三千萬歐元）。當我開始賣起油的時候，一切都不一樣了。我必須在腋下夾著油瓶從僕役的入口進出。我得告訴對方，『你不用付我一毛錢，只要試試看這瓶油就好。』結果一個月下來，我們只賣出五十歐元的油。我們倆就坐在這張桌子邊互問，『你覺得這一切的努力值得嗎？』」

事情產生轉機是在她將樣品留給了馬德里知名的主廚尚．皮耶．范德勒（Jean-Pierre

Vandelle）。范德勒在不久後即致電說道：「奇怪，你給我的橄欖油標籤上註明的是『皮夸爾』，但這不是『皮夸爾』啊！」她堅持標籤沒錯，他便要她過來一趟。羅莎．巴紐說，從此以後，范德勒變成他們家油品的宣傳大使，連同其他一些頂尖的主廚與食評家、著名的鬥牛士、歌劇歌唱家以及當代藝術家，全都指名要卡內那堡上等的橄欖油。羅莎馬不停蹄地在四大洲之間穿梭，並且發明了一套對抗時差的辦法，包括利用眼罩、降噪耳機，精準計時的小憩，以及服用少量的史蒂諾斯安眠藥。她說：「全球有許多新興市場擁有巨大的潛力，即使在西班牙，優良的特級橄欖油的消耗量也非常低。九成的西班牙人早餐麵包塗的是奶油，應該要換成我們的橄欖油才是。」

我拿起另一片烤麵包，滴上幾滴阿貝金納橄欖油，又感覺到另一種驚奇。一般以此種橄欖製造的油，多酚和油酸的含量都非常低，且味道平淡無奇；但是這款油相當強勁，隱約帶著青蘋果與苦杏仁的些微香氣。

弗朗西斯科．巴紐提說：「今年阿貝金納的多酚含量高達兩百五十，油酸則有六十八％，此乃此品種橄欖的創舉。這是對樹木強加壓力才獲取的成績，即減少灌溉的次數，多酚就是橄欖樹面對壓力的反應。同時。增加對皮夸爾的灌溉，能去除部分它天生就過於濃烈的苦味與胡椒味。」（他們今年的皮夸爾多酚遽增至五百＋，油酸八十％，游離酸度卻僅有〇．〇七）。

當羅莎跑遍世界銷售卡內那的橄欖油時，弗朗西斯科則守護著家園一千五百公頃的果園與二十八萬株橄欖樹，負責製油工作。「在銀行工作的時候我非常努力，但在晚上一離開銀行大樓之後，就是個普通人。在這兒，身為橄欖油製造商可是二十四小時的工作。我變得有點像動物，常常藉由嗅聞認識新事物。嗅覺可以帶來非常多的資訊，接收非常多的事物。直到四十二歲之前，我從沒注意過我的嗅覺。」

弗朗西斯科說，製造橄欖油是長期且艱困的職業，因為有太多因素都不是你可以掌控的。「你祈禱著風、雨和陽光，你總是望著天在祈禱一些事物。與大自然的接觸讓你感覺比較人性，好像是天地萬物的一份子。製造橄欖油真的是相當勇敢的工作。」

當然，壓力也非常大。弗朗西斯科的指甲已經咬到肉根處，有時候他會停下來，深吸一口氣，噘著嘴再慢慢吐出來，好讓自己鎮靜下來。羅莎才剛從舊金山回來，第二天一早又要啟程前往莫斯科，她看起來疲憊不堪，眼睛充滿了血絲，下眼眶佈滿了黑眼圈。

早餐之後，我們乘車離開市區，探訪卡內那一望無際的果園，平整的果樹連綿不絕，完全看不出疆界始自何處又自何處結束。這幾天斷斷續續下著雨，果農為了讓橄欖乾透已停止採收。現在是一月底，地中海地區優質橄欖油的製造商早已採果完畢，但是這兒的黑色皮夸爾橄欖依舊結果累累，許多都已經掉落在暗沉的樹底下。

真正的特級初榨才是產業的未來

當巴紐家族在二〇〇二年著手製造特級初榨橄欖油的時候，他們聘請了一位來自哥多華（Córdoba）的顧問，教導他們如何從最老的樹採果，待橄欖極度成熟後再行採收，努力製造出具有同質性（homogeneous）的橄欖油，也就是每一年都會有相同的味道。

第一年採收後，羅莎與弗朗西斯科把樣本帶到食品展，驕傲地交給同業的專家。一位知名的品油師喝了一小口，問他們這瓶油已裝瓶幾個月，而事實上這瓶油兩天前才做好。「我們丟臉死了。我們從那時才開始了解『同質性』這個該死的字眼對特級初榨橄欖油而言是完全錯的。橄欖樹是活生生的生物，每一年的收穫物都會不同。多樣性對好油來說並非弱點，反而是強項。」弗朗西斯科回憶著說道。

巴紐姊弟倆開始會同農藝學家及農業漁產之研究暨訓練學會（IFAPA）的油品專家，研讀橄欖的栽種與製油之道，該學會是當地鄰近的農業學會，因其特級初榨橄欖油的專業而廣受讚揚。

當第二年的收成來到，他們準備接受另一次考驗。「我聞了聞油，也嘗了幾口，覺得還不錯。」弗朗西斯科說道。「不過我不相信自己的判斷。我拿了樣本，以飛快的速度開往學會，交給首席品油師布里希達．希門尼斯（Brígida Jiménez Herrera）。她把油倒入品嘗用的玻璃杯，以雙手捧著加溫，不加蓋，聞一聞後啜飲幾口。她抬起頭看著我說：『弗朗西斯科，這實在太棒了！』我突然就哭了起來。」

我們的車子正穿過巴紐的果園。羅莎和弗朗西斯科聊到收成時節的例行公事。

收成多在十月初開始，他們會挑選幾株果樹，從十到十五棵仍是綠意盎然的樹上摘下橄欖。利用一台訂製的小型製油機，製造數批試驗用油，並分析每一批的口感與化學特性。如果試驗的結果無誤，就趕緊將所有的橄欖摘下，在四十八小時內迅速製成「收穫首日」（First Day of Harvest）橄欖油，然後再揀選橄欖於接下來的幾天製成「家族珍藏」（Family Reserve）的產品。

我們看到他們在三年前種的實驗果園，囊括了全球四十五種不同的橄欖品種，明年就可以採收。「我們即將以科學的方法首次驗證，哪一種橄欖在我們的土地、緯度與氣候可以製造出最好的橄欖油。」弗朗西斯科說：「答案揭曉後，我們會大量種上三、四種最好的品種，幾年以後，就能開始製造出高品質的調和油。我們不像大部分的製造商，用剛好長在我們的土地上的橄欖調和，而是用可能是最好的橄欖加以製作。」

他們也打算在加州設立製造橄欖油的分公司，所使用的橄欖，重點將放在當地的品種上，例如佈道（mission）橄欖。弗朗西斯科笑道：「對於像我們這樣的西班牙人而言，加州不是新興市場，而是重回老地方。畢竟，當巴紐家族在一七八〇年開始種植橄欖的時候，加州還是西班牙帝國的一部份。」

他們帶我參觀採用了澳洲開發的新技術的灌溉系統，以及新的太陽能農場。他們表示十分注意碳足跡[9]並珍惜水資源。弗朗西斯科說：「我們的目標計畫是放在未來的二十至三十年，希望我們的子孫能永續發展下去。」

開車回到城堡的路上泥濘不堪，腐爛的橄欖掉落一地。雨又開始落下，風景更顯蒼涼。羅莎解釋過去一年的收穫不佳，下雨使情況變得更加惡劣；再加上西班牙當前的經濟危機，對安達魯西亞的影響又特別嚴峻，當地的失業率接近三成。

「很難想像過去五十年賴以維生的方式就要走入終點，」羅莎看著濕漉漉的果園說道：「用老方法製造的低等橄欖油沒有利潤可言，大宗橄欖油已經沒有未來。」

巴紐家族對大宗橄欖油市場可是瞭若指掌。雖然他們的公司專心一意地製造優質的特級初榨橄欖油，但在二〇〇二年接手家族生意後，仍然繼續在獨立的碾壓廠生產低階的大宗橄欖油，甚至佔了它們油品九十五%的產量。不過，他們已經有四分之一的利潤是來自高品質的特級初榨橄欖油。

我問起近期寫給西班牙環境部長羅莎・阿吉拉爾（Rosa Aguilar）的一封公開信，那是由該國若干代表裝瓶廠與橄欖油製造商的商業組織所寫的。內容提到，安達魯西亞自治區政府在不久前，針對西班牙超市販售的五十款特級初榨橄欖油做的化學與感官測試。結果顯示，有半數標示著特級初榨的產品實際上只是初榨或燈油的等級。

這些協定的簽署者在信中抱怨這個結果導致產品被沒收，媒體充斥著負面的報導。他們譴責小組測試不夠客觀且不足以信賴，要求部長立即停止由小組決定品質的好壞。公開信的簽署者代表了西班牙大型的裝瓶廠與製造商，例如SOS集團以及大型的生產者合作社白葉，但是其中也包括了卡內那城堡所屬的西班牙橄欖油產業製造聯盟（INFAOLIVA）。

「他們想要把特級初榨橄欖油的品質降格至一般般，把橄欖油變成一種商品。」弗朗西斯科說道：「哈恩的果農繼續盡可能以最便宜的方式製造油品，他們依然不相信品質可以提高價格，或

9 每個人、家庭或每家公司日常所產生的二氧化碳排放量，用以衡量人類活動對環境的影響。

者了解到真正的特級初榨橄欖油才是產業的未來。」

我問起，為什麼儘管面臨了大宗橄欖油的利潤緊縮，這些單位仍不願像卡內那城堡一樣生產高品質的產品。弗朗西斯科回答道：「他們有的是資源，他們大可以雇用十五位像我這樣的人，或是比我更好的人選，但是他們不願意，而他們數度嘗試生產高品質的油也沒有成功。他們缺少製造優質橄欖油的唯一要件——熱情。問題不只在於金錢，我們也很辛苦。我們必須投入這麼多的熱情與信心，還有這麼多的愛。說到底，我想他們怕的是我們。」他靜默下來，彷彿這突發起來的想法把自己嚇到了。

我們抵達城堡時雨下得愈來愈大。羅莎巴紐道過再見後踩著碎步跑向車子，她得開回馬德里好趕上明天一早飛往莫斯科的班機。弗朗西斯科提議帶我到城堡逛逛。我們參觀了摩爾與羅馬風情的石屋酒窖，裡面擺著兩輛破爛不堪的馬車，覆滿了厚厚的塵土，顯示此處已逐漸步向腐朽頹圮。

我們穿過宴會廳，餐廳牆上懸掛著十六世紀法蘭德斯的掛毯，透過長廊看到雨中的卡內那。我們吃力地望向隱藏在城堡塔樓內的房間，好像已經有數個星期甚至數個月都沒有開過房門。弗朗西斯科偶爾會停下腳步，端詳石屋拱門的網狀裂縫，或是從高聳的天花板掉落的灰泥塊，這些都提醒著他維護這二千五百平方公尺的古老建築得花多少錢。牆上掛滿獵物標本，用呆滯的眼光凝視著，間或點綴著巴紐家族先人的油畫與照片，驕傲又好奇地俯瞰著我們。

弗朗西斯科帶點不耐煩地說道：「我不打獵，這些都是我姊夫的戰利品。羅莎不讓這些標本放在他們的房內。」好像是在對我解釋他討厭暴力。

他指著為他取名的祖父的結婚照說道，拍過這張照片的三年後，祖父被佛朗哥將軍的行刑隊所射殺，那是在西班牙內戰發生的第一個月。我們繼續欣賞著家族的照片，男人穿著正式的大禮服，女士則身著晚會禮服，還有弗朗西斯科和羅莎的小孩。這些小孩現在都已是青少年了。

弗朗西斯科看著照片的目光說道：「羅莎與我都覺得這是祖先交付給我們的使命，他們希望我們：『你們得青出於藍而勝於藍！』雖然我們熱愛這份工作，但我倆也都同意，我們不想後半輩子還要日以繼夜工作得這麼累，有一天我們會交棒給下一代。如果我們有負所託，那還真是愧對先人了。」

然後，彷彿是為了接續之前提到對橄欖油產業的恐懼，他補充說道：「我們也很害怕。過去幾年，西班牙的經濟危機以及橄欖油危機已經迫使大宗市場的橄欖油品質下降，但是，這也逼使高品質的製造商做出市場區隔且須不斷創新。我們不能停止工作，不能停下提升產品品質的腳步，好還要更好，否則我們也會被吞沒。」

美國廚藝學院的品油工坊之旅

美國廚藝學院位在納帕山谷的灰石（Greystone）校區是全球最大的烹飪學院之一，主任講師比爾・布里瓦（Bill Briwa）站在熊熊燃燒的爐火前，將噴槍放進一鍋正在加熱的橄欖油裡。他用紅外線溫度計測量溫度，當溫度達到攝氏兩百二十度，也就是大部分橄欖油的冒煙點時，油品開始變質，並會產生刺鼻的藍色煙霧。每上升十度，他就舀出一些橄欖油倒在茶碟內，然後在黃色的便利貼上寫上溫度，放在旁邊的料理台上。

他用同樣的方法檢視四款不同的橄欖油：三款不同品質的特級初榨和一款精煉油，以熟練的手法有條不紊地進行。實驗接近尾聲，料理台上整齊地擺著四排共四十碟的橄欖油。他準備開始品嘗，藉此獲得一些橄欖油的烹調新知。

「我看過所有關於用橄欖油油炸食物的正反面意見，」布里瓦說：「有人認為橄欖油的冒煙點夠高，所以不會產生化學變化；還有人則說還是用花生油或棕櫚油代替比較好。要知道真相唯一的方法，就是自己動手試試看。」

他遞給我一支湯匙，我們從溫度最高的開始品嘗，偶爾停下來喝氣泡水以清理味覺。嘗過前面幾種油之後，布里瓦開口說道：「這像是爆米花的味道。」其餘幾款油，即使用適中的溫度加熱，仍然顯得味道貧乏，也帶點些微焦香的堅果味，其中包括了一瓶最好的西班牙高價位橄欖油。事實上，西班牙的產品最糟糕，因為加熱帶走了所有細微的味道與香氣，只留下過重的苦味，讓人難以下嚥。

不出所料，改變最少的是精製油，因為特級初榨橄欖油的風味元素已經在精煉廠去除，所以不受加熱的影響。「我不能就化學或營養問題表示什麼，我還需要嘗試更多款油才能達成結論。」布里瓦最後說道：「不過就現在來看，以高溫加熱好的橄欖油真是暴殄天物。」

我是在維洛納舉辦的「不只是特級初榨」研討會上認識布里瓦，他與許多廚師一樣，都是油脂的擁護者。油脂在廚藝裡的確扮演了領導者的角色，當它們溶解後有助風味的提升，透過滲透與削弱分子結構軟化食物，進而產生柔軟、如奶油般的綿密口感；當加熱至比滾水沸騰還要高的溫度時，可以使食物表面變得酥脆而帶有焦香。

由於多重的風味與香氣，布里瓦認為：「好的橄欖油位居油脂的領導地位，多層次的風味讓愉悅的味道久久不散。」他喜歡嘗試與眾不同的搭配，例如用橄欖油製作甜點，或是在甜點上澆淋橄欖油。「單純品嘗一份濃厚的巧克力，與淋上橄欖油後的味道可是截然不同。橄欖油可為甜點帶來深度與層次，並增添清新綠色的健康感覺。今天，橄欖油的風味描繪已趨『成熟』，成為值得細細品嘗的油品，而不僅是囫圇吞下八百大卡的卡路里而已。食物要嘗起來好吃，也要有正面的意義才行。」

布里瓦承認，關於橄欖油他還需要多多學習。「我發現自己仍然習慣在做菜的時侯才會想到該用那一款油，而不是把油視作整體菜餚的一部分，在動手做菜之前就先決定好。」許多頂尖的廚師都有同樣的感覺，首次碰到高品質的橄欖油時都不知道該怎麼辦。

保羅．巴爾托洛塔也曾參加過在維洛納舉辦的橄欖油專題研討會，對於自己第一次接觸特級初榨橄欖油的過程記憶猶新。那是在盧卡的一間酒窖舉行的即興餐飲。酒窖旁是一家營業中的橄欖油碾壓廠。「他們一邊製油，一邊烤著鹹鱈魚（baccalà）與淋上橄欖油的大蒜烤麵包（fettunta），邊煮著豆子湯。」巴爾托洛塔記得，「他們把剛榨好的橄欖油倒得滿地都是，到處在滴油，整間房子都是橄欖油的味道，我甚至想把油抹在頭髮和全身。我愛死了那個時候。這讓我思考：『我要從那兒找到這個油？我要如何與我的顧客分享這個經驗呢？』」

如果你無法親自拜訪巴爾托洛塔在盧卡的酒窖，餐廳就是認識橄欖油的好地方，只要主廚可以提供各種高品質的橄欖油，並知道如何搭配食物。醇厚的橄欖油就像是醇厚的葡萄酒，有時會相當刺激，會嚇到沒什麼經驗的新手。

「身為一位主廚，我可以握著顧客的手，向他們保證絕對來到了好地方。」布里瓦說道：「一開始品嘗橄欖油，他們會被嗆到咳嗽，我就端上橄欖油雪酪冰淇淋（sorbet），對方會很喜歡，然後我在雪酪上加上一點橄欖油，再加一點，慢慢增加。人們會記得這些情節，且口耳相傳告訴他人。」

在二〇一〇年四月，為了開設有專業人員帶領學習與實驗的課程，美國廚藝學院設立了品油工坊。布里瓦帶著我下樓參觀。遊客沿著一張寬廣的胡桃木櫃台而坐，品油機比保羅．帕斯夸利的發明稍微高階一點（與在坎佩斯特里別墅供應的油品一樣，都是經過3E的認證，並定期輪流替換油品種類，藉此提供最多不同風格的選項）。工坊經理派翠西亞．唐納利（Patricia Donnelly）正在向一對穿著短褲和夏威夷衫的年老夫妻解釋，剛端上桌的食物盤中的橄欖油特點與食用法。

廚藝學院的策略經理格雷格．德雷雪（Greg Drescher）在吧檯加入我們的對談。他的打扮時髦，嗓音悅耳動聽，深受大家喜愛。他清楚思考過橄欖油的長期策略。「廚藝學院的部分使命是提供全球最好的廚藝教育，而高品質橄欖油便是烹飪教育的基本部分。」他說道。接著又解釋，美國料理正經歷快速的轉變：「『具有美國特色』的舊式說法已經沒有什麼意義，橄欖油在美國的主要挑戰是要在拉丁及亞洲料理中找到定位，進而決定新的廚藝進程。」

我邊聽著他說話，邊看著那對穿夏威夷衫的夫妻在工坊那兒大呼小叫。每年有三十萬人造訪學院，有加州當地人也有外地遊客，約四千位廚師在這兒接受訓練，在學院料理台的經驗必定會改觀他們對橄欖油的認識。

然而，我不禁想起在普利亞的德．卡洛斯，還有在地中海地區許許多多像他們一樣的果農，因為市場上低價的假油氾濫幾乎無法維持生計，他們製造的油也許永遠都不可能在這兒販售。我也想起在美國中西部與所有其他的消費者，對他們來說，廚藝學院就像是保羅．巴爾托洛塔獲得頓悟的盧卡神奇酒窖一樣遙不可及，民眾連一瓶好油都不可得，更別提是一瓶真正從橄欖製造而來的油。

我向德雷雪提到上述這些受苦的農夫以及沒有油可用的消費者大眾。接著盡量不帶著挖苦的口氣問道，這個位在納帕山谷浮華炫目的工坊要如何改善那些人的命運呢？

德雷雪心平氣和地看著我回答，九〇年代早期，他曾在哈佛大學公共衛生學院工作，對於美國推廣地中海飲食的法律編纂與協調扮演了相當關鍵的角色。他曾花數年的時間在地中海一帶旅行，見過安達魯西亞自治區那一望無際的果園，以及克里特島淺綠色海洋邊的古老橄欖樹。他在普利亞欣逢橄欖的收穫時節，與採收的果農一起分享過餐點。

他聳聳肩，淡然地說：「我們在這兒做的事會幫助在地球那端的他們。傑出是有感染力的。」

Extra Virginity : The Sublime and Scandalous World of Olive Oil

PART

7

第七章

美、澳V.S.地中海地區的橄欖油統治權大戰

不是只有葡萄酒才會吟唱，
橄欖油也會唱誦，
他的成熟光亮與我們共存，
在地球的美好事物中。
橄欖油，
與眾不同，
你那永不枯竭的和平表徵，
你那綠油油的精髓，
你那滿溢的珍寶，
起源於橄欖樹的源泉。

——巴勃羅·聶魯達〈Pablo Neruda〉《橄欖油頌》

橄欖樹跟著修道院移民到澳洲

新諾卡（New Norcia）本篤會修道院位於澳洲西部，距離伯斯北部不遠，袋鼠三不五時會在新諾卡的橄欖樹林跳來跳去，但是不會對樹木造成傷害。

最大的問題是鸚鵡，黑色的鳳頭鸚鵡成群結隊，嘰嘰喳喳，伴隨著粉紅鳳頭鸚鵡在橄欖收穫季節對著果樹俯衝而下，狼吞虎嚥著綠色的橄欖。「真的是很煩，」修道院的負責人戈登·史密斯（Gordon Smyth）說道：「唐·保利諾曾說過，一天射殺五隻鳥就會影響它們的族群數目。但我個人認為，你得拿著五支散彈槍持續不停地掃射才會對它們產生一點影響。」

史密斯最近才從保利諾的手中接下橄欖種植與榨油的管理責任，唐·保利諾·古鐵雷斯（Dom Paulono Gutierrez）是位西班牙修士，管理果園長達數十年，在二〇一〇年以九十九歲高齡離世。

新諾卡的新卡諾社區位在澳洲西部乾燥肥沃的維多利亞平原上，距離印度洋五十哩處，修士種植與生產橄欖油已有超過百年的歷史。連續有好幾位西班牙人領導著社區的發展，最遠可追溯至教會的創立者羅森多·薩爾瓦多（Rosendo Salvado）與約瑟·塞拉（José Serra）主教，他們搭乘著巡防艦，在一八四六年抵達伯斯港口，隨即努力讓原住民奴恩（Noongar）加人，改信基督教。

薩爾瓦多和塞拉在工作的第一年，與原住民一起過著遊牧生活，當熟悉的食物不夠吃的時候，這兩位牧師就去偏僻的荒野覓食，尋找蠐螬、塊莖、蜥蜴與負鼠。在原住民嚮導的幫助下，他們終於在摩爾（Moore River）河畔找到了應許之地，亦即今天修道院的位置。

他們著手清除原生的大葉桉、赤桉和白色膠樹，種下熟悉的地中海農作物，例如無花果、釀酒用葡萄、苦橙，以及一座龐大的橄欖樹林。很快地，自給自足的基督教社區儼然成形，他們將此地命名為諾卡，依照遠在溫布利亞省的同名地點而來，諾卡同時也是聖本篤（St. Benedict）與聖桑楚勒斯（St. Sanctulus）的出生地，後者是六世紀的修士，教導倫巴底的異教徒碾磨坊主如何用聖（或熱）水萃取橄欖油。

薩爾瓦多主教在教堂有三瓶橄欖油，存放在今天的新諾卡博物館，每瓶油有不同的用途。慕道之油，是改信教者在受洗之前塗的油；聖油是受洗典禮使用的油；另一種病痛油可治癒傷口，也用來舉行過世之前的塗聖油禮，舒緩即將死亡者的痛苦。

病痛之油因治療功效尤其出名。薩爾瓦多在日記裡描述了一段故事。他和塞拉主教在叢林中發現一位原住民小男孩，肚子被一隻矛所射穿，眼看就快不治，「傷口非常嚴重，我們唯一所能做的就是準備迎接死亡。」兩位主教將他傷口兩側的穿洞孔清理乾淨，抹上油，安置他在床上躺下。出乎意料的，九天後，小男孩竟然完全康復，輕快地跑回叢林裡（橄欖油並不是修士唯一的治癒良方。薩爾瓦多本人就曾經因嚴重的腹痛，吃過鸚鵡湯和沾了聖餐酒的麵包而得以痊癒）。

橄欖油對於各地本篤會修道院的修士們來說，是日常生活不可或缺的良伴，像是能製作護理頭髮的肥皂，也是與麵包共食的營養來源。新諾卡自製的橄欖油自修道院早期即享有高品質的名聲，於一八八六年在倫敦舉辦的「印度暨殖民地博覽會」上獲得高度讚揚，並立刻受到一八九七年出版的《西澳移民指南與農民手冊》（*Western Australia Settler's Guide and Farmer's Handbook*）的推崇。作者稱讚這些修士的食用橄欖「非常可口」，說他們的油「貨真價實……沒有摻雜棉籽油。」

新諾卡的修士從安達魯西亞與西西里島進口橄欖樹與種子，藉由經常往來於地中海地區之便，研讀西班牙、義大利與法國修道院使用的農藝方法與製油技術，以便適合並改進他們在澳洲的橄欖油。

直到二十世紀末期，西班牙人繼續掌管著修道院，照顧橄欖樹。最後一位就是唐·帕利諾，他在一九二八年抵達，當時只有十八歲。「他真是了不起，足智多謀，而且內心良善。」戈登·史密斯回憶著：「你實在應該瞧瞧他騎著四輪摩托車興奮尖叫的德性，實在有夠吵的。」他教導史密斯修道院傳統的收成與碾壓方法，使用的多半是傳承了幾代的古老器具。

他還教史密斯認識樹林中的指標性樹木，從幾株珍貴的巨大樹木可以得知橄欖的狀態，了解何時可以開始採收。修士為樹木取上名字以辨別其特性，像是克拉倫斯，史密斯是形容「表情嚴峻，宛如種在公立學校的樹木，有著一副『不要惹我』的態度」；羅莎則「像是一位義大利年輕女士，優雅迷人，態度堅決。」

沒有人知道新諾卡的西班牙修士從家鄉帶來的橄欖是什麼品種，許多樹木受不了海洋旅程的顛簸而紛紛陣亡。如同戈登所說的，殘存下來的橄欖「就像舊靴子一樣堅毅」。過去的一百五十年裡，在紐澳的陽光與印度洋的微風吹拂下，這些橄欖樹有別於遠在地中海的祖先，發展出特有的品種：西澳大利亞佈道橄欖。同樣地，自帕利諾手中接下業務後，戈登·史密斯在修道院採行了一套全新且本土的澳洲方法製造橄欖油，不只根據西班牙本篤會修士的古老鑑別能力，更加上自己在南澳洲樹林裡成長的經驗。

一開始，史密斯就覺得樹木隨意生長得過於高大濃密，因此決定好好修整一番。「我把它們修剪的像是雞尾酒杯，好讓陽光與空氣流通。人們以前沈醉地漫步在樹蔭下，看到我剪成那樣可真是嚇呆了。不過我告訴他們，『你不妨試著在冬季寒風下爬上七、八呎高的高空作業台看看，老兄！我可是要製作好油的。」

他不再使用修道院內的陳舊磨坊，改到附近的約克鎮利用現代的機具。他開始依賴起他的直覺，「我用上帝賦予我的感覺，得知樹木成長的狀況 。我閉上眼睛，用手順著樹葉撫摸，看看葉子是否稍微翻轉，是該澆水了嗎，還是太濕熱，或是佈滿了塵土？」

收穫季節始自五月，那是澳洲的初秋時分。史密斯捏一捏、戳一戳從果園運來盛裝於貨箱中的橄欖，丟棄爛掉或被鳥啄的部分，並不時地把橄欖擠出汁液，檢查顏色與黏性，嘗一口以判定苦味與胡椒味的程度。最後把橄欖倒在揀選台上，以畫家的眼光，嘗試顏色的組合，製造出最佳的新諾卡橄欖油。「我要的是介於綠色在開始變色與完全成熟之間的顏色。如果顏色不對，我就叫人『再拿些綠色橄欖，裝個十箱過來』。」

史密斯的「新世紀完美主義」獲得了回報，去年，修道院的橄欖油在澳洲各地舉辦的國家橄欖油比賽贏得四個獎項。「繼續改進產品的品質是聖經教導的意義，我是把這最基本的概念運用到製造橄欖油與其他的農藝工作上。我代表了修道院及其長久的歷史，希望有一天，當我走了以後，有人會接續我的工作，製作更好的油。」他說。

我問史密斯是否去過地中海地區，那是橄欖樹的核心地帶，也是新諾卡早期幾代的修士以及唐・帕利諾習得製油的地方。他是否計畫造訪西班牙或義大利以研究橄欖種植或製油過程呢？

他的回答聽起來好像之前考慮過這個問題。「這兒夜晚的星星非常漂亮。」他說道，「魚子醬能有多好吃？我可一點也不想出國。」

新世界強勢挑戰地中海地區的橄欖油統治權

正如橄欖散佈到全球各地的模式一樣，橄欖油也是經由地中海地區的遊人帶入澳洲，包括十五、十六世紀時期的傳道者、探險家以及西班牙征服者，十八世紀與之後一批批的移民浪潮與商人則緊跟在後。

這些有著大眼睛、野心十足且寂寞的人，不管走到那兒，就從家鄉帶著橄欖油，並在新居處種下橄欖，有時是將橄欖嫁接到當地原有的強壯品種。現在，橄欖樹的足跡爬上了南非桌山（Table Mountain）的斜坡，散佈在阿根廷北方的炎熱平原，包圍著紐西蘭的豪拉基灣（Hauraki Gulf），那些類似地中海地區、但對它們而言卻曾經是完全陌生的地平線。

橄欖樹遍及全澳洲，從位於東北部亞熱帶地區的昆士蘭森林，到南方塔斯馬尼亞涼爽的亞北極平原，也穿越了乾燥的紅色中部到西澳的卡里森林。雖然新諾克的修士從一八五〇年代即開始製造橄欖油，澳洲大規模的橄欖種植卻直到一九八〇年代，號稱「橄欖油熱」時期才真正展開，聯邦政府對果農提供可觀的土地補助金、津貼與減免賦稅。

橄欖油本來僅限於住在大城市廣大的希臘與義大利移民食用，由於國際橄欖協會的推廣與電視上的烹飪節目，使得地中海食物變得十分普及，再加上人們對健康自然產品的興趣大增，橄欖油的需求隨即開始成長，需求增加便刺激產量。

現在，澳洲的公司生產一萬八千噸的橄欖油，使該國成為地中海地區以外最大的製造國度之一，澳洲人民吃下肚的橄欖油比他們所生產的油還要多。

放眼全球，澳洲的製造商採用的也是最先進的技術，並開發出新的果園實務管理與製油技術，當地最大的橄欖油製造商「邦德瑞橄欖莊園（Boundary Bend）」管理兩百五十萬株果樹，其招牌油品出口至十五個國家，並製造有龐大且最新型的機械收割機。

傑出的澳洲製造商生產高品質且具有價格競爭力的產品，有些命名帶著地中海感覺的，例如馬克・卡利斯（Mark Kailis）與費利斯・特羅瓦泰洛（Felice Trovatello），不過他們可是非常有新世界觀，而且對舊世界的制度提出質疑。

正當澳洲的橄欖油產業在技術與規模上持續成長，當地的製造商卻竭力疾呼現存的法律並不公平，從地中海國家進口並在超市販售的特級初榨橄欖油，其品質並不符合法律對特級初榨的定義。

在政府適度的支持下，一些油品詐欺者已被起訴；獨立的消費者協會雜誌《選擇》在二〇一〇年針對超市的橄欖油進行一連串的調查，發現澳洲將近半數的特級初榨橄欖油都有標示不明的問題，一些批評者甚至對國際橄欖協會對於特級初榨橄欖油的基本定義提出質疑。

「國際橄欖協會設定的化學規定根本是個笑話，」理查・高威爾（Richard Gawel）說道。他是化學家也是橄欖油調和師，並培訓澳洲首間經國際橄欖協會認證的測試小組，經常擔任國際橄欖油比賽的評審。「就拿〇・八％的游離酸度來說吧。橄欖在碾壓之前可能已經掉落在地上長達五個月，但是其游離酸度卻仍然低於〇・八％！又如過氧化物的標準設定在二十，過氧化物是衡量油品氧化的程度，但是購買特級初榨橄欖油的買家根本不會考慮過氧化物高於十二的產品。這些數據的設定只有一個目的，那就是可以大量賣掉陳舊的或是品質低劣的產品，讓一些人從消費者身上賺進大把鈔票。」

位於維多利亞省的脂質實驗室「當代橄欖（Modern Olives）」，是全世界最受尊崇的橄欖油實驗室之一。它率先開始採用新的測試法，以糾出陳舊或不法的脫臭油，並以化學的簡稱DAGS與PPP為測試方法命名。

國際橄欖協會宣稱這些方法充滿瑕疵，拒絕納入官方的測試草案。不過高威爾說，他從沒有看過同儕審議對DAGS與PPP產生任何疑問。「我覺得那都是胡扯。這些測試一點問題都沒有，只是國際橄欖協會想要維持對橄欖油測試的箝制而已。他們對這些方法提出替代方案，但事實上，那些方案比他們批評的還要欠缺科學的嚴密檢驗。歐盟對生產者提供津貼，好讓他們趁低價時囤積大量的油品，然後長時間躺在油箱裡，如上述的精密測試就會察覺到這種行徑。採納了健全又精密的測試方法即可發覺利用舊油再行調和的不法勾當，生產者如果不擔心的話我才不信呢！」

澳洲與紐西蘭的官方標準組織已於二〇一一年針對橄欖油的品質起草了新的嚴格標準[1]，其中包括了DAGS與PPP，讓這個國家與地中海地區的距離又遠了一步。

「特級初榨」的定義是從那兒來的？是誰決定的？遍及新世界的橄欖油生產者紛紛提出這些質疑，同時也準備挑戰地中海地區對橄欖油的霸權統治。沒錯，他們只代表了全球二%的橄欖油產量，但是市場占有率卻持續增長，尤其是高品質產品的部分。此外，正因為相對來說他們缺乏經驗且規模不大，因此沒有阻礙了地中海橄欖油業者前進的傳統偏見與金融債務，對橄欖油品質的問題能夠看得更加清楚透徹。

全世界每個角落都有這樣的新手，人數也愈來愈多，每個國家及地區都擁有屬於自己原創與演變的橄欖油歷史，也擁有獨特與怪異的個人選擇，這些皆是肇因於橄欖的影響力。然而，橄欖油市場最重要的新世界可能就在加州。

加州現今一年的橄欖油產量只有三千噸，相當於澳洲出口量的六分之一，義大利普利亞省的七十分之一。不過，加州是全球第五大的農業經濟體，而美國全國有三億人口，加州也只不過是其中一州，許多人才剛開始發覺高品質橄欖油的美妙。

美國在二〇〇九年取代希臘成為全球橄欖油消耗量第三高的國家，未來的成長潛力驚人。現在

1 澳洲在二〇一一年七月二十日針對橄欖粕油通過了新的標準，但是紐西蘭並未跟進。

美國人的橄欖油年均消耗量僅〇·九公升，只有澳洲人的一半，希臘人的四％。只要當美國人的消耗量達到義大利人的一半，美國市場就會遠遠超過全球三大橄欖油消費者國家希臘、義大利與西班牙的總和。

澳洲橄欖油協會的保羅·米勒說道：「澳洲雖然幫助建立了新的品質草案，但是我們只有二千三百萬的人口，而美國卻有超過三億的人，對於促進並順利在全球推展草案，扮演著非常關鍵的角色。」

連馬克吐溫也能說上一段假橄欖油事件

馬克吐溫在一八八三年出版的《密西西比河上的生活》（*Life on the Mississippi*），書中描述了他在蒸汽船上偷聽到兩位遊走各地的推銷員的早餐對話，那兩位先生「相當精幹，說話與動作都充滿了活力。金錢是他們的神，如何賺錢則是他們的信仰。」

其中一位推銷員遞給對方抹著一大片牛油的刀子說道：「瞧瞧這東西——聞一聞——嘗嘗看，想怎麼檢查都行。慢慢來，不急，徹底地好好嘗一嘗。怎麼樣？你覺得如何？是牛油，對吧？哈！差得遠呢！這是人造牛油，你分不出來這跟傳統牛油有啥不同吧？喬治，連專家都分不出來啊！」

他的公司發現可以從屠宰場將多餘的脂肪製成假牛油，成本比真貨便宜許多。「我們可以用超便宜的價格賣出，全國的民眾都會購買，無人能夠免俗，你看著吧！傳統牛油將沒有立足之地，它們絕對不是對手。」

他的同伴也不甘示弱地拿出兩瓶橄欖油：「現在換你聞聞看，嘗嘗看，檢查一下瓶子，仔細看一看標示。」他說：「其中一瓶來自歐洲，另外那瓶從沒踏出國門。一瓶是歐洲的橄欖油，另外那瓶是美國的棉籽橄欖油，分別得出來嗎？你當然分不出來，沒人分得出來……我們設在紐奧良的工廠包辦了全部的工作，從頭到尾，包括標籤啦，瓶子啦，油啦，所有的東西。」

他解釋他的公司從軋棉機的廢棄物萃取出棉籽油，經由化學處理後當作橄欖油賣給正直的消費者：「我們製造的橄欖油簡直是太完美，無懈可擊，生意也會強強滚，我可以給你看看我這趟行程的訂購單。也許每個人的麵包都將立即塗上你賣的牛油，不過我們的棉籽油可是會出現在從墨西哥灣到加拿大的沙拉上，那是絕對肯定的。」

「在我的年代，棉花籽是毫無價值的。」馬克吐溫說道：「但是現在，一噸的棉花籽可是值十二、十三元，不會有人把它丟棄不要。棉籽油無色無味，即使不能說全部，但是大部分皆無臭。經由適當的處理，號稱可以製作成外表相似且功能相同的各色油品，而且比那些原來最便宜的油還要便宜。精明的人將這些油運到義大利，摻假混合後貼上標籤，再以橄欖油的名稱運回國內。」

穿梭在大西洋間來回一趟蓋上美國海關的印章，假油就搖身一變成為真貨，讓商人有賺不完的錢。然而，這些「聰明人」更進一步改善他們的系統，找到方法，不用花錢把油送出國再回國這樣大費周章繞一圈，也能拿到海關的印章。

在一八八三年之前，從墨西哥灣直到加拿大的邊界一帶，美國人食用的沙拉所用的橄欖油幾乎都是假貨，是有系統造假下的產物。

探險家、新移民曾是美洲的橄欖油大使

第一批將橄欖油進口到新世界的是西班牙的征服者，對他們以及西班牙人來說，橄欖油是不可或缺的食物，是燃燈與引擎的燃料，也是醫藥與宗教儀式的重要成分。

西班牙探險家在每一艘前往美洲大陸的船上皆帶著大批的橄欖油，連同葡萄酒、鹹豬肉、沙丁魚、葡萄乾、涼鞋與武器。如同古羅馬時期，兵團在駐紮之地種植橄欖樹般，橄欖樹也在征服者的刀劍溝痕中成長茁壯，成為征服的鮮活標誌。

橄欖油具有無數的有利特質讓原住民讚嘆不已（阿茲特克人是太陽的狂熱分子，拜倒在西班牙橄欖油燃燈發出的光亮下），與托雷多[2]的刀劍和阿拉伯的種馬，同列為優越技術與文化的象徵。

橄欖樹林遍及墨西哥和祕魯的皇家領地與聚落，不久即攻陷了阿根廷和智利。這些第一批抵達新世界的「樹木移民」有些仍挺立至今，例如位於阿根廷東北部阿勞科（Arauco）的老橄欖樹，就是在西班牙征服後不久即種下的樹林之一。

不過，在初始的橄欖種植與橄欖油生產的熱潮之後，西班牙政府隨即抑制殖民地的橄欖油製

造，以免美洲國家生產的油與西班牙自己的產品競爭，藉此讓新世界對舊世界的橄欖油垂涎不已。

因為橄欖油是聖油的主要原料，同時在字面上與寓言上也是基督教教義和神明恩惠散播的載具，神聖的橄欖油變成原住民轉信基督教信仰的表徵。宗教團體在位於南美洲的村落中種滿了橄欖樹，隨著傳教士往北方移動，橄欖樹也向北發展。

一七六九年，傳教士胡尼佩羅．塞拉（Junípero Serra）與一群方濟會的會眾在聖地牙哥灣創建了種植橄欖果園的教會，橄欖樹因此進入北美洲。之後近半個世紀，方濟會沿著加州海岸另外設立了二十一間佈道所，每一間都有單一品種的橄欖園，就是後來的佈道橄欖，這至今仍是加州最廣為種植的品種。

橄欖在美國的種植也從經過開國元勳渴望的雙手。湯瑪斯．傑佛遜（Thomas Jefferson）在一七八八年騎著騾子橫跨阿爾卑斯山之旅時，第一次見到橄欖樹，即被深深吸引，讚嘆道這樹「賦予了全村落的生命」，並稱橄欖是「上天賜予最豐富的禮物」以及「地球上最有趣的植物」。傑佛遜立刻著手在南卡羅來納州種橄欖樹。在他有生之年，每年都進口好幾加侖的「艾克斯特級初榨橄欖油」，並看著結實累累的橄欖枝爬上美國國徽的鷹爪[3]。

---

2 西班牙古城，建於羅馬時期，為世界文化遺產之一。

十九世紀後半期，橄欖油的新大使抵達美洲。這些一波接著一波的移民離開貧困的義大利南部來到新世界，卻發現當地沒有他們最鍾愛的食物之一，有些人便投入橄欖油貿易以填補這塊空白，並從進口橄欖油中獲得極高的利潤。

朱塞佩・普羅法齊（Giuseppe Profaci）在一八九七年誕生於西西里島的維拉巴泰（Villabate），於一九二一年移民到美國，後來在紐約布魯克林創設了「媽媽米亞（Mamma Mia）」進口公司。到了一九五〇年代，成為全美最重要的橄欖油進口商，約瑟夫・普羅法齊一如他自稱的，成為橄欖油之王。

不過，普羅法齊泰半的財富似乎都是靠著不名譽的手段所獲得的：毒品走私、放高利貸、勒索、賣淫，有必要的話，還包括謀殺。他也是美國黑手黨的首領，司法部長羅伯特・甘迺迪（Robert F. Kennedy）形容他是「全美國最有權勢的黑社會人物之一。」《教父》的作者馬里歐・普佐（Mario Puzo）便是以他作為範本，寫出黑幫主角維托・柯里昂（Vito Corleone），柯里昂也有屬於自己的橄欖油公司——傑柯・普拉。許多義大利裔的美國黑手黨都利用橄欖油進出口事業作為犯罪活動的掩護，普羅法齊也是其中一員。

他的兒子約翰・普羅法齊創立了美國寇拉維塔（Colavita），乃是總部位於義大利、由李奧納多・寇拉維塔所經營的橄欖油公司在美國的分公司，為美國橄欖油的領導品牌之一。約翰・普羅法齊現在仍然是公司的名譽主席，由他與四個兒子共同負責公司的經營（普羅法齊指出，他的父親早在美國寇拉維塔創設的十多年前就已過世，公司與他的父親沒有任何關係）。

時間再回到十九世紀的義大利。

貿易公司如雨後春筍般湧現，為數百萬移民至美國的大膽投機的義大利人提供資金。法蘭西斯柯・百得利銀行與換匯中心（Francesco Bertolli Bank and Exchange）即是一例，這是法蘭西斯柯・百得利於一八七五年在盧卡創立的公司。公司的首批客戶在抵達美國後不久，便寄卡片問候百得利全家，然後請求銀行寄給他們一、兩箱有家鄉風味的橄欖油。

百得利遵從所求，到了一八九〇年代，銀行從橄欖油賺的錢比本業還要多。橄欖油的事業版圖從紐約、費城，芝加哥一路往西橫跨美國，並向南直抵拉丁美洲，撫慰了無數地中海移民的食物思鄉病。

法蘭西斯柯・百得利的兒子朱利奧騎著騾子，帶著用高粱桿做成的掃帚與橄欖油，穿過米納斯吉拉斯[4]一個又一個的村莊，打開了巴西的市場。

一開始他做的是掃帚生意，凡是購買掃帚即贈送一罐橄欖油，六個月之後，掃帚已被拋諸腦後，轉而販售需求不斷增長的橄欖油。

3 美國國徽正面圖案的主要形象是象徵該國的白頭海鵰（常被誤為是禿鷹），白頭海鵰是力量、勇氣、自由和不朽的象徵，左右鵰爪分別抓著象徵和平和武力的橄欖枝和箭。

4 巴西東南部的一個州，擁有全國第二多的人口。

人造牛油與傳統牛油的戰爭

對馬克吐溫來說，假橄欖油與人造牛油代表了美國生活中愈來愈多的假貨。在他看來，河船上油嘴滑舌的騙子正是製作與販售假貨者最典型的代表，這樣的騙子在他的小說中不斷出現。

事實上，棉籽油製造商已經發現了狡猾的方法可以點石成金。《大眾科學月刊》（*Popular Science Monthly*）在一八九四年觀察到，棉花籽在一八六〇年還是垃圾，七〇年是用作肥料，八〇年則變成牛隻的飼料，到了九〇年已經「成為餐桌上的食物，並用來製作其他許多東西。」

其實《大眾科學》的觀察已經有些落伍，早在一八七九年，在已知或未知的情況下，民眾與牛隻已經把大批大批的棉籽油吃下肚了。單單那一年就有七萬三千七百八十二桶的棉籽油從紐奧良港口運往歐洲，接下來的數十年，往返大西洋的數量繼續不斷飆升。泰半的棉籽油是用來製造在十一年前由法國科學家梅熱－穆里埃[5]發明的人造牛油，這種牛油以極驚人的速度擴散至全美國。在馬克吐溫於密西西比河的蒸汽船上偷聽到那兩位沾沾自喜的銷售員的對話之前，美國已經有十五間營運中的人造牛油工廠，銷售額估計有七百萬元，約等於今天的一千億美金。

不過，從紐奧良出口的棉籽油並非都進了人造牛油工廠。在一八七九年的船運貨物中，就有超過一半都是運到義大利，而且絕大部分是用來摻雜入橄欖油中。根據在里佛諾（Livorno）的英國領事報告，油商常用棉籽油裝在橄欖油的細頸瓶；《亞特蘭大立憲報》（*Atlanta Constitution*）也諷刺地說道，義大利的橄欖油製造商在每一株橄欖樹下都放著一桶棉籽油俾增加產量。愈來愈多的人造牛油商以便宜的棉籽油取代動物油脂，後來又改用其他便宜的蔬菜油，例如玉米油、葵花籽油、花生油、菜籽油與油菜籽油取代之，使得牛油與橄欖油的替代物逐漸統一。

上述的產品之所以成為食物，要歸功於近來化學與科技精煉蔬菜油的技術突破，讓食品製造商得以透過脫色、脫臭與改變性質的方式，去除掉之前即使不是全然有害但是仍令人難以下嚥的物質。這些物質本來只能提供製作肥皂、潤滑車軸、燃燈與飼養豬群之用。之後所發展的氫化技術，能將室溫下的液態油轉變成半固體狀的油脂，為使用蔬菜油製作人造牛油的普及性與製作許多其他的食品提供了適宜的條件。

這就難怪一八八三年馬克吐溫所描述那兩位得意洋洋的銷售員，看準了未來便宜又簡單製造的牛油與橄欖油能帶來可觀的獲利。然而，由於產業與政治的因素，牛油與橄欖油卻面對了完全不同的未來。

有力的農業遊說團體認為人造牛油取代傳統牛油，會對酪農的生計造成嚴重的威脅。他們反對人造牛油以誘人的字眼標示「精緻牛油」或「純牛油」，並抱怨不實的店家以便宜的人造牛油權

5 他將濃縮的牛油加入牛乳、鹽等調味，進行攪拌後以冷水冷卻，使其凝固，再將它揉搓至濃稠程度，產品名稱為珍珠油的意思，後來簡稱乳瑪琳。

充傳統牛油。

接踵而來的是激烈的法律攻防戰，持續約有一世紀之久，傳統牛油的遊說團體尋求能限制人造牛油製造商與傳統牛油間相抗衡的能力；另一方面，人造牛油的遊說團體卻揭櫫言論自由、企業自由與替窮人辯護的大旗，並辯稱人造牛油比傳統牛油還要健康。各州政府開始立法反對人造牛油，在一八八一年密蘇里州認定製造、販售與意圖販賣而持有人造牛油為違法行為，其他州則禁止將人造牛油染成像傳統牛油的黃色，或甚至要求人造牛油必須染成粉紅色以供區別。

國會對於人造牛油的聽證會始於一八八〇年代初期，並持續至一九五〇年。一八八六年，國會頒布人造牛油法案，對人造牛油收取高額稅款並採取嚴格限制。克里夫蘭（Grover Cleveland）總統簽署法案時表示，其主要的好處之一在於「為消費者對抗日常生活中所銷售的欺騙大眾之替代品以及假冒產品。我敢說，從今以後幾乎不會有人造牛油敢用真實的名稱堂而皇之地走入窮人的家庭。」

十九世紀末，最高法院審理了數件有關人造牛油的案子。「我們堅決要求，需重視人類與他們的牛隻之間相互依存的關係。」胡佛（Herbert Hoover）總統以嚴肅而平緩的語調說道：「白人沒有奶製品是無法存活，小孩在缺乏牛奶或牛奶品質不佳的狀況下不能好好長大。」世界大戰與牛油的定量配給制推動了人造牛油的產業發展，但是對於銷售的諸多限制依然存在。一九五〇年代，人造牛油還是必須支付聯邦稅收，在許多州，人造牛油只能以白色的塊狀出售，並且附上一小顆黃色的染料讓消費者自己將顏色揉進人造牛油內。一九六八年之前，在威斯康辛州販賣黃色的人造牛油仍是違法的；在魁北克，一直要到二〇〇八年聯合利華公司提起對省政府的訴訟，人造牛油才終於合法化。

如果橄欖樹能選擇，應該都會想搬到加州落腳

然而，沒有一位美國總統或是最高法院的法官對捍衛橄欖油的真偽說過一句話。這個產業缺乏有力的特殊利益以供辯護，僅有加州少數小規模的製造商與東岸一群利用假油牟利且競爭激烈的進口商願意為之發聲。因此，以棉籽油與其他蔬菜油摻雜的橄欖油並沒有受到劇烈地抨擊。《新英格蘭醫學期刊》（*New England Journal of Medicine*）在一八六三年已經報導過「在美國及其他地方販賣的橄欖油絕大部分都不純，多摻有其他便宜的蔬菜油，這是人盡皆知的事實。」蔬菜油包括有山毛櫸堅果油、罌粟籽油、芝麻油與花生油。二十年後，馬克吐溫描述了他偷聽到兩位銷售員的對話，以棉籽油造假橄欖油的現象非常普遍。美國農業部在一九〇三年進行的調查揭露，造假的情況依然不輟，即使是家用的不知名油品也不例外。「自製的油品檢查十分鬆散，導致國內家庭使用棉籽油卻不需要支付來往大西洋的費用。」農業部的檢察官員報告說道。

橄欖油的造假促使一九〇六年通過「純淨食物與藥物法案」（Pure Food and Drug Act），創新的聯邦法案的目的在消除市面上的黑心食物、有毒藥品及有害的專利藥物，並給予食品藥物管理局全新的關注與權利。不過，假橄欖油的交易依然不受影響。

在一九二二年，禁酒令通過的兩年後，美國健康委員會的委員柯普蘭（Royal S. Copeland）觀察道：「橄欖油造假的利潤遠遠勝於私酒釀造。橄欖油造假的行徑已經威脅到此產業的誠實進口

商。」農業部與健康部以及後來的食品藥物管理局持續進行的檢測發現，從一九三〇年代以降直至一九九〇年代，造假的情況非常嚴重，不僅發生在油品進口商，連加州某些製造商也加入行列。食品藥物管理局在九〇年代末期因為無法阻止橄欖油的造假遂停止了檢測的工作。

儘管油品詐欺的問題持續不歇，美國的橄欖油市場卻成長快速且規模龐大，並出現復興的新契機。橄欖油吧紛紛進駐諸如納帕谷的美國廚藝學院、紐約第五大道上的超大型美食超市Eataly等高級地段，以及愈來愈多的熟食店與食品商店，都提供高品質橄欖油的販售。

橄欖油連鎖店，例如「油與醋」（Oil & Vinegar）和「我們是橄欖」（We Olive）已經在十八個州設有據點，傑出的網路資源也紛紛問世，譬如「橄欖油時代」（www.oliveoiltimes.com）與「橄欖油來源」（www.oliveoilsource.com）。大規模的橄欖油公司原本生產的品項風味有限，現在也開始關心不同的品種與風土條件。

二〇一一年末，美國寇拉維塔公司引進了包括來自加州、澳洲、西班牙與希臘等地，具有地方特色的全新系列橄欖油，每一款油品的特別包裝強調出獨一無二的風味與香氣。「我可還沒有退休！」七十四歲的公司創辦人與董事長約翰．普羅法齊熱切地說道：「我非常興奮，就像是要重新再開始一樣。」

主管機關的環境也在進步。美國農業部終於在二〇一〇年十月更新了自從一九四八年以來橄欖油相關的貿易標準，跟隨國際橄欖協會的準則，以專門用語和化學規定取代奇特有趣及杜魯門時代的用語，例如「精選」（choice）、「神奇」（fancy）與「優秀」（superior）等措辭。加州橄欖油協會（California Olive Oil Council）與北美橄欖油聯盟（North American Olive Oil Association）兩大商業組織也主動參與橄欖油品質的辯論。而意義最重大的，也許是加州大學戴維斯分校成立已三年的橄欖中心（Olive Center），準備好要成為橄欖及橄欖油有關化學、感官、農學與營養知識等方面極為重要的論壇。美國似乎逐漸開始要對好品質的橄欖油培養興趣了。

雖然，美國現在有九十八％的橄欖油來自進口，但是偌大的領土卻潛藏了橄欖種植的潛力。如果橄欖樹可以選擇要在何處生根結果，相信它們大都會想要搬到加州落腳。加州是全球第五大的農業經濟體不是沒有原因的，這裡所有的東西隨隨便便栽種即可大豐收，有多達四百種的農作物，囊括了全國一半以上的蔬菜、水果與堅果類。

橄欖很能適應炎熱乾燥的氣候，在加州也能旺盛成長。事實上，西班牙教會早在十七世紀即開始在加州種植佈道品種的橄欖。不過，直到最近十五年，加州才開始運用矽谷多樣的創新手法加上傳統的農業毅力，用心製造出最高等級的橄欖油。

「加州橄欖油產業與地中海的關係有點像是小孩與父母。」亞歷山德拉・德瓦倫納（Alexandra Kicenik Devarenne）是居住在佩塔盧馬（Petaluma）[6]的獨立橄欖油顧問與教育工作者，她如此形容道：「一開始，我們毫不遲疑地接納了地中海的習慣與成見。但是現在，我們成熟了，變成青少年，混合著些許叛逆與依賴的不安。」如同其他領域的開拓者一樣，加州許多的橄欖油從業

6　美國加州索諾馬郡的一個都市。

人員有著堅強與獨立的人格特質。雖然他們對共同貿易常常抱持懷疑，有時甚至彼此互相討厭，但卻可以從非常不同的面向分享著獨一無二的美國夢，也就是要成為領域中的佼佼者。

是美式高效率，還是橄欖油的粉紅夏布利？

迪諾．柯爾托帕西（Dino Cortopassi）從小就夢想要成為農夫，他父親在一九二〇年代從義大利移民至美國，在經濟大蕭條的時候領取微薄的工資度日，他一直想盡辦法要他兒子斷了這個念頭。

當柯爾托帕西還是小孩子的時候，他會用夾板作成玩具拖拉機，利用老舊的彈簧變成玩具圓盤，然後拿這些玩具耕種他的遊戲沙池。他崇拜的英雄就是農夫，例如祖父塞拉菲諾。他祖父是盧卡附近的山丘上的佃農，在一八五五年的農業展上看到打穀機，便向銀行貸款買了兩台，最後終於賺到足夠的錢可以買地，讓家人脫離貧窮。

長大後的柯爾托帕西有著標準的農夫體型：六呎三吋高，寬大厚實的胸膛與長長的手臂，似乎非常適合從事這行。但他在高中高年級時感染風濕熱，心臟因此受傷，醫生不准他務農或從事勞動長達兩、三年。「我覺得我像是打牌時拿了一手爛牌，」他回憶道：「但是，有時候危機就是轉機。」

柯爾托帕西在加州中央山谷的斯托克鎮（Stockton）長大，這裡是義大利移民社會，居民向義大利人購買車子、麵包與保險，多數人說著如他母親家庭使用的熱那亞方言（他的父親來自盧卡，學習講此方言好適應環境）。

柯爾托帕西待在家裡療養身體，渴望著他不能從事的農耕，看著朋友紛紛離家上大學。一位家庭友人建議他不妨試試看到離家六十哩的加州大學戴維斯分校就讀為期兩年的農業課程。柯爾托帕西欣然抓住這個機會——也沒有那麼高興啦。「事實上，我的主修科目是打牌。不過打牌教會我後來在農業創業上所需的技能：數字、機率、紀律、財務管理以及如何識人。最重要的是教會我掌握優勢是多麼的重要，當你抓住後，要好好運用。如果要我寫一本我的故事，書名一定就是：『掌握優勢』。」

柯爾托帕西有著一頭銀灰色的捲髮，表情生動的黑色眉毛，十九世紀義大利政治家的頭腦，與伐木工的體格極不相稱。他的身邊總是有拉不拉多犬「坦克」的陪伴，狗狗與他一樣，也有著厚實寬大的胸膛。他講話的嗓門很大，速度很快，字裡行間穿插著幾句精彩的粗話及真實的生活智慧。

柯爾托帕西在二〇〇五年因白手起家的成功故事獲得享有盛名的霍瑞修．愛爾傑[7]獎，他與妻子瓊安花費相當多的時間與金錢幫助斯托克鎮和洛迪鎮周遭的低收入戶的小孩。然後把剩餘的精力投注在對家族事業稍作改變，以求得最高效率。「他總是在嘗試不同的方法，一天到晚都在問

7　十九世紀末美國著名教育家和小說家，創作了一百多部以奮鬥與成功為主題的小說。

為什麼？為什麼？為什麼？」負責家族橄欖油事業營運的女婿布雷迪・惠特洛（Brady Whitlow）這麼說道：「他把我們逼得可緊呢！」

柯爾托帕西從加州大學戴維斯分校剛畢業不久即抓住了第一份優勢，他在貝氏堡穀物貿易公司（Pillsbury）找到一份工作，開著他的白色福斯車，走遍中部山谷拜訪農夫購買穀類。他的身體已逐漸康復，隨著在鄉間各地遊走，他相信自己絕對可以從事農業工作。但因為沒錢買地，他便開始用租的，藉著在同一時間種植冬麥與紅腰豆（kidney beans）的雙作方式賺了些錢。「人們都說我瘋了，那麼晚才播種，豆子會被雨淹沒，這是我每一年都要承擔的風險。有時候果真如此，就像是玩德州撲克牌時大爆冷門。不過，當別人勉強餬口的大多時候，我都能賺到錢。」很快地，他就買下比較貧脊的土地，並著手整地改善。

第二次掌握到的優勢是一九六〇年代初期種植的番茄，如同他祖父一樣，他也聽說有種新機器，只是這次的對象不是打穀機而是番茄採收機，因為人手短缺，爆發了勞工危機，其他的番茄農只得停止種植。但柯爾托帕西卻大量投資購置新技術，最終成為全國最大的番茄罐頭製造商之一。他持續開發一系列成功的農作物與三種水果，以及葡萄和紅腰豆，他曾經是全球最大的紅腰豆生產者。

最後，在二〇〇四年柯爾托帕西遇到了橄欖。他飛到加州的格里德利鎮附近，也就是全國最大的橄欖生產者加州橄欖農場（California Oilve Ranch）所在地，該農場採用新進發明的超高密度（super-high-density）系統。

傳統的橄欖果園多以人工方式抑或用簡單的耙子或是抖落機摘果，一英畝約可種植一百株樹木。相反地，超高密度系統的果園在相同的面積可擠滿七百株或以上的果樹，排成筆直的綠籬，如同葡萄園或是玉米田。採果的工作則是由高二十呎的機械收割機負責，機器吞沒一株又一株的樹木，狼吞虎嚥地摘下橄欖，然後經由滑槽丟入與綠籬平行擺放的拖車。

「當我看到這些果園，我對自己說：『就是這東西！這就是橄欖的「優勢」！我得了解更多，我得知道這得花多少錢。』」他與工作團隊包機及時前往超高密度系統開創地的西班牙：「我想要與農夫們談一談。農夫與農夫對談，他們會對你坦誠相告。」他確信超高密度系統對傳統的橄欖栽種方式具有絕對的競爭優勢，便以他特有的果斷一頭栽進這個產業，種植了一千兩百英畝的橄欖果園，打造一台高科技的碾壓機，一天可以處理兩百五十噸的橄欖。

今天的柯爾托橄欖公司由布雷迪．惠特洛負責管理，一年生產約六十萬加侖最高等級的特級初榨橄欖油。九呎高的橄欖樹井然有序地筆直排列，狀似矮小的柏樹，詩意全無，但是採收起來卻相當有效率，日以繼夜地不停運作。看著巨大的收割機深夜在果園來回走動，探照燈發出的亮光，機器呼呼作響的聲音，渾然像是個機械化的部隊，顛覆你對橄欖收成的印象。他的一些競爭對手反對道，適合超高密度系統的橄欖品種是特別選殖的，無法製造出如傳統方式種植的橄欖所具備的多樣風格。也有人說，超高密度最受歡迎的品種阿貝金納，其油酸與多酚的含量都非常低，風味也不佳。「那是橄欖油的粉紅夏布利[8]。」一位小規模的生產者這樣告訴我。

當我對布雷迪．惠特洛重複這句話時，他卻只是聳聳肩：「這套系統仍處於初始階段，我們也還在學習。加州許多其他的農業創新也是花了數年的時間才算成功，然後就一飛衝天。我們在風味上的競爭對手是超市的橄欖油，像是百得利與寇拉維塔，而且我們的成績很不賴。」他遞給我一杯新鮮翠綠色的柯爾托橄欖油，這足以勝過任何語言的描述。

萬事俱備，就欠營收。我問起柯爾托帕西利潤的問題，他的臉色變得很難看。「這都要感謝歐洲的不實標示，產業的環境不再順遂，價格上很難與那些假冒特級初榨的劣等油競爭。但是我們的產品是真正的橄欖油，可以增添食物的美味。而餐盤的中心也是消費者意識的中心所在，我們會以優異的品質，合理的價格，贏得最後的勝利。」

「我們知道那是假油，但它便宜啊！」

如果迪諾・柯爾托帕西是橄欖油產業中，達成美式高效率的最佳例子，那麼最具有全球前瞻性的獎項，就要頒發給居住在奧克蘭的獨立橄欖油生產者兼零售商麥可・布萊德利（Mike Bradley）。布萊德利和妻子薇若妮卡與兩位已成年的小孩共同經營薇若妮卡食品公司（Veronica Foods），公司是由薇若妮卡從義大利移民至美國的祖父薩瓦托・艾斯波西托（Salvatore Esposito）在一九二四年所創立的。公司的總部位於奧克蘭附近，是一棟佔地十六萬平方英尺的工業倉庫，這裡的天際線充斥著港口的起重機。

在布萊德利位於二樓的辦公室可以聽到拉丁美洲的樂聲，還有樓下商店的堆高機傳來的嗡嗡聲響，工作人員正準備將堆放著不同橄欖油的棧板運送至全美各地的橄欖油專賣店、熟食店與餐廳。在我拜訪的那天，布萊德利的桌上堆滿了製造商送來的樣品，包括卡內那城堡的優雅紅瓶子，來自義大利、希臘、葡萄牙，土耳其與敘利亞樸實的罐裝油品，還有一瓶寶特瓶，盛裝的橄欖油是由當地中學的足球隊，從附近西耶拉（Sierra）山腳下一座半荒廢的果園採摘的橄欖，再自己壓榨而成。

「在科珀羅波里斯（Copperopolis）周遭有些很棒的果樹，如佈道、曼薩尼拉斯（manzanillas）以及歐伯薩納斯（arbosanas）等品種，這些都是在十九世紀末期與二十世紀初期來淘金廠或礦場工作的義大利移民所種植的。」布萊德利說道：「我們打算在那兒設置一間小型的碾壓坊。小規模的果農雇用人手採摘與碾碎一噸的橄欖要支付八百美元以上，是歐洲的三到四倍，所以橄欖油的價格居高不下，有時候幾乎是超過全球特級初榨橄欖油市場價格的三〇〇%。」

布萊德利六十二歲，有著方正的下巴，理著小平頭，略帶圓形的眼鏡襯托出他那藍色、信仰堅定的聰慧雙眼。他為我斟了一點他稱作是「有放射能量的高朗尼基」，來自希臘南部的阿索波斯山谷（Asopos Valley），是他在這個季節最喜歡的產品之一。

我們倆都嘗了一嘗，他的品嘗方式相當獨特，窸窣地用力喝兩口（strippaggio），聽起來就像是運作中的重型液壓機。我們都大聲地咳了起來，布萊德利摘下眼鏡，拭去淚珠，咧嘴笑著說：「得要愛上這種不適感才行。」

布萊德利是我見過最了解國際橄欖油貿易經濟形勢的人。他在桌上的計算機（其實他不太需

8 夏布利是法國著名的白酒產區，傳統的酒莊是瞧不起粉紅葡萄酒的。

要）敲出一行又一行的數字，算出了歐洲橄欖油生產者的農業補貼對當地橄欖油價格造成的影響，這對美國的橄欖油來說是非常不公平的經濟優勢。他詳細說明中歐國家政府實施的進口限制，傷害了加州、澳洲、智利與其他非歐盟國家的橄欖果農。「對產業而言真是非常不利。」他這樣下結論道：「除了歐洲之外，全球最有效率的生產者面對這種不正常運作的市場幾乎無法存活下去，即使是獲得歐盟補助的歐洲國家，如果生產的是真正的橄欖油的話，也難有利潤可言。」

除了精於計算之外，布萊德利對橄欖油的喜好還具有詩詞與歷史的深度。他帶著幸災樂禍的口吻講述著米利都的泰勒斯（Thales of Miletus）的故事。泰勒斯是傳說的古希臘哲學家及數學家，因為成功預言橄欖會大豐收，租借了許多磨坊生產橄欖油而大賺一筆。他用仰慕的語氣朗誦《伊底帕斯在科隆納斯》（*Oedipus at Colonus*）的詞句，作者索福克勒斯在文中讚美著橄欖樹，稱它是「孩童們的灰綠色養育者」。

布萊德利自己也寫詩歌頌橄欖，經年累月在地中海地區目睹橄欖的收成，看著整個村莊的女人與小孩採摘綠色、紅色與黑色的橄欖後跳上破舊的平板卡車前往碾壓廠，心中的詩句逐漸成形：

即使是飢餓的椋鳥也不取，
我們辛苦收集來的，
碾碎比醃製還要英勇，
那綠色的真實水果，

那果肉與核分不開的水果。
緊緊黏附著果皮，堅硬如石，
遠比早晨的痛楚還要堅實。
太過健壯而不能哭泣。
它們爬上顛簸的貨車，
穿上粗麻布，
向著磨坊前進。
芬芳是磨坊主的歌曲，
珍貴的是翠綠色的汁液，
甜美的是苦澀的水果，
那是上天的禮物，
送給光明的城市。

但是美國的橄欖油既不芬芳也沒有光明。布萊德利在一九九〇年代早期失去了一位長期的客戶，後者轉而投入一位橄欖油批發商的懷抱，對方應允的報價比布萊德利低很多，客戶不願透露對方的身分。「我們自己在突尼西亞設有碾壓坊生產高品質的特級初榨橄欖油，且從世界各地購買仍掛在樹枝上的橄欖，依照我們的特殊要求進行碾碎處理。」布萊德利回憶道：「所以我們相當清楚生產特級初榨橄欖油所需的成本。相較於那位非常重要的客戶，其實我們的利潤已經壓得相當低。放眼全球各地，那位神秘對手提出來的價格根本不可能製造特級初榨橄欖油而不賠上一大筆錢。」

他向客戶解釋由來，不過還是沒能讓對方回心轉意，其他客戶也紛紛轉向低價的供應商。饒有經驗的橄欖油售貨員告訴布萊德利，一些重要的餐廳供應鏈以不可能的低價販售義大利特級初榨橄欖油。「我們愈來愈覺得，好像被強有力的競爭對手以遠低於我們及市場的價格優勢暗地偷襲。」

布萊德利最後付出了相當大的代價，總算知道其中一名競爭對手是誰，以及他們是用什麼油假冒特級初榨橄欖油。一位客戶手中的有機特級初榨橄欖油突然不足，布萊德利幫忙打電話給洛杉磯一位能夠在短時間提供足夠數量的重要油商。當裝載著八桶橄欖油的連結車從南方駛入，布萊德利採取了他自認為充分的預防措施，做了測試並以化學方式分析幾個樣本，確定油品的真實性。然而，一年多以後，那位客戶告訴他其中有幾批油竟是造假的產品。布萊德利從保留下來的油瓶中再次檢查，確認那批特級初榨橄欖油被摻雜了精製油。當年那些油從洛杉磯運抵後，布萊德利只測試了第一桶與最後一桶油，他懷疑是中間的油被動了手腳。「我們早把那些油又賣了出去。剩下來的只有保留的樣本，了解事實的真相讓我們痛苦不堪。」

後來，布萊德利對橄欖油的造假問題變得非常執著。他開始測試市場上的橄欖油與調和油，實驗費用就高達數萬美金，但也因此確認了許多不老實的生產者。他雇用了一位常假冒是橄欖油貴家的調查員，在他的幫助下，布萊德利得以拼湊出生產者、客戶與不同規模的食品公司的關聯性，以及他們是如何把數量驚人的假油或標示不明的橄欖油賣給原料商、烘焙業者、餐廳、醫院、安養中心，及學校與美國政府機關。然而，沒有人對他的發現感興趣。他與食品藥物管理局在奧克蘭的官員談過話，也聯繫美國農業部在沙加緬度的官員，但是沒有任何人採取行動。也沒有一位律師願意接他的案子，因為根據傳言，最主要的詐欺犯將收益都擺在海外帳戶，即使成功被起訴，錢也很難追得到。

最令人沮喪地是，布萊德利發現，當他告訴許多向不誠實的油商買油的客戶，說他們買到的其實是假油時，這些客戶竟然回答不在乎。「是啊，我們知道那是假油，但是便宜啊，那就是我們的客戶想要的啊！」一位替全美連鎖超市採購橄欖油的買家這樣告訴他：「我不是要來改變世界的。」一些買家開始對布萊德利咄咄逼人，警告他小心自己的事業。「反假油的志業開始侵蝕著我，」布萊德利回憶著說道：「妻子說很擔心我的精神狀況。」

雖然深信對抗假油還是很重要，但布萊德利開始將精力轉向投注在品質問題上。之前他就已經在地中海地區考察過實情。他在一九九五年前往突尼西亞的旅程時，與突裔的美籍化學家哈比．杜斯（Habib Douss）合作，於突西尼亞中部沿岸、距離古羅馬城市傑姆（El Djem）不遠的莫納斯提爾（Monastir）購買了一座橄欖果園，並在果園中建造了一間科技化的先進碾壓坊，配有完整的充氮儲存筒倉。

現在，布萊德利更勤於造訪地中海地區，旅程的時間也拉長，他稱這是「朝聖之旅」，在收成的季節，足跡遍及西班牙、義大利、希臘與北非等主要的橄欖生產國，有時長達數月之久。拜訪一座又一座的果園，觀察收成、碾壓與儲存的情況，並盡可能地嘗遍手邊所有的橄欖油。他說：「我想要知道好東西是從哪兒來的。我要深究橄欖是在哪裡成長的、品種為何、含有什麼樣的化學成分，還有在什麼時候又是以什麼方式處理的。」」。經過數年的旅行與經驗的累積，布萊德利自認為已經破解了品質的密碼。不過，在不久之後他將會發現橄欖油再次帶來的驚喜，讓他又多學了一課。

「那時，我與那些親眼目睹過他們的工作、親口品嘗過他們的產品，並且是我所信任的農家及廠商建立了密切的供應網絡。我終於知道『特級初榨』是什麼，或者該是什麼意思，並了解製造最高等級橄欖油的必要條件：健康的水果、收成後的橄欖要在乾淨的設施中立刻處理、適當的儲存，並在出售前最後一分鐘再行裝瓶。我知道有效率的生產會是什麼情況。」他著手確認來自地中海周遭他認為是最好的原型橄欖油，並與符合條件且可大量供應這些油品的碾壓坊建立同盟關係。

採收橄欖的季節，比產地來源更能說明油品的新鮮度

不久之後，他便創立了這個小小的橄欖油世界。不過，來自澳洲米杜拉（Mildura）的一大箱木盒子，意外地讓他的世界翻天覆地。盒子裡裝的橄欖油是由一家新成立、但他卻從未聽說過的邦德瑞橄欖莊園所寄來，希望他能購買他們的產品。布萊德利之前對澳洲橄欖油的經驗實在不怎麼樣，所以便放在一旁沒有理會。過了幾天之後，他打開箱子，看到一整排十二隻裝滿了橄欖油的小瓶子，每一隻瓶子整齊的附上品種、化學成分與風味描述的標籤。「那是在五月底或六月初

的時候，」布萊德利回憶道：「大多數的歐洲與加州的橄欖油口感已趨向柔和，失去了新鮮的香氣與果香。我試了其中一款，大約是一個星期或更早之前的產品。我試了一款又一款，真是令人驚訝不已，全都非常棒，明亮、清新、乾淨、有綠草香，並帶著強烈的胡椒餘味。我花了八到十年的時間遊走地中海地區購買最好的橄欖油，現在在我房間裡的這些卻勝過之前的任何一瓶。我激動不已，一開始，我還無法接受我看到與嘗到的東西呢！」

在此之前，布萊德利忽視了所謂的紐澳優勢，因為與北半球有六個月的時間不協調，橄欖收成與碾碎的時間是落在紐澳秋天的五月和六月，橄欖油最佳的賞味期間剛好適逢北半球的產品開始失去風味之際。

他立刻動身前往澳洲、紐西蘭、智利、阿根廷與南非，好讓自己的橄欖油教育更完整。「一旦我掌握了南北半球的情況，便徹底理解到，新鮮度就是好橄欖油的關鍵。從橄欖被碾碎的那一刻起即開始氧化，橄欖油的神奇風味也隨之流失。讓我到興趣的是裝在瓶子裡的風味與精髓，而不是標籤上的字句。產地來源時常被用來當作行銷策略。」最後，布萊德利終於可以與全世界分享他對橄欖油品質的全球眼光。

現在，布萊德利每一年從全球二十個國家，進口超過一百萬加侖單一品種的高品質特級初榨橄欖油，隨著每個採收季節的變化，備有約七十款油品的組合，裝在十公升的盒子裡批發賣出去（就像保羅．帕斯夸利堅持，散裝才是降低氧化、保存橄欖油品質的最佳方式）。布萊德利現在是全美快速成長的特產食品商店與橄欖油吧的獨家供應商，並透過定期研討會教導店經理認識特級初榨橄欖油。

在過去三年，每一年的營業額都呈倍數成長。他的許多客戶都不太打廣告，靠的是口耳相傳，以及上好橄欖油本身的銷售能力。「我們向來堅持消費者在買油之前應該先行品嘗，而且我們會教他們問對問題。」布萊德利說道：「只要他們嘗一口，就立刻會了解我們的意思。我們正見證了橄欖油產業因觀念、習慣等的改變而有所不同，就像是經歷著橄欖油的復興運動一樣。消費者終於開始了解橄欖油是由新鮮水果製造的產物，保存期限依照年分卻不依照月份計算，只是個殘酷的笑話。」

二〇一一年十一月，布萊德利與家人在柏克萊開設了自己的橄欖油店鋪「嶄新的雙耳瓶」（Amphora Nueva），店鋪的牆面排列著古羅馬時代雙耳細頸瓶的古物與複製品，就像是在泰斯塔西奧山所遺留的瓶子，另外還擺著幾幀布萊德利尋找橄欖之旅的果園全景照片，以及數排閃閃發亮的不銹鋼桶子，裝著五十款從世界各地而來、品質極佳的單一品種橄欖油，每一款皆附有品種名稱、風味描繪與化學成分分析的標籤。

我與他站在一起參加商店的開幕典禮，剛接觸橄欖油的人群帶著好奇心出聲地唸著桶子上陌生的字句，然後品嘗一口橄欖油，被嗆到咳嗽後大聲笑起來，並對布萊德利與工作人員提出各種問題。「這裡正在展開一場橄欖油的復興運動，即使是十分猖獗的造假業者也無法阻擋。」他這麼說道。

被歐普拉列入購物推薦清單的橄欖油公司，終於轉虧為盈

鴿吧（Dove Bar）的投資者艾德・斯托曼（Ed Stolman）喜歡說他經營過十四種行業，除了一種賠錢之外，全部都賺錢。他是典型的美國企業家，愛交際、有很好的人際關係，富有遠見，而且老是想賺錢。他曾經從事醫院管理、房地產投資、經營過志願救護服務、負責改建故鄉田納西州歷史小鎮的市中心，也賣過冰淇淋，每一次都有可觀的獲利。所以當國家稅務局（IRS）注意到他報稅表上的「橄欖壓榨」公司（Olive Press）有長達十五年的虧損時，對他起了疑心。「橄欖壓榨」是他與幾位夥伴共同持有的橄欖油碾壓廠，就在距離索諾瑪不遠的鄉間。「他們把我找去，一開始還對我很兇。」斯托曼帶著滿臉的笑意回憶著說道：「然後我講述了我的故事。到最後，官員們都泫然欲泣。」今年，是他投資橄欖油產業的第十六年，終於轉虧為盈，只是如果沒有歐普拉（Oprah Winfrey）的幫忙，可能還是會繼續出現赤字。

我在橄欖壓榨公司與斯托曼會面。這間公司設立在一間仿造托斯卡尼宅邸的房舍內，房子為雅庫齊酒廠（Jacuzzi Wineries）所有，公司就位於品酒室附近。地中海地區，尤其是托斯卡尼與普羅旺斯，是索諾瑪地區的人們在聊天時會一再出現的話題，也是長途休閒旅行最受歡迎的目的地（斯托曼自己住在葛倫艾倫〔Glen Ellen〕附近的山丘上一棟充滿托斯卡尼風情的別墅，周遭圍繞著兩百棵的橄欖樹）。一九九五年，斯托曼與其他幾位住在納帕谷、累積了相當可觀財富的居民想找點事做做，決定要生產具有地中海象徵的橄欖油。他們相偕前往南法進行考察，學習碾壓，

並造訪在距離佛羅倫斯不遠的皮斯托亞，同時訂購了一千多株橄欖樹。一個多月之後，以濕潤的粗麻布厚厚包裹著的樹木運抵舊金山的港口。

那天，他們在斯托曼的地產的觀景台舉辦了盛大的宴會——這一帶的房子都不說「房舍」（houses），而用「地產」（properties）一詞替代，這樣才能真正名符其實——伴隨著歌劇演唱、義大利氣泡酒與義大利國旗，合夥人後來紛紛把屬於自己的樹木帶回「地產」種植。

斯托曼與其他幾位合夥人，包括報業的女繼承人南·麥考伊（Nan McEvoy），不知從何處抓到訣竅，一開始便製造出很好的產品，後來益臻完美。「橄欖壓榨」的產品比起美國其他品牌贏得更多國內與國際的獎項，但是公司還是沒能賺錢。「我不覺得國內的橄欖油生產者有賺錢的，至少就誠實經營者而言。」斯托曼說道，他正嘗試透過他在加州首府與華盛頓的人脈，集結政府的行動制定嚴格的法律並強制執行。只是直到現在尚未完全成功。

一連串的偶發事件還是會發生在像艾德·斯托曼這種很愛交際，且有良好人際關係的企業家身上。像是電視媒體財經專家蘇西·歐曼（Suze Orman）成為「橄欖壓榨」的客戶後，不久，她向歐普拉提及「橄欖壓榨」的油，歐普拉立刻將之列入自己的購物推薦清單。每逢耶誕節，歐普拉就會在電視節目與雜誌上彙編出推薦禮品的型錄，最終促使「橄欖壓榨」的營收反虧為盈。

斯托曼帶著我到展示間逛逛。「橄欖壓榨」是讓你在下意識會想要多停留的地方，柔和的光線、木質的鑲板，充滿了許許多多吸引人的有趣物品，散發出快樂的輕柔氣氛。

橄欖油吧裡有十多種從最溫和到最強烈口感的各色油品，現場即可品嘗味道，一旁還備有調味橄欖油可供選擇，例如檸檬、羅勒、帕瑪森乾酪與辣椒等口味。瓶身的造型優美，標籤內容令人難忘，另外還有細長的小型鋁罐，或是為奧地利公司所客製化的產品。

房間的貨架和桌子上另外擺放著以橄欖油製成或橄欖油專屬的產品，例如肥皂、橄欖醬、調味瓶、盛裝橄欖油的不銹鋼桶，以及橄欖油冰淇淋，所有的精心擺設都是由之前曾在「維多利亞的秘密」公司擔任行銷主管的克莉絲汀．哈里森（Christine Harrison）所一手策畫，流露出大氣卻不紊亂的風格。

我品嘗著橄欖油，一款接著一款，從溫和的佈道品種開始，直到富有濃烈胡椒味的寇拉提納。看過「橄欖壓榨」的高調行銷手法，我對其產品原本不抱期望，但是這些油非常美妙，每一款都相當清新、辛辣且與眾不同，讓我的牙齒隱隱作痛。到底誰是製油者呢？

房間後面有一扇鑲嵌著珀其佩有機玻璃的門扉，透過玻璃可以看到碾壓廠那一噸重的貝亞雷斯離心機閃閃發亮。橄欖的採收正如火如荼進行，機器二十四小時不停地運作。五名工作人員忙著倒入橄欖，確認混拌的狀況，測量溫度，調整活門及碾壓需要的各種工作，造就出優秀或是平庸的橄欖油。

站在他們中間的是一位身材瘦長的女性，有著一頭紅色的短髮，漂亮的蒼白臉龐有點像是中國娃娃。當我在一旁觀看時，她把一位工作人員叫過去。透過玻璃聽不到聲音，但顯然地，她正在糾正工作人員犯下的小錯誤。從她講話的姿勢，嘴唇稍稍抿著的樣子，還有工作人員傾身向前仔細聆聽像是微微欠身的態度，讓她看起來有點令人生畏。

「那是黛博拉，」艾德．斯托曼說道，「若論及製油，我就得照她說的去做。」

我們打開門進去，從芬芳平靜的展示間進入吵雜與緊張的「碾碎」時分，加州人都是這樣稱呼碾壓季節的（這個名詞捕捉了碾壓的動作與緊張的程度，比起過時的『壓榨』要貼切許多，因為現在所有的好油都是以離心機而非壓榨器製成）。黛博拉．羅傑斯（Deborah Rogers）是「橄欖壓榨」碾壓廠的負責人，當碾壓廠全力投入生產約四個月裡的時間，她幾乎不會離開廠房，連晚上也不例外，雖然有時候會強迫自己休息一下，但是到了收成季節結束的時候，她睡眠不足已十分嚴重。

「黛博拉很愛她的家、她的家人與烹飪健康的食物，」她的先生道格如此說道：「但是當碾壓季節來臨時，她就像鬼一樣不見蹤影。就算她站在你的面前，心思也常跑到萬哩之外。」羅傑斯表示她很相信員工，但總是擔心也許會發生什麼問題，一批油就毀了，或是突然需要她的意見做某些調整。「就好像在壓力鍋裡生活四個月一樣。」她隔著噪音大聲吼道。不過她看起來非常快樂。

黛博拉．羅傑斯念的是園藝，但她真正的熱情卻在食物上，這得回溯到她還是個小女孩，跟在波蘭籍的祖母身邊學習做飯開始。她與祖母總是在廚房準備做香腸與燜高麗菜，揉著麵團自己包餃子。「我們家永遠香氣四溢，散發著煮洋蔥、高麗菜，還有祖母的家人遠從波蘭寄來的乾香菇的味道。」羅傑斯說道：「祖母會告訴我移民到美國的故事，還有她為了生活做過的各種工作。她很安靜、認命，而且非常嚴肅。從她那我學到好多東西，從我最早對園藝的喜好，自己種菜，不浪費，享受親自下廚，而且只用最新鮮食材做菜的樂趣。」即使上了學，黛博拉因為太喜歡食物，甚至會裝病在家只為了收看電視上「嘉樂賓美食」（The Galloping Gourmet）節目。

在距離故鄉納帕不遠的聖海倫娜有一間小小的食品店，她就是在那發現橄欖油的。「那是我見過最小、最可愛、最古意盎然的家庭小店。店東把橄欖油裝在半加侖的罐子裡，然後貼上寫得歪歪斜斜的標籤。我好喜歡到那間店去買油。我決定要從事可以同時兼顧園藝與烹飪的工作，那就是製造橄欖油。」

她在一九九三年賣掉房子，然後把大部分的錢在葛倫艾倫買了五英畝的地，用來種橄欖。橄欖樹結果需要五到七年的時間，她不想虛擲光陰，於是聯絡了兩家大宗橄欖油的油商，分別購買了五十五加崙的油，這些油一桶桶重重地放在新買的小公寓的客廳地板上，就這樣她開始進行屬於她自己的調和橄欖油。

「那真是一團亂。我沒有油桶的幫浦，只好利用嘴巴當作虹吸管，我就坐在兩桶油中間的矮凳上以手工裝瓶，但是第一次又買錯瓶蓋，無法蓋緊，我只好在瓶蓋的周遭滴蠟好封緊瓶蓋。」不過，這樣的方式奏效了，在下一次的農夫市集，她擠在十多位真正自己種植橄欖、製作橄欖油的攤位中間，卻吸引了最多的人潮，而半公升要價十八美元的蠟封油全數售罄。

由於生意迅速成長，很快地，她辭掉了白天的工作，全力投注橄欖油的事業（她其實從未在葛倫艾倫的自己土地上種橄欖樹）。「不過我還是不知道真正的好油嘗起來應該是什麼味道。」她承認道。

轉變始於一九九五年她與艾德・斯托曼及其他一群住在北加州的住民，也就是後來「橄欖壓榨」的合夥人一起前往南法旅遊。影響她極大的是，她不太記得嘗到的橄欖油的滋味，卻念念不忘看過的碾壓廠。「我走進一間廠房，很驚訝地發現機器是這麼的乾淨，一台好大的貝亞雷斯離心機。空氣聞起來這麼清新，沒有一絲酸臭味。那真是帶給我很大的震撼。」

回到加州，雖然偶爾會想到購買別人的油的風險，羅傑斯還是繼續她的調和油事業。有一次，她向其中一位供應商購買了二十桶油，卻注意到其中一桶油含有紅色的微粒和一大塊一大塊濃稠的黑色水滴，於是把油送去檢測，結果發現了油漆的碎片、禽鳥的羽枝，以及老鼠的糞便，卻查不出黑色的水滴到底是什麼。

不久之後，「橄欖壓榨」的合夥人從皮斯托亞進口了一千株的橄欖樹，購置了一台現代化的鎚碎機，開始製造起橄欖油。起初是向當地的橄欖農買橄欖，等到自己的樹開始結果，便改用自家橄欖。就像當年她從祖母那兒習得烹飪的方法，羅傑斯長時間站在幾位老師的身邊學習，其中有幾位是當時在加州自學出身的專家，她進而知曉了碾壓的技術。她說，成功的碾壓關鍵在於懂得看、懂得聽，並在當下對許多事做出反應。她發現有的人具備這種本領，有的人就不行。「在餐廳工作過的人就有這能力，他們知道面對壓力要如何做事，而且還要愈做愈好。事實上，碾壓的成就有點像是客人點餐後，你只需幾個簡單的步驟就可以迅速出菜。當廚房既吵雜又忙碌，你還是能夠順利地端出所有的菜餚，讓客人吃得滿意，這可是非常容易讓人上癮的。」

黛博拉帶我走到混拌機旁，好查看最後一批油的狀況。淡紅褐色的果泥閃耀著微滴凝聚的油狀物，這些油經過翻攪開始匯積成較大的綠色水窪。因為溫度與氣味，讓果泥散發出隱形而芳香的水汽，好似全身充滿香氣的天使在我的鼻子裡跳舞。我幾乎可以感覺到綠色映照在我的臉上。

「這是雷奇諾，」她注視著果泥說道：「你看那塊狀物，成形的多漂亮！還有油的光澤，雷奇諾是製油者的夢想啊！」

黛博拉說她長久以來在「橄欖壓榨」埋頭苦幹，辛勤工作，沒什麼時間外出旅行。然而，因為橄欖油，讓她結識了許多具有天分又有趣的朋友，那些從遙遠國度而來的朋友或是親自到碾壓廠，或是在橄欖油品嘗會與比賽上碰面。「不管你走到何處，橄欖油就像是種國際的語言。」

事實上，她告訴我，這季的收成結束後，她打算過半退休的日子，這樣才能到世界各地拜訪遙遠的朋友。因為她對碾壓橄欖油有堅定熱情，會說出這些話著實讓我吃了一驚。我問她打算去那兒，她列出了幾個目的地，先寫下朋友的名字，再寫出他們住在何處。其中有許多澳洲人與紐西蘭人，少數幾位住在智利和阿根廷。名單中沒有一位來自地中海地區。

「當然啦，我仍然會負責『橄欖壓榨』每一季的製油工作，」她補充說道：「只是當這裡的工作告一段落後打算去南方走走。」

我彷彿看到她向南前行追隨著橄欖收成的畫面，緊追著「碾壓」的腳步不放。

只賣給熟識近鄰的小型油坊，不靠行銷花招依然獲利

在加州唯一一位違反艾德．斯托曼格言的小規模製造商可能就是麥可．麥迪遜（Mike Madison），他以誠實的手法，定期從製造橄欖油獲得利潤，而且沒有靠歐普拉的幫忙。

他畢業於菲利普斯學院（Phillips Andover），並在哈佛大學拿到植物學博士學位，後來在哈佛植物博物館擔任植物採集的工作，有時要花上一年的時間漫步在南美洲的熱帶雨林。年輕時認為的大冒險到最後卻變成辛苦的勞力工作，他決定返回故鄉戴維斯（Davis），並在他度過童年的普他溪谷（Putah Creek）購置了二十英畝上好的農地。

麥迪遜年方六十三，精瘦而結實，蓄著褐色的短鬍鬚，帶著一頂棒球帽，宣稱自己務農的行事風格就是「犯錯、犯錯，不斷的犯錯後再繼續嘗試」，他的座右銘則是「胸無大志」。然而，當我與他走在普他溪谷的農場，他的真實計畫似乎愈來愈像是「正中目標」。

自從一九九一年麥迪遜種下第一批橄欖樹開始，便將開銷維持在驚人的低點，每一年都能賺到錢。他並沒有聘請包工建造新穎的橄欖碾壓坊，而是以一塊美金買下一座廢棄的穀倉，憑藉著鏈鋸與鐵撬在農場上重新打造建物。他也沒有購買大品牌的機器，而是僱用了三名居住在佩魯賈的小屋、同樣喜歡自己動手的男性，為他客制化碾壓機。

「這台機器配有十三個馬達，」他一邊說道，一邊將手放在機器上，就像是畜牧工人撫摸他的冠軍種馬一樣。「如果其中一個馬達的聲音有任何變化，我就會知道有問題發生。」當其他的橄

欖農在收成季節都會僱用一批人負責採摘橄欖時，他卻完全靠自己，白天手摘橄欖，晚上碾壓製油。他說：「這是不折不扣的一人公司，我約要花上十或十一個星期，每天工作十小時，來處理一千五百株橄欖樹。」

談到賣油，麥迪遜也是採取一樣儉省的方法。他沒有網頁，也不運送，既不做廣告，甚至沒有電話。他在戴維斯附近的農夫市集，以便宜的價格賣掉大部分的產品，然後將剩餘的橄欖油送給當地的食物銀行。他所有的投資，包括了樹木、一套滴灌式灌溉系統，一台一小時可生產半噸油的碾壓機、一間廠房，以及足夠儲存橄欖油的不銹鋼桶子，總值九萬八千美金。「大多數人須花費八到十倍的經費才能組裝同樣的設備。如果你花七十五萬美金設立一間小規模的橄欖油公司，就永遠不可能賺得到錢。」

橄欖與橄欖油很符合麥迪遜對農場的遠大志向，並能依前工業革命時代的步調與規模生活著。「我的橄欖油的定價很低，是希望人們可以大方地使用。我的東西大部分都銷往周遭十哩以內的地方。這種貿易方式是回到十八世紀的復古現象，交易雙方互相認識，也都知道對方會提供什麼商品。現在，你買的東西實際上都是來自陌生人，他們用造作的包裝、花俏的標籤與昂貴的行銷技術吸引你的注意，到頭來他們才是贏家。但是如果銷售的對象是你認識的人，就不需要上述那些花招。」

麥迪遜謹慎地選擇他的農作物，而且只耕種他認為是正確的作物。他不種含有皺縮基因（sh-2 gene）、可以提高甜度的甜玉米，因為他喜歡玉米嘗起來就是玉米，而不是早餐玉米片的味道。

其他作物還包括榲桲[9]、杏仁與微酸的祖傳威克森蘋果（Wickson apples），蘋果很小，就像是五歲小孩的拳頭一樣，完全符合複雜、微酸，甚至是苦味，而非甜味的模式。橄欖與橄欖油也是一樣。橄欖油的清新苦味非常濃郁也很有趣，停留在舌尖久久不去。就像是小調的音樂，營造出令人沉思且遺憾的心境。

然而，麥迪遜也意識到並打從心底享受橄欖油難以掌控的面向。我們站在結果累累的塔吉亞斯卡橄欖樹叢底下，這些橄欖長得就像是我在利古亞家裡附近的老樹一樣。他說起一位認識的生產者的故事，那位生產者心地良善，但人有些笨拙，在北戴維斯北部經營一座老舊的碾壓坊，不過卻在重要的競賽中贏得首獎。

「不久之後，兩位來自西西里島的紳士出現了，提出高於碾壓坊兩倍價格的豐厚契約。他二話不說，立刻答應，反正他也不是真的喜歡製油。西西里人拿著他得獎的標籤，卻開始灌入帶有霉味且來源不明的酸臭橄欖油。他們甚至碰都不碰碾壓坊，任其破敗，一度還當做舊車的廢棄廠。問題就出在合約的細節，其中有一項條款載明，他們可以在兩年內取消交易，將碾壓坊返還給賣方。對方當然馬上這麼做啦，結果留下一座破爛不堪的機器，還有堆滿了爛車的碾壓坊。」

麥迪遜一邊回想這個故事，一邊搖著頭咯咯地笑：「當一個產品一加侖可以賣到一百美元，或甚至更高的時候，詐欺的誘惑是讓人無法抵擋的。」

❦ ❦ ❦

美國是橄欖油罪犯的天堂

任何一位在加州及美國從事橄欖油產業的人，都可以說上一個詐欺的故事，因為每個人都會認識一位騙子。

美國的橄欖油消耗量居全球第三名，且每年以十％的速度成長，市場的產值超過十五億美元，並持續增加中。但是關於橄欖油的純淨問題，卻長期以來卻擁有全球最鬆散的部分法律規定。美國農業部在二〇一〇年十月通過的最新標準就反映出國際橄欖協會寬鬆的規定，不但不具強制性，亦沒有關於執行的方法。美利堅合眾國儼然是橄欖油罪犯的天堂。

加州大學戴維斯分校的橄欖中心與澳洲油品研究實驗室最近共同合作，針對超市販售的特級初榨橄欖油進行調查，經由檢測發現，六十九％的油都出現諸如酸臭、霉味與潮溼味的味道缺陷，顯示根本就不是特級初榨橄欖油，並且也標示不實（在加州地區的調查結果也不完美）。「合法詐欺」是美國超商油品常見的現象。

全球許多地方亦不例外，類似的發現也見於德國的安德列亞斯．馬茨、澳洲的《選擇》雜誌、安達魯西亞省的自治區政府，以及瑞士與德國的電視紀錄片。「我們是挑選擺在貨架上的橄欖

9 原生於中亞和高加索山區的一種水果。

油。」加州大學戴維斯分校的橄欖油專家保羅·沃森（Paul Vossen）這麼說道，他自一九九七年起，即訓練並帶領美國第一個通過國際橄欖協會認證的小組進行測試：「我們極少發現真正的特級初榨橄欖油。」在零售商店與網站的情況也是一樣。「價格絕對不是品質的指標，高價位的產品也可能是劣等貨。」

在批發市場，許許多多的橄欖油公開地摻雜了便宜的蔬菜油。麥可·布萊德利經過多年的實驗室測試與觀察結論道：「市場充斥假橄欖油的程度，已經迫使最守法的商家不得不放棄對批發供應商與餐廳販售真品。在美國的餐廳鮮少有真正的特級初榨橄欖油，即使是應該比較了解橄欖油的優質餐廳也不例外。在某些地區，例如南加州，他們的所謂的『合法』批發商，將大批的劣質橄欖油摻入染成翠綠色的大豆油，混充是高品質橄欖油賣給他們的零售商。」美國寇拉維塔公司的主席約翰·普羅法齊則表示，這些買家僅是受到低價的誘惑而不重視品質，害得美國市場充斥著假橄欖油，他們應該與造假者負起相同的責任，因為：「如果我的特級初榨橄欖油一瓶賣五美元，而有人開價三美元，買家會想：『這中間一定有問題，如果品質都一樣，價差怎麼會這麼大？』但是他們還是會選擇比較便宜的產品。」

美國許多的假油都是進口貨。二〇〇六年，聯邦法警在一次罕見的行動中，從紐澤西的倉庫沒收了將近六萬一千公升應該是特級初榨橄欖油的油品，以及兩萬六千公升的橄欖粕油。其中部分的油品是屬於克里諾斯食品公司（Krinos Foods），這些產品幾乎全部都是大豆油。經過法律程序上的責任轉移後，促使義大利回收了數箱的假油，克里諾斯把責任推給供應商ＤＭＫ全球行銷公司（DMK Global Marketing），聲稱對方保證過這些油的品質；ＤＭＫ則怪罪給油品的源頭，也就是在義大利的裝瓶公司，根據食品藥物管理局的資料顯示為法畢歐．馬塔盧尼（Fabio Mataluni & Co.）與弗拉泰利．阿馬托油坊（Oleificio Fratelli Amato）兩家公司。

法警把油全部銷毀，不過並沒有對克里諾斯或其他公司提起刑事訴訟。這已不是克里諾斯公司第一次與有關當局交手。聯邦法警在一九九七年就曾經沒收過一批有品牌的橄欖粕油，結果有部分產品被摻雜了葵花籽油，有的則根本全是葵花籽油，而進口商與經銷商就是克里諾斯食品公司。公司的創立者約翰．摩斯哈雷迪斯（John Moschalaidis）在一九九八年因意圖進口受到致癌殺蟲劑y-六氯化苯所污染的菲塔起司，在紐澤西聯邦法院承認有罪。

由於美國寬鬆的管理制度，詐欺犯得以將大量的假油在美國本土進行混合。加州的詐欺中心是大洛杉磯地區，為數眾多的公司在此將大豆油、籽油或棉籽油混合劣質的橄欖油，然後冠上特級初榨橄欖油的名稱對外販售。「洛杉磯這裡出了一條污油河。」穆斯塔法．阿爾圖納（Mustafa Altuner）說道。他出生於土耳其，在長灘經營橄欖油與特殊食品的進口業務，對於是否要在洛杉磯市場販賣真正的特級初榨橄欖油，內心掙扎了數年。「黑心假油的數量真的是相當可觀，即使是橄欖粕油也摻雜了大豆油。」

米歇爾．魯賓是普利亞的橄欖油與橄欖粕油製造商，他認為這是全國性的問題，依照他個人的估計，在美國販售的橄欖油有一半都是假油，尤其以餐飲業的問題特別嚴重。

「在美國，人們可以隨意買到任何喜歡的東西。」他這樣說道。

對此，李奧納多．寇拉維塔亦表贊同：美國〔有關當局〕告訴我：「產品只要沒有毒，你愛怎麼賣都行，但前提是要沒有毒。因為假使你把籽〔油〕放入特級〔初榨橄欖油〕裡，這樣並沒有毒害任何人啊！要不要買這個東西是消費者的決定。」

「美國食品藥物管理局的處理方法比義大利有關當局務實得多，」他相信：「美國採取較聰明的檢查方法。」怎麼做呢？他們（政府相關部門）檢查以確定『油』沒有毒，不會對人體的健康造成任何傷害。至於品質的問題，消費者得自己決定。

「如果你買到的特級初榨橄欖油是燈油，那是你自己倒楣。」他們說。

美國食品藥物管理局並未將橄欖油的造假列入首要之務。「我們傾向將經費花在對大眾健康明顯有利的地方。」食品藥物管理局負責檢驗假食品的專家馬丁・斯塔茨曼（Martin Stutsman）這樣告訴我，他說當局並沒有要進行橄欖油品質檢測的計畫，過去也不知道有這樣的計畫。相關部門反而依賴重要的生產商以及各商業組織，諸如相當於義大利橄欖油協會的北美橄欖油聯盟，對可疑產品提出警告。將商業組織視為監督機構。「這樣就不會在調查上浪費資源，好像能讓某些人安心，但實際上對保護大眾健康卻沒什麼幫助。」他這樣說道。

只是，斯塔茨曼的信心似乎搞錯了對象。北美橄欖油聯盟的成員包括了義大利橄欖油協會、克里諾斯食品與百得利，這些公司過去都曾經有過假油或橄欖粕油的問題。因此，北美橄欖油聯盟也許不能視為最客觀的假油消息來源，畢竟，這是一個商業組織而非主管機關。然而，北美橄欖油聯盟卻是美國唯一會普遍檢測橄欖油品質的單位，若發現造假情事，會定期通知食品藥物管理局及其他聯邦與州政府的有關當局。北美橄欖油聯盟在二〇一〇年四月寄給食品藥物管理局一封信函中，提到最近針對傑柯特級初榨橄欖油（公司名稱顯然是依照電影《教父》中的橄欖油公司所命名的）所做的樣本分析，傑柯的產品是經由位在洛杉磯郊區庫卡蒙格牧場市的科切拉山谷食品公司（Coachella Valley Edibles）負責行銷。檢測的結果發現，傑柯特級初榨橄欖油摻雜了較便宜的油。他們在二〇〇五及二〇〇七年做過類似的檢測，結果也相去不遠。

北美橄欖油聯盟寫道：「這表示至少在過去五年，這家公司一直在欺騙消費者。」聯盟在信件中總結道：「這家公司剝奪了消費者應該擁有之權益，而這項權益是指由食品藥物管理局所公布的橄欖油與含有橄欖油的產品有益人體健康。」北美橄欖油聯盟也針對其他公司寫過類似的信函，例如紐約格倫岱爾的美食工廠（Gourmet Factory），其生產的特級初榨橄欖油被檢測出大部分是橄欖粕油，信末並請求食品藥物管理局「盡可能採取必要的行動，保護消費者與合法的業者遠離這些無良商人的手法。」

此外，北美橄欖油聯盟也去信給橘郡的地方檢察官，報告在洛杉磯另一個郊區拉米拉達市的伊達爾卡貿易公司（Italcal Trading，亦稱為赫薩公司）的狀況。信中提及公司旗下的六個品牌，包括迪‧斯蒂法諾橄欖油（Di Stefano）、甜蜜的生活特級初榨橄欖油（La Dolce Vita），與安琪拉特級初榨橄欖油（Angela），經由檢測發現「其實含有大量的籽油」，力勸地方檢察官「對伊達爾卡貿易公司積極進行調查。」

其他的消息來源也報告過伊達爾卡貿易公司的假油情事。穆斯塔法‧阿爾圖納與洛杉磯其他的食用油公司，曾委託信譽良好的實驗室就此公司的橄欖油做過分析，結果紛紛指出其中摻雜了較便宜的油。麥可‧布拉萊德利也做過同樣的檢測，尤其因為他向總部位於洛杉磯的伊達爾卡油商購買過八十桶有機橄欖油，最後卻發現部分油品內容不實。

一位與伊達爾卡正發生糾紛的前員工報告，說他看過公司大量地在產品中摻入假油，宣稱公司有系統地對販賣的油品本質與來源說謊，並長期忽略食品藥物管理局要求的其他程序。

他講述一位曾在倉庫工作、綽號為「船夫」的員工，利用五呎長的金屬板子，加入由公司老闆艾米里歐．維斯科米（Emilio Viscomi）個人嚴密保管的食用色素配方來混合假油。

這位前任員工說道：「你想要深綠色、淡綠色，還是翠綠色？無論你想要什麼顏色，都可以調得出來。」他也提到伊達卡爾知名的顧客名單，包括美國一些顯赫的食品經銷商，他宣稱這些公司對自己所購買的「橄欖油」的品質一定知情，因為賣價遠遠低於市場價格。

我數次試著連絡伊達卡爾的負責人艾米里歐．維斯科米，透過電話或電子郵件提出採訪的要求，但從未獲得回音。我甚至突然拜訪公司位於拉米拉達的倉庫，櫃台人員卻告訴我維斯科米剛剛外出；我詢問是否可以與公司其他的人員談一談或是逛一下倉庫，都被櫃台小姐一一婉拒。所以我無法知道維斯科米對前員工的控訴，或是北美橄欖油聯盟及其他油商宣稱他販售假油有何反應。不過，當我坐在倉庫的停車場，看著一台接著一台的連結卡車陸續駛入，裝上貨品再開走，車身漆著美國知名食品公司的大名，正是前任員工描述的那些公司，也是麥可．布萊德利透過調查、小心求證的公司。這些公司，一如前述兩位先生的看法，幾乎不可能不清楚自己購買的產品的本質到底如何。

壞人也許不敢睡得太熟，但仍繼續做著混合劣油的生意

然而，直到現今，即使北美橄欖油聯盟與獨立的油商不斷提出報告，仍不見食品藥物管理局和其他有關當局對一再出現的橄欖油詐欺犯採取行動。更糟糕的是，食品藥物管理局也自行做過檢測，其結果同樣令人擔憂。

戴維・法爾史東（David Firestone）從一九四八到一九九九年是食品藥物管理局的化學家，也是局內的橄欖油專家，在一九八三年展開調查計畫，藉以控制在美國被他稱為「猖獗的橄欖油造假產品」。在隨意選取的二十五種產品中，幾乎有一半都是假油；二年後，追蹤調查六十一種橄欖油產品，發現三十二％有假油情事。其中有部分假油乃是來自重要的油品製造商。法爾史東不願透露公司名稱。「從我超過五十年的經驗可以得知，缺少官方機關的監控，橄欖油產品的造假與標示不明的情況會一直發生下去。」他說道。

距今不遠的一九九七年，相當於美國食品藥物管理局的加拿大食品檢驗局（Canadian Food Inspection Agency），開始對零售的橄欖油展開假油檢測後，有超過二十％的產品被證明造假。現在美國的油品公司已經知道美國國內缺乏有系統地檢測，油品造假率肯定比當初所檢驗的還要更高。

食品藥物管理局的馬丁・斯塔茨曼（Martin stutsman）表示，當局對是否應該投注資源打擊橄欖油造假尚猶豫不決，這乃是因為，雖然假油是錯誤的行為，但對大眾的健康並不會造成嚴重的傷害。這點也有爭議。沒錯，摻雜了其他便宜蔬菜油的橄欖油其危險性或惡性的確比不上炭疽

病、肉毒桿菌或是沙門氏菌。然而，又有多少人因為對花生或大豆過敏，吃下含有摻雜這兩種油的橄欖油而身體不適？

義大利調查員曾在假橄欖油中發現碳氫化合物的殘留物、殺蟲劑與其他的污染物；在另一種常見摻雜假油的橄欖粕油中則發現礦物油以及多環芳香烴，後者證實是致癌物質，也會損及去氧核醣核酸與免疫系統。西班牙在一九八一年也曾發生過毒油症候群，摻雜了工業添加物的油菜籽油被冠以橄欖油的名稱對外販售，結果造成八百人死亡，超過兩萬人受到嚴重的傷害。

麥可．布萊德利在二〇〇八年進口一批有機特級初榨橄欖油，採用的是液袋運輸法，當以聚合物製作的液袋盛滿兩萬四千公升的液體時，其外觀狀似一隻小型的綠色鯨魚。當油品抵達，布萊德利的品管小組發現油品散發出一種特別的化學氣味，便拒絕卸貨。生產者堅持說道，當油裝進貨櫃時並沒有味道；而運輸公司則否認知情，且要求貨櫃必須空櫃返還。布萊德利一口回絕，即使這必須支付持續增加的貨櫃延遲費用。

他請教數間知名的化學實驗室與液袋的製造者，試著找出問題的原因。最後終於發現，油與貨櫃內部的油漆都被萘所污染。萘是殺蟲劑，是樟腦丸的有效成分，油品被污染的數值高達容許限值的三十九萬倍。顯然貨櫃在上一次的運輸之前噴灑過殺蟲劑，殺蟲劑透過貨櫃滲透到以塑膠材質製造的液袋，然後污染到橄欖油。

布萊德利打電話通知州政府及聯邦的衛生官員，並詢問這批油該如何處理，對方卻回說他們對進口商品沒有管轄權，建議他到別處試試看。儘管多方嘗試，布萊德利在美國始終無法找到願意處理這個問題的單位。不耐煩的他最後只好警告衛生單位，他就要卸下這批仍躺在貨櫃裡被污染的油，然後要把空貨櫃運返運輸公司，結果如何他可不負責。第二天，聯邦、州政府與郡政府的官員全都到他的倉庫來。一位官員向他宣讀他的權利，其他人則忙著安置貨櫃與貨櫃內禁運的橄欖油。超過六個月以後，貨櫃與油在州政府的監督下被運往精煉廠，以便去除殘留的萘（最後責任與意外的責任歸屬，仍由布萊德利的保險公司和運輸公司在以色列特拉維夫的法庭訴訟未決）。

面對如此複雜的情況，有些油商可能會以混合好油的方式讓味道消散，再行販售，且不會對有關當局提起一個字。許多人可能在第一時間也不會發現問題，尤其是污染的程度如果不是相當嚴重時。「就我所知，以萘噴灑空貨櫃的習慣仍未改變，大部分的橄欖油進口商使用的液袋是無法防止這類污染的。」布萊德利說道：「當你了解到，幾百萬噸在海上運輸的產品與食品的貨櫃內部都被噴灑過殺蟲劑，而與我談過話的貨運公司、收貨人與政府官員卻沒有一個人認知到潛在的問題，實在令人擔心。」布萊德利將此意外視為對官方監督普遍的不信任現象。「民眾被洗腦相信，政府所有的規定與監督會阻礙了企業的自由，成為產業的絆腳石。他們不願意為有效的警惕機制預先支付費用。」

事實上，食品藥物管理局本身就是對政府規定抱持一般性偏見的受害者。喬納森．斯威夫特就曾在書中對這樣的放任態度表示過哀悼之意，認為這促使英國在工業革命之後變成造假的天堂，同樣的態度也逐漸削弱了食品藥物管理局保護美國食品供應的能力。二〇〇七年十一月，食品藥物管理局自己的科學與技術委員會在內部的審查中便譴責美國食品「檢查的比率低得驚人」。

食品藥物管理局面對國內生產數量龐大的產品，或是迅速增長的進口商品皆無法有效的監督。在過去的三十五年，由於食品藥物管理局減少了檢查食品所需支付的經費，在面對食品產業急速擴張與食品進口呈幾何倍數增長的同時，食品檢查卻被迫減少了七十八％。食品藥物管理局估計，最多每十年可檢查一次食品製造商，化妝品製造業的檢查比例就更低了。對於食品零售商或是食品生產的農場則不進行任何檢查。

報告總結道：「食品藥物管理局沒有能力確保國家的食品安全，他們無力追趕上科學的發展，這意味著將美國人的生命置於危險的境地。」

不過有跡象顯示，政府正注意到這樣的危險處境。歐巴馬總統在二〇〇九年組成食品安全工作小組，就應該如何提升美國的食品安全系統提出建言。在二〇一〇年年終，繼發生了一連串包括雞蛋、菠菜與花生醬的食品中毒意外後，參議院與眾議院的代表通過新的食品安全法案，目的在擴大食品藥物管理局的檢查與回收受污染食物的權力，私營部門也對捍衛橄欖油的真實性伸出援手。

加州大學戴維斯分校的研究報告表示，特級初榨橄欖油普遍有標示不全的問題，在二〇一〇年八月，位於橘郡的卡拉漢與布萊恩法律事務所針對此一報告提出集體訴訟，控告包括聯合利華、卡拉佩利與西斯柯等許多油品製造商與經銷商詐欺、過失的不實陳述、不實廣告、違反擔保、不當得利，及「多年來誤導加州消費者與騙取他們的金錢」（卡拉漢與布萊恩法律事務所後來決定不追究這件案子）。

穆斯塔法·阿爾圖納說道，橄欖油產業的氛圍看起來有所改善，最起碼在洛杉磯的情況是如此，「壞人現在都不敢睡得太熟」。

然而，直到如今，實際上尚未有具體的作為能強化食品藥物管理局的執行力，也沒有逮捕橄欖油產業的任何一個人。壞人也許睡得不是十分安穩，不過他們仍然繼續做著混合劣等油的生意。

Extra Virginity : The Sublime and Scandalous World of Olive Oil

Epilogue

後記

為什麼我們會關注上好的葡萄酒，卻不重視優質的橄欖油？

我們正見證的是橄欖油的復興，或是一項產業的衰落？特級初榨橄欖油將會繼精釀啤酒、星巴克咖啡或是精品巧克力之後，成為下一個優質食品奇蹟？或是沉陷於一堆不知名的脂肪之中，變成後工業食品供應留下的產物？為什麼我們不能像關注上好的葡萄酒般地重視好的橄欖油？為什麼在過去五十多年，葡萄酒與橄欖油逐步發展至完全不同的方向？

當我坐在義大利的家中時，我的腦海一一浮現著這些問題。多年來，我不斷地向在果園、餐廳、修道院，倉庫與法院大樓，距離我家千里之外、萬里之遙所碰到的人提出這些問題。他們有的猜測，有的沉思不語，但都沒有真正回答我的問題，也就是因為他們的反應而促成了本書的誕生。

在我與人們許許多多的對話中，葡萄酒——這個橄欖油經年的夥伴與競爭對手，一直是不言而喻的比較對象。最近，我回到位於利古里亞西岸的住家，看到橄欖與葡萄酒長期以來是如何的對立，如果這不能解釋橄欖油的謎團，也許至少可以為橄欖油的真正本質提供一些線索。

我的鄰居是八十五歲的農夫吉諾・奧利維耶里（Gino Olivieri），他是我所認識最聰明的人了。當我看著他在梯田與那佈滿石灰岩峭壁的鄉間製油與釀酒時，我得到了答案。

每一年，我都會幫著奧利維耶里進行兩項古老的秋季儀式：採摘釀酒葡萄與橄欖。從最開始，我就被這兩種截然不同的活動，與奧利維耶里對待葡萄酒和橄欖油的態度所打動。我們在九月末採收釀酒葡萄，那時，奧利維耶里的家族，包括一年之中許久不見的遠房親戚，也會全都冒了出來。

採葡萄的工作簡單而快樂，大家相處得十分融洽。溫暖的秋陽穿透過肥厚的葡萄葉，閃耀著綠色的光芒，成群的果蠅、胡蜂與綠頭大蒼蠅發出嗡嗡的慶賀歌聲。我們從結實累累的樹枝上剪下葡萄，一次約有上百棵，我們一串一串的剪，直到手臂疲累不堪。我們不時會品嘗幾粒葡萄，溫暖的甜美汁液流淌在嘴中，沿著手臂汩汩留下，我們的大剪刀也沾滿了黏黏的葡萄汁。

相反地，始於十二月清晨的橄欖收成則充滿了苦澀。寒冷的空氣中瀰漫著燃燒木頭的煙味，一陣陣刺骨的寒風穿越樹林竄流而下。奧利維耶里與我和他家中少許幾位比較強壯的家庭成員頂著寒意，拿著梯子與長竿走進果園。我們費勁地爬上濕漉漉的樹幹，拔下雙手所能搆著的橄欖，然後用長竿打掉仍高掛樹頭的橄欖，讓它們掉在樹底下舖好的網子上。與溫馨而簡單的葡萄收成完全不同，既辛苦又累人，還得冒著從樹上摔落的風險，我好擔心當奧利維耶里用那雙有關節炎膝蓋的雙腳爬上危顫顫的梯子時。橄欖樹沒有垂落下來的果實可供拿取，因為果實頑強的黏附在樹幹上，我們只能一顆一顆用力的拔下來。而在工作的時候也沒有東西可以吃，因為新鮮的橄欖富含天然抗氧化物，苦澀的令人無法下嚥。

不過兩者最大的分別是在收成之後。奧利維耶里會自己釀酒。他參加過義大利政府與歐盟提供的葡萄酒釀造課程，了解最新的過濾、蘋果酸乳酸發酵、葡萄汁的處理，以及其他釀酒工藝晦澀難懂的方法。他在拱頂酒窖進行著釀酒技藝，酒窖就位於他那老舊的石造農舍正下方，圍繞著他的是葡萄酒發酵時散發出的柔和滴答聲與汁液慢慢流動的聲音。如此安靜的場所讓他可以在工作中停下腳步，啜飲兩口，稍作沉思，有助於釀造出更好的葡萄酒。

他對待橄欖的方式則不一樣。他從未研讀過橄欖種植或製造橄欖油的相關書籍，而是一味地照著祖父與父親留傳下來的方法，例如用竿子把水果弄下來，雖然羅馬時代的農藝學家已經建議過不要這麼做，因為會碰傷橄欖。他也不自己製油。他把橄欖載到當地的碾壓坊，現場的情境從古早時期便在義大利一再出現：人們趕著在最短的時間處理最多的橄欖，碾碎橄欖的噪音與騷動不絕於耳，從橄欖果泥變成橄欖油的整個萃取過程，奧利維耶里都盯著橄欖不放，以確保碾壓坊主沒有搞怪，這是製作橄欖油常見的詐騙小手段。

奧利維耶里自釀的白葡萄酒相當不錯，實實在在但是很平庸，他自己也知道，他稱這是他的「小小葡萄酒」，若是為了慶祝新年或洗禮命名儀式，他會買一瓶比較好的酒。不過，他從來不買外面的橄欖油，並不是因為他覺得他的油是世界上最好的油，而是對他來說，在某種程度上，這是「唯一」的橄欖油。儘管橄欖的收成是這麼辛苦，尤其對一位關節與脊椎已經工作了一輩子的老農而言更是如此，但是奧利維耶里卻喜歡橄欖的採收工作更勝於葡萄。最近，是我們一起採收橄欖的第十年，工作結束後，我問他上述問題的原因何在。他搖搖頭，好像試著要想記起某些事情般，然後說道：「因為這比較困難啊！」

這份艱難產生了對橄欖的喜愛，是葡萄酒無法相比的。葡萄有點像是淫蕩的女子，只要用手指稍微施壓就會流淌出一大堆的汁液。新鮮的橄欖則不然，橄欖樹知曉沙漠的節儉與耐心，牢牢抓住油不放，必須用盡全力磨碎和壓碎才能擰出油來，幾乎像是獻祭的戲碼。

奧利維耶里對橄欖採收工作的愛慕，與對橄欖及其樹木的尊敬，也延續到橄欖油身上。最近一次的收成相當成功，生產的新油是我開始品嘗他的油這十年來，最清澈、也最有層次的一次。我說這是值得驕傲的。

「我很高興，但不覺得驕傲。」他淡淡地說道：「這不是我的功勞，這是橄欖做的油。」這句話意味著葡萄酒與橄欖油另一項基本的差異。葡萄內含的是葡萄汁而非葡萄酒，必須經由釀酒師的工藝才能轉化為葡萄酒。橄欖本身就有橄欖油，人們所能做的僅是把油「哄騙」出來而已。就結果來看，葡萄酒是人為的產品，而橄欖油是大自然的產物，藉由神奇的樹木作為中介，之所以神秘，是因為它來自於比人類還要偉大之處。

餐點中的葡萄酒是獨奏者，盛裝在閃亮的玻璃杯置於一旁；而橄欖油則滲透進入食物，雖然失去自我，但巧妙地改變了所有的東西。葡萄酒對我們的影響生動且迅速，反觀橄欖油卻以隱藏的方式在我們體內發揮影響，在細胞與心靈間緩慢徘徊游移。與神話一樣。葡萄酒是快樂的戴歐尼修斯[1]；橄欖油是雅典娜，莊嚴，聰慧且不可知。

葡萄酒是我們希冀的生活模樣，橄欖油是現實的生活樣貌：果香，刺鼻，帶著些微的苦味，正是特級初榨難以捉摸的三要素。

1 古希臘神話中的酒神。

附錄 Appendix

選購橄欖好油的原則

• 如果想多了解如何購買與享用好油的資訊，請參考www.extravirginity.com

• 找一間商店，讓你在購買橄欖油之前可以先行品嘗，而且工作人員可以回答以下幾個基本的問題：橄欖油是如何製作？在哪裡生產？由誰製作？特殊的橄欖油商店與橄欖油吧愈來愈普及，也有愈來愈多的熟食店、市場與超級市場增設橄欖油吧。有四間頗具代表性的商家，分別為加州索諾瑪（Sonoma）的「橄欖壓榨」（Olive Press）、加州柏克萊的「嶄新的雙耳瓶」（Amphora Nueva）、曼哈頓的「Eataly」，與密西根州安娜堡（Ann Arbor）的「齊格曼熟食店」（Zingerman's Delicatessen）。全美國的加盟連鎖商店諸如：「油與醋」（www.oilandvinegarusa.com）、「我們是橄欖」（www.weolive.com），則需注意其產品的品質，不過他們提供的選項繁多，且工作人員的知識淵博。

• 當你無法先品嘗而得直接購買橄欖油時，要選擇對產品有嚴格品管控制的商店，例如「橄欖壓榨」（www.theolivepress.com）、「齊格曼熟食店」（www.zingermans.com），「不只是橄欖」（www.beyondtheolive.com）或是「科蒂兄弟」（www.cortibros.biz）。

• 橄欖油與許多葡萄酒不同，後者陳年後風味更顯優異，但是特級初榨橄欖油就像是天然果汁，非常容易腐敗，在碾壓後短短幾個月內，味道與香氣便開始變差，一旦裝瓶，惡化的速度亦隨之加快。為了能夠取得最新鮮的橄欖油，且避免中間商經手的機會，盡量購買離你家最近的碾壓坊生產的橄欖油，避免中間商的目的是因為他們時常會把橄欖油的透明度與品質弄得相當複雜。如果你無法到碾壓坊購買，那就找會以散裝而非瓶裝或罐裝採購優質橄欖油的廠商，且將產品儲存在乾淨、溫控式的不銹鋼容器，並以惰性氣體，例如氮氣充填以防止氧化。若仍不可得，那就尋找會將瓶裝的橄欖油儲放在陰涼、黑暗的倉庫，且流通很快的油品供應商，以確保橄欖油的新鮮度。

• 選擇瓶裝的橄欖油時，要選深色的玻璃瓶或是其他可阻絕光線的容器，而且只購買你會盡快用完的數量。即使是非常好的油，當瓶中剩下的油接觸瓶內的空氣時，腐敗的速度亦非常快。

• 不要太在意油品的顏色。好的油有各種色度，從翠綠色到金黃色到淡黃色都有，事實上，官方的品油師在品鑑時會挑選有顏色的玻璃杯，藉以避免因偏好較綠的油而產生偏見。真正的特級初榨橄欖油在味道與香氣上帶有新鮮橄欖顯著的果香殘留，通常帶有某種程度的苦味與胡椒味。一款好的油，這些特質會彼此相當和諧而恰到好處的並存，並在感官中逐漸釋放出複雜的香氣、味道與餘味。

- 不要被苦味或刺鼻味嚇跑，別忘了，這常是健康的抗氧化物存在的指標，除非這些特質太過強烈，或是與其他味道不搭。
- 新鮮是最重要的，選擇聞起來與嘗起來讓人會精神為之一振，感覺神清氣爽的橄欖油，避免具有發霉、酸臭、烹煮過、油膩、近似肉色、金屬色的味道與氣味。口感也需注意，要挑選嘗起來清爽、乾淨而非無味、有顆粒感與油膩的油款。
- 標籤：如果無法在購買前先品嘗橄欖油，或是請有知識豐富的售貨員幫忙，就只得依賴標籤上所提供的訊息。首先，要確定瓶身標示有「特級初榨」的字樣，因為標示「純」（pure）或「淡」（light）的橄欖油，或只打上「橄欖油」，更不用提「橄欖粕油」，都是經過化學精煉處理過的，橄欖油的香味與許多的健康益處都已消失殆盡。
- 為了確保新鮮，瓶身上若標示有「最佳保存期限」，或者有採收日期那就更好了。盡量購買以當年收成所製成的油。「最佳賞味期限」通常是裝瓶後的兩年內，所以，如果距離瓶子標示的日期還有兩年，這瓶油可能就非常新鮮。不過，許多橄欖油廠商，尤其是歐盟國家，會把油儲存多年後才進行裝瓶，「最佳賞味期限」指的就是裝瓶日期（這反而是錯誤的指標）而非採收日期。

  事實上，超市販售的特級初榨橄欖油大部分都是混合了最近幾次採收的新鮮油品與在前幾次製造比較無味的油品。至今，尚未發現有方法可以校準橄欖油在包裝時的化學新鮮度，藉以判定「最佳賞味期限」。
- 瓶身上若標示「義大利包裝」或「義大利裝瓶」，並不代表這瓶油是在義大利製造，更不代表是使用義大利橄欖。義大利是全世界橄欖油的主要進口商之一，其來源包括西班牙、希臘，突尼西亞與世界各地，所以不要被包裝上的義大利國旗與托斯卡尼鄉間的風景照所欺騙。義大利進口的橄欖油部分是由義大利人食用，但更多則是用來混合其他油品，包裝後再次出口。一般來說，要避免挑選標籤上沒有清楚標示確切產地的橄欖油。
- 瓶身上有時會出現化學參數，如游離脂肪酸與過氧化物的數據。概括來說，游離脂肪酸表示橄欖油基本脂肪結構的分解，會影響數值的原因可能是果實的品質不良（碰傷、橄欖果蠅侵擾、霉菌侵襲），或最常見的因素是採收後的橄欖未能及時萃取。雖說游離脂肪酸偏低並不是高品質的保證，但是含量高通常代表了品質低劣。過氧化質則代表新鮮橄欖油的氧化程度，通常是因為受到自由基的破壞或是與陽光接觸。國際橄欖協會與歐盟（美國農業部最近也跟進）對特級初榨橄欖油等級的規定分別是：〇・八％的游離脂肪酸，過氧化質每公斤少於二十毫當量。但這對保證好油來說這絕對不夠嚴謹，因為好的橄欖油其游離脂肪酸常常低於〇・二％或更低，過氧化質每公斤更少於十毫當量。

・橄欖油的多酚含量反應了抗氧化物的特性，因此是一系列有益健康的特質、風味與保存期限的重要指標（多酚能替橄欖油保鮮，同樣也能保護我們的身體）。國際橄欖協會最近認可了一項檢驗橄欖油多酚含量的方法，因此可能有愈來愈多的標籤會出現這項指標。至少就健康層面而言，多酚的含量愈高愈好，少於三百就明顯過低，如果多酚過低，對許多消費者來說，就是橄欖油嚐起來會變得太過苦澀或是胡椒味過重，或是兩者兼具。有些橄欖油的多酚含量甚至可高達八百。

・雖然不能視為品質保證的萬靈丹，但是一些出現在瓶身標籤上的認證，至少可以為消費者在購買時提供某種程度的保證：

*受保護原產地名（PDO）與受保護地理性標示（PGI）（詳見詞彙表）

*有機栽種

*經國家與各州的橄欖油協會認證的產品，例如澳洲橄欖油協會、加州橄欖油協會與3E協會。北美橄欖油協會及國際橄欖協會也有認證的程序。

*在近來聲譽卓著的比賽中獲得高分的橄欖油通常是很好的選擇，尤其是你購買的橄欖油與得獎作品是來自相同的採收期尤佳（而不是十年前或更久之後）。

知名的橄欖油競賽包括：

*金色的太陽（義大利維洛納）：www.sol-verona.com

*馬里歐・索里納斯：www.internationaloliveoil.org/estaticos/view/227-mario-solinas-quality-award-of-the-international-olive-council

*赫拉克里斯橄欖油：www.ercoleolivario.org

*洛杉磯國際特級初榨橄欖油競賽：www.fairplex.com/wos/olive_oil_competition

*優洛縣展覽會橄欖油競賽：www.yolocountyfair.net/html/olive_oil_competition.html

*澳洲橄欖油協會舉辦的國家特級初榨橄欖油展：

有關全球重要的橄欖油競賽，請參考：www.australianolives.com.au/web/index.php?option=com_content&task=blogcategory&id=61&Itemid=321

www.oliveoiltimes.com/reviews-opinions/extra-virgin-olive-oil-competitions與

www.oliveoilsource.com/competitions

- 留意你最喜歡的橄欖油是由哪種品種所製成，就如同你會注意最喜歡的葡萄酒是由哪一種葡萄所釀造而成（詳見詞彙表的「品種」）。

- 常出現在橄欖油標籤上的某些詞句其實已經不合時宜，有時這還表示製造者比較重視油品的形象，而非實際裝瓶後的內容物。
就以「初榨」與「冷壓」為例，現在，大多數的特級初榨橄欖油都是用離心分離的方式生產，根本不會經過「壓榨」處理，而且所有真正的特級初榨橄欖油只能來自橄欖果泥第一次壓製後的產物。歐盟的規定說明，「冷壓」僅適用於橄欖果泥是維持在攝氏二十七度或更低的溫度下，經由混拌過程所製成的。幾乎所有嚴謹的製造者皆會遵守這項程序。

- 未過濾與已過濾的橄欖油：有些消費者認為，未過濾的橄欖油表面懸浮著非常細小的橄欖果肉與果皮，是貨真價實且風味十足的表徵。不適當或過度的過濾會減少特定的味道與香氣，所以大多數優質橄欖油的生產者偏好以簡單的方式，利用不停地輕輕搖晃剛壓製完成的油品的方式，以去除沉澱物，而不採用過濾的方法。
然而，一些頂尖油品製造者則深信，過濾可以明顯延長油品的保存期限。但無論過濾與否，都要注意瓶底的沉澱物，因為沉澱物比油本身還容易腐壞，而且混濁的沉澱物也會造成味道的瑕疵。

- 橄欖油與菜餚的搭配就如同葡萄酒之於食物一樣，需要選擇適合的口味。味道較重的油，例如冠有「強烈」（robust）、「早摘」（early harvest）或是「濃郁」（full-bodied）等各種形容詞的，適宜搭配風味強烈或味道特別的菜色，諸如胡椒牛排、義式香蒜烤麵包片（bruschetta），或是淋上橄欖油的大蒜烤麵包（這是種淋上橄欖油、撒上鹽巴，通常還會抹一點大蒜的烤麵包）；香氣十足的新鮮芝麻葉（rughetta）；或是淋上香草冰淇淋（在你嘲笑之前請先試試看）。溫和一點的油，像是通常被冠以「溫和」（mild）、「細緻的果香味」（delicate fruit）或是「遲摘」（late harvest）等字眼的，則適宜搭配魚類、雞肉或是馬鈴薯。

- 橄欖油可加入多種的水果、蔬菜與其他的濃縮汁液變成調味油，最受歡迎的口味有檸檬、血橙與其他柑橘類水果。雖然許多的橄欖油行家（及大多數的歐洲人）對調味油嗤之以鼻，但在北美與紐澳地區卻相當受歡迎。最好的調味油，是將整顆水果或果皮連同橄欖油一起壓碎，以這樣方式製造的稱為香橙柑橘橄欖油（agrumato）。但要確定使用的基底油沒有油脂的腐臭味，且用來調味的味道本身新鮮清爽而不是人工香料。

- 不要貪小便宜，因為真正的特級初榨橄欖油相當昂貴。雖然高價位不能保證一定是好油，但是一公升低於十美元的低價極可能是劣等貨，這是一般的選購準則。此外，還須考慮兩種潛在的特例。首先，新穎的機械化種植與採收橄欖（例如超高密度的栽種，詳見詞彙表）降低了生產成本，使得優質橄欖油的賣價比傳統生產方式的油來得便宜。第二，歐盟政府與其他地區對橄欖種植與橄欖油生產者會進行補貼，因此其零售價格會比美澳地區沒有補貼政策的產品還要低廉。

- 購買後的橄欖油需儲存在避免好油的三大天敵之處：要遠離陽光、熱氣與氧氣的地方，而且千萬不要放太久。如果不立即食用，即使是好油也會隨著時間很快就會變得一般般，甚至出現油耗味。

- 關於煎炸食物到底應該使用特級初榨橄欖油，或是精煉過的（「純」與「輕淡」）橄欖油，有許多爭議及不少錯誤的訊息。只要油品的味道不會蓋過食物，高品質的特級初榨橄欖油是可以用來炒菜與煎炸的，但是如用強烈風味的早摘橄欖油來拌炒魚類料理就非常不適合。使用特級初榨橄欖油來高溫油炸則非常不經濟，甚至會造成反效果，因為油炸有時會讓橄欖油的苦澀味更顯突出，許多的味道與香氣也會揮發消失。雖然不可否認地，許多味道較溫和的特級初榨橄欖油也經得起油炸，因為游離脂肪酸度比較低的油，其冒煙點（也就是開始冒煙，且會產生令人討厭、不健康的副產品的溫度）就比較高，且可以重複使用的次數也較多（每次經過加熱後，橄欖油的酸度就會提高，意味著冒煙點與品質亦會雙雙降低），但是用精製橄欖油油炸食物可能還是比較適合的選擇。

- 肇因於橄欖油的構成方式，大多數的產品若冷藏在約攝氏三度的低溫即會變硬。當溫度降低，會產生一層蠟狀的沉澱物，但並不會影響油的品質，事實上，冷藏是保存橄欖油的好方法，但若因此造成大量的沉澱物，則會縮短保存期限。從橄欖油的凝固點可看出這瓶油是否有造假，雖然這樣的說法或許是個迷思。更多詳盡的細節可參考 www.oliveoilsource.com/page/freezing-olive-oil，內有清楚的摘要描述。

・關於橄欖油各式各樣的網路資訊，可參考 www.extravirginity.com；關於特級初榨橄欖油更進一步的訊息可參考下列的網址：

*橄欖油時報（www.oliveoiltimes.com）：是橄欖油世界每日新聞的最佳來源。

*橄欖油來源（www.oliveoilsource.com）：針對橄欖油的化學機制、味道與生產等諸多面向，提供清楚且多種的資訊。

*自然劇院（義大利文網址 www.teatronaturale.it，英文網址 www.teatronaturale.com，義大利文網站的內容較好也較豐富）：有許多從歐洲觀點出發的橄欖油新聞，但有時會較偏袒大規模的製造商與裝瓶商。

*加州大學戴維斯分校的橄欖中心（http://olivecenter.ucdavis.edu/）：美國最重要的農學大學之一新近設立的橄欖油研究中心。設有國際橄欖協會認可的小組測試，並對感官分析進行重要的研究。加州大學戴維斯分校的橄欖中心可望成為全球有關特級初榨橄欖油的領導代言人之一。

*光滑的特級初榨（www.aromadictionary.com/EVOO_blog/）：澳洲化學家、橄欖油品油師與顧問理查・高威爾的部落格，具有高度娛樂性與資訊性，以諷刺性的口吻，嚴謹地介紹橄欖油捉摸不定的特性。高威爾亦販售一種別出心裁的塑膠輪盤，上面印有品嚐橄欖油所使用的詞彙，不失為一種方便的參考工具。

*義大利國立橄欖油品油師協會（www.oliveoil.org）：為全球最重要的橄欖油協會之一，位於義大利的因佩里亞。是很不錯的網站，有義大利文與英文可供選擇。

*3 E 協會（www.super-premium-olive-oil.com）：針對橄欖油品質的哲學與務實層面提供敏銳的觀察，並有「超優質橄欖油」（top-quality oil）的介紹，這是協會針對頂尖橄欖油所提出的新穎概念，用來取代現在已了無新意的「特級初榨」。

*當代橄欖（www.modernolives.com.au）：全澳洲、也是全球關於橄欖油的化學分析最優秀的實驗室。

*加州橄欖油協會（www.cooc.com）：美國橄欖果農與橄欖油生產者最重要的協會，網站上彙編有合格的橄欖油生產者的名單（www.cooc.com/producers_certified.html），並提供一系列其他有幫助的訊息。加州橄欖油協會擁有自己的測試小組。

*北美橄欖油聯盟（http://naooa.org/）：美國橄欖油產業的商業組織，進行品質測試與認證計畫，並在近期推動美國農業部進行提升橄欖油的貿易標準以符合國際準則。

*橄欖壓榨（www.theolivepress.com）：索諾瑪的新潮橄欖油碾壓坊與商店，網站的設計也很新潮。

*澳洲橄欖油協會（www.australianolives.com.au/web/）：澳洲橄欖油產業的商業組織，其強調的橄欖栽種、橄欖油製作及創新的化學測試，屢屢挑戰全球橄欖油品質的極限。

*純淨（www.merum.info）：安德列亞斯・馬茨的網站，內容一流，但有點主觀，提供各種關於義大利橄欖油

與葡萄酒的豐富資訊（為德文網站）。

*齊格曼熟食店（www.zingermans.com）：美國選擇最豐富的橄欖油郵購網站之一，並提供許多其他異國食物。

*哈洛．麥基（http://news.curiouscook.com/）：由世界級的食品化學家與烹飪權威所負責的網站，從食品科學之旅的角度，介紹包括橄欖油在內的食物。

*國際橄欖協會（www.internationaloliveoil.org）：具有歷史的政府橄欖油機構，代表地中海地區國家的橄欖栽培者，其測試協定有助於建立特級初榨橄欖油的當代新風貌。

*橄欖油大師公司（www.mastrioleari.it）：頂尖特級初榨橄欖油生產商的網頁，相當具有權威性（為義大利文網站）

*薇若妮卡食品（www.evoliveoil.com）：為全美愈來愈多的特殊商店提供高品質的橄欖油，並在加州柏克萊設有自營的「嶄新的雙耳瓶」商店。

*馬可．歐雷吉亞（www.marco-oreggia.com/default/htm）：歐雷吉亞是獨立的橄欖油品油師，其為全球頂尖橄欖油撰寫的年度指南是非常重要的指南之一（有義大利文與英文）。

*加州大學索諾瑪合作推廣處（http://cesonoma.ucdavis.edu）：提供橄欖果農與碾壓坊負責人高階的技術資源。

*慢食（www.slowfood.com）：全球糧食的非政府組織，提供頂尖橄欖油與橄欖油生產者重要的資訊，並彙編有年度指南（義大利文），是橄欖油愛好者必讀的資訊。

*紅蝦美食評鑑（www.gamberorosso.it）：義大利舉足輕重的葡萄酒與食品協會，出版的義大利特級初榨橄欖油指南每年都會更新，是很實用的參考手冊。

詞彙表 Glossary

關於橄欖油一定要知道的56個名詞

若要參考更多橄欖油專業詞彙，請見 www.extravirginity.com.（以下詞彙依英文字母順序）

抗氧化劑 Antiosidant

能抑制氧化作用（即與氧發生化學反應）的物質。氧化作用雖然對生物系統至關重要，但也會產生游離基而引起細胞損傷；因此，植物和動物通常會使用抗氧化劑以減少氧化壓力。特級初榨橄欖油含有許多抗氧化劑，包括生育酚（維生素E）和一系列的多酚。

苦味 Bitter

和果香味、胡椒味（也稱「辣味」）三者並列，皆為國際橄欖理事會、歐盟、美國農業部和許多其他機構所認可的風味，可作為理想特級初榨橄欖油的氣味定義。

苦味通常與抗氧化劑和油品其它有益健康的成分有關。最近一份由美國加州大學戴維斯分校的感官科學家對北加州橄欖油消費者進行的調查顯示，多數消費者不喜歡伴有明顯苦味或辣味的橄欖油，這項結果與橄欖油專家的看法大相逕庭。

冷壓 Cold-pressed

這是個不合時宜的生產術語，目前主要用於行銷目的，並不具實質意義。半個世紀前，當橄欖油以液壓機製作，經過第一道壓榨，脫去了最好的油後，已幾乎被榨乾的橄欖果渣被灌入熱水（如聖．桑楚勒斯神父也曾這樣做，再經過一次壓榨，產生品質較低劣的「二次壓榨」。如今，特級初榨橄欖油的定義上就相當於「初榨」和「冷壓」。

（歐盟規定指出，「冷壓」只能用於橄欖果泥於混拌過程維持在二十七℃以下——這是幾乎所有謹慎的生產者所遵守的水準——而且確實是以壓榨方式製成的橄欖油，如今已相當少見。）

碾碎 Crush, crushing

見**碾壓**與**萃取**

品種 Cultivar

某些特定的橄欖（或其他水果、蔬菜）以及橄欖樹的品種，它們經過選擇性的栽培，而且歷史往往超過數個世紀。全世界約有七百個品種的橄欖，通常具有強烈歧異的農藝特徵，所生產的油亦具有鮮明的感官、化學和營養特性。

最普遍種植的二十個品種，依字母順序排列分別是：阿貝金納（arbequina）、阿斯科拉那（ascolana）、巴爾尼亞（barnea）、柯柏拉梭沙（cobrançosa）、寇拉提那（coratina）、寇尼卡布拉（cornicabra,）、empeltre（安佩爾特）、法朗托伊歐（frantoio）、白葉（hojiblanca）、高朗尼基（koroneiki）、雷奇諾（leccino）、莫瑞諾（maurino）、曼薩尼歐（manzanillo）、米森（mission）、pe潘多里諾（ndolino）、皮夸爾（picual）、皮古多（picudo）、塞維拉諾（sevillano）、蘇里（souri）和塔吉亞斯卡（taggiasca）。

脫臭油、溫和脫臭 Deodorized Oil, mild deodorization

典型的劣質橄欖油，經過精煉處理，以去除不佳的氣味和口味。根據法律，這種油只能以「精製橄欖油」出售，但它經常非法以「特級初榨橄欖油」的名義販售。世界各地超市販售的低價橄欖油有很多都是脫臭油。

其中最通行的脫臭方法是SoftColumn精煉系統，是由阿法拉伐公司所研發出來的。阿法拉伐是橄欖油與其他植物油提煉設備的領導品牌；該公司主要銷售種籽油的SoftColumn設備，但據報導，它也廣泛用於為橄欖油脫臭。因為脫臭過程的溫度遠低於正常的精煉處理（約四十℃—六十℃），而且有多種不同的脫臭技術，往往很難用化學方法檢測出來。近來引進新的化學分析方法（歐盟規定是烷基酯的上限，澳洲橄欖油協會則量測DAG和PPP數值），應有助於減少脫臭油橫行的情況，至少能迫使不法油廠研發新的脫臭技術。

核果 Drupe

肉質水果的植物學術語，通常包含一個單一堅硬的果核，裡面包覆一顆種子。核果包括橄欖、櫻桃、李子和桃子。

萃取 Extraction

將油從橄欖（以及其他水果、堅果和種子）取出的方法。萃取橄欖油主要有兩種方式：機械萃取與溶劑萃取，其中只有機械萃取的過程是特級初榨橄欖油允許的。在機械萃取過程中，橄欖被碾碎（見**碾壓**），所得到的橄欖果泥經混拌，使油微滴凝聚（見**混拌**），之後，用離心機或重力壓榨方式，將油與橄欖果粕中分離。

在現代的萃取系統中，離心機已經取代液壓機為首選技術，因為它們更高效，更容易維持清潔。如今極少高品質的油是以液壓製成的（另見**冷壓**）。溶劑萃取則廣泛用於製作種籽油，以及橄欖粕油。

特級初榨橄欖油 Extra Virgin

橄欖油的最高品質等級，根據國際橄欖理事會、歐盟和其他監管機構制定的標準，特級初榨橄欖油必須滿足一系列的化學成分標準（游離脂肪酸度低於〇．八％，過氧化物低於每公斤二十毫當量），並能夠通過**小組測試**，證明它確實具有可察覺的橄欖果香味，而且它是完全沒有口味**瑕疵**的。

脂肪 Fat

一種有機化合物，來自動物、果實、堅果和植物種籽的脂肪組織，它主要由**三酸甘油酯**、**游離脂肪酸**，以及相關的有機群所組成。

「脂肪」、「油」和「脂質」這幾個名詞通常是可以互換的，雖然一般而言，脂肪在室溫呈固體，室溫下呈液體的是油，脂質在室溫下涵蓋脂肪和油兩者。

脂肪酸 Fatty acids, free fattyacids

龐大有機酸群中的其中一員，尤其動物性脂肪和植物性油脂，它包括一個羧基（COOH）和一個碳原子和氫原子的鏈，其中大部分的長度含四到二十八個碳原子。脂肪酸的化學式通常為$C_nH_{2n+1}COOH$。當沒有連接到其它分子，脂肪酸被稱為**游離脂肪酸**。游離脂肪酸可以是飽和或不飽和的。不飽和脂肪酸又分為單元不飽和酸以及多元不飽和脂肪酸。

橄欖油的脂肪酸組成取決於多種因素，包括橄欖品種、氣候和果實成熟度。存在於橄欖油裡的主要脂肪酸是油酸、亞油酸和棕櫚酸，三者在大多數橄欖油中佔五十％～八十％。

過濾
Filtration

以布或篩網過濾器，去除懸浮在油裡細碎的橄欖果肉、果核和果皮等沉澱物的過程，讓油更精純。關於過濾的重要性，製造廠之間也有很大的意見分歧：不當的過濾可能會降低某些味道和香氣，許多廠商寧願只反覆澄清他們初榨的油。其他頂級橄欖油生產商則發誓，經過過濾，可以明顯提高油的保存期，而且似乎可以提高儲存過程中的穩定性。

初榨
First-press

一個不合時宜的名詞，現在多用於行銷，不具實質意義。半個世紀前，橄欖油以液壓機生產，經過第一道初榨，脫去了最好的油後，已幾乎被榨乾的橄欖果泥被灌入熱水，再經一次壓榨，產生品質較低劣的「二次壓榨」橄欖油。如今，特級初榨橄欖油在定義上已經取代初榨和冷壓這兩個名詞。

調味油
Flavored oils

以不同的水果、蔬菜和其他農產品的萃取物調味的橄欖油。最好的調味油是用壓碎整顆水果或果皮（通常是柑橘類水果），連同橄欖製成，這個過程被稱為agrumato（義大利文意即「柑橘」）。其他調味油製法，則是在橄欖油裡浸泡果皮，或是直接在油中添加香精，後者是生產製造調味油快速而卑劣的方法。

瑕疵，口味瑕疵
Flaws, taste flaws

這是於橄欖油法規和品質協議中正式名定的異味（與臭味），有助於確定油的品質等級。它們顯示油的品質不佳，往往是因不健康或過熟的水果、錯誤的碾磨技術、不良的儲存方法，或其他生產鏈上的錯誤造成的。

由國際橄欖理事會和歐盟法律中正式列出的十六種口味瑕疵是：霉臭味、發霉／潮濕味、骯髒、酒味／醋酸味、金屬味、油耗味、焦味、乾草／木材味、粗糙、油膩、菜水味、鹽水味、茅草味、泥土味、污穢味和黃瓜味。

游離脂肪酸酸度，游離酸度
Free fatty acidity, free acidity, FFA

是確定橄欖油品質的一項重要化學參數，這是由國際橄欖理事會、歐盟、美國農業部、澳洲橄欖油協會等諸多監督橄欖油品質的單位認可的橄欖油分級系統的一部分。

ＦＦＡ量測游離油酸（見**游離脂肪酸**，**油酸**）在橄欖油樣本中的重量百分比。大體而言，ＦＦＡ表示油的基本結構脂肪分解，可能是導因於果實品質不佳（由於擦傷、果蠅侵擾、真菌攻擊），或者最常見的是，收成與壓榨之間的時間延遲。雖然低ＦＦＡ不能保證品質好，但基本的原則是，ＦＦＡ愈高，愈可能是低品質的油。由國際橄欖理事會和其他監管機構為特級初榨橄欖油所訂定的〇．八％高得離譜，無法保證好油：優質的特級初榨橄欖油通常只有〇．二％或更低的ＦＦＡ。任何超過〇．五％的較可能是次級油。

果香味
Fruity

在橄欖油的術語中，這個詞指的是讓人聯想到新鮮橄欖的味道或香氣。橄欖油必須展現一定程度的果香味，才有合法資格列為特級初榨等級。

油桶
Fusti
（義大利文為fusto，指油罐或油桶）

不鏽鋼的容器，用來儲存橄欖油（以及酒等產品），通常有上面有個大蓋子可以旋鬆或旋緊。

氫化，氫化的，部分氫化
Hydrogenation, hydrogenated, partially hydrogenated

指植物油經歷了氫化的工業程序。

在此期間，油被加熱到一百二十℃～二百零五℃，加入金屬觸媒，並以高壓泵往油液中加入氫氣。之後，油中的脂肪酸鏈會透過人為加入氫原子的方式變成飽和脂肪，它讓原本天然存在的雙鍵成為飽和的單鍵。完全氫化的油脂太硬了，不便用於食品生產，所以通常當脂肪僅部分氫化時便中斷過程，其產生的產品是仍是固體的，但在室溫下可自由延展，烹煮或食用時會融化。由此產生的部分氫化（或氫化）脂肪是一種反式脂肪，食用將對健康產生重大的危害。

水合酪氨酸
Hydroxytyrosol

存在於橄欖、橄欖油和橄欖葉中的多酚與強大的抗氧化劑，已被保健品、藥妝、食品等行業開發作為營養補充品或防腐劑。

最近的實驗顯示，水合酪氨酸因其強大的抗氧化作用，有助於防止ＤＮＡ損傷和低密度膽固醇（「壞」膽固醇）的氧化；醫學研究還顯示，它還能透過抑制血小板聚集及促炎酶，預防心血管疾病。

熟成信號
Invaiatura

義大利文用語（在英文裡，經常使用的是法文veraison），指的是橄欖和其他水果成熟階段的轉色過程，在此期間，初生的、未成熟的綠色果實漸轉成較暗的橙色、紅色和紫色等比較成熟的水果。

許多橄欖農將invaiatura作為一種採收信號，以展開他們的收成工作，因為它代表橄欖油各種風味已達均衡，包括：主要的香氣、新鮮的果香，以及熟果含油量較高的優點。

國際橄欖理事會
International Olive Council, IOC

國際橄欖理事會是由聯合國於一九五九年制定的政府間機構，旨在為橄欖種植者和碾壓廠提供援助和諮詢，贊助進行橄欖油品質和化學研究，並促進全世界橄欖油的消費。

國際橄欖理事會目前有四十三個成員國（計入歐盟和歐盟國家），橄欖種植和橄欖生產國主要分布在地中海周圍，幾乎占了全世界九十八%的橄欖油產量。

燈油
Lampante

來自義大利文lampa，意即「燈」。燈油，在國際橄欖委員會的品質分級制度是最低的等級。根據法律，它是不適合人類食用的，必須加以提煉，才能作為食品出售。

淡橄欖油
Light olive oil

精製橄欖油（refined olive oil）的行銷術語。見**橄欖油**、**純橄欖油**。

亞油酸 Linoleic acid

橄欖油的主要脂肪酸之一。亞油酸是多元不飽和脂肪酸，占大部分橄欖油的四％至二十一％。

亞麻酸 Linolenic acid

橄欖油的主要脂肪酸之一。亞麻酸是多元不飽和脂肪酸，占大部分橄欖油約一．五％。

攪拌槽，混拌 Malaxator, malaxation

橄欖油萃取過程中，碾碎後第二個主要的階段。這時，被碾碎的橄欖果泥經過混拌，讓橄欖果泥裡的油能微滴凝聚成較大的液滴，以便更容易提取。現代化的攪拌槽是一個不銹鋼槽，底部有一組扇葉可以旋轉。混拌的過程持續二十至四十分鐘，視品種、環境條件、橄欖成熟度和其它因素而定。混拌時間較短有助減少氧化和游離酸度，但時間較長可以增加橄欖油產量，也可能提高油的風味，但通常會縮短保質期（這個名詞是源自古希臘文 malassein，意為「使變軟」）。

碾壓 Milling

提煉橄欖油的第一個過程，這時會用不同的機器將橄欖碾碎或壓碎。傳統的磨坊是使用各式不同形狀的石磨，最初由動物或水力轉動，後來改用馬達轉動。以馬達驅動的石磨仍被廣泛使用，不過它們正逐漸被新式碾壓的設備取代，通常是不鏽鋼錘、轉盤和其他能降低油的氧化程度的設備。

油 Oil

一般而言，油是指在室溫下為液體狀態的脂肪。

油酸
Oleic acid

橄欖油中主要的脂肪酸，為單元不飽和酸，油酸佔大部分橄欖油的五十％至八十％。因為脂質分布相對抗氧化，油酸使橄欖油比其他大多數油類有更長的保質期。

油酸與一些地中海飲食有益健康的主要的原因相關，如降低冠狀動脈心臟疾病和癌症的發生率，一份二〇〇五年由西北大學范伯格醫學院做的研究顯示，油酸可以削弱導致二十五％至三十％乳腺癌的基因。

刺激醛
Oleocanthal

天然存在於高品質特級初榨橄欖油的一種多酚，這是一種很強的抗氧化劑，具有強大的抗發炎效果，與依普芬的屬性類似。刺激醛在喉嚨引起的麻辣刺痛感，和依普芬引起的感覺非常相近。

最早是由聯合利華的科學家所發現，後來由莫耐爾化學感官中心（Monell Chemical Senses Center）蓋瑞．波尚和他的同事進行詳細的研究。研究發現，許多橄欖油含有相對大量的刺激醛，並指出該物質可能有治療冠狀動脈心臟疾病、癌症、阿茲海默症和其它症狀的療效。

橄欖油
Olive oil

精製橄欖油的行銷術語，意謂已混入少量的特級初榨橄欖油提味。又見**純橄欖油**，**輕橄欖油**。

多環芳香族碳氫化合物
PAHs, polycyclic aromatic hydrocarbons

一種化學化合物家族，於有機物質不完全燃燒過程中形成，已被證明會導致癌症，以及遺傳性和神經損害。雖然微量的多環芳香族碳氫化合物存在於許多食物中，但歐洲衛生官員已在某些橄欖粕油裡檢測到超過法定量的PAHs。

棕櫚酸
Palmitic acid

橄欖油的主要**脂肪酸**之一，棕櫚酸是飽和脂肪酸，占大部分橄欖油八％至二十％。

小組測試
Panel test

橄欖油的官方感官分析，透過品嘗小組進行，再加上一系列的化學分析，是確定橄欖油樣本品質等級的法定方法。

受保護原產地名
PDO, Protected Designation of Origin
義大利文為DOP

由歐盟承認的法定農產品品質保護體系，類似法國葡萄酒的產地命名認證（Appellation d'origine contrôlée），是針對在特定區域使用傳統生產方式生產或加工的食品制定的。特級初榨橄欖油即是其中之一，在義大利、西班牙、希臘和南歐其他地區有不少橄欖油已獲ＰＤＯ認證。ＰＤＯ橄欖油的生產過程是經過協議規範的，且由品質管制委員會監督，有助確保油品的品質。ＰＤＯ的地位在法律上於歐盟內部具有約束力，並且正逐步通過雙邊協議，希望能擴展到歐盟以外的地區。

胡椒味，或刺鼻味
Peppery或pungent

與果香和苦味三者並列，是國際橄欖理事會、歐盟、美國農業部以及許多其他機構對特級初榨橄欖油認定的風味。

胡椒味常與油品中促進健康的成分相關聯。最近一份由美國加州大學戴維斯分校的感官科學家對北加州橄欖油消費者進行的調查顯示，多數消費者不喜歡伴有明顯的苦味或胡椒味的橄欖油，這結果與橄欖油專家的看法大相逕庭。

過氧化物
Peroxides

高級橄欖油的一項重要化學參數，這是國際橄欖理事會、歐盟、美國農業部、澳大利亞橄欖協會等眾多橄欖油機構的橄欖油分級系統的一部分。一般而言，油的過氧化物值表示它已被氧化的程度，通常是自由基造成的，或者是因為曝曬到陽光所致。國際橄欖理事會和許多其他機構針對特級初榨橄欖油等級所訂定的過氧化物含量標準——每公斤小於二十毫當量是高得離譜的數字，根本無法保證是否為好油；品質佳的油過氧化物通常遠低於每公斤十毫當量。

受保護地理性標示
PGI, Protected Geographical Indication
義大利文為IGP

由歐盟法律規範，類似PDO，雖然規定較不嚴格。PGI的認證需要製造產品中至少有一項必須發生在指定的地理區域（以特級初榨橄欖油為例，橄欖可生長在PGI地區，但是在其他地方加工）。

多酚
Polyphenols

一種存在於範橄欖油和其他天然物質的植物化學成分，其中有許多成分證明有抗氧化和抗發炎的特性。醫學研究人員認為多酚基本上對預防心血管疾病、癌症和阿茲海默症等病理症狀有正向的影響。因為多酚能抗氧化，還能保護橄欖油免於酸敗。

橄欖粕渣，橄欖粕油
Pomace, olive pomace oil

從橄欖果渣中提煉出的油。果渣是萃取過程中剩餘的固體廢物，主要包括橄欖核、皮與果肉。這種油用己烷或另一種工業用溶劑，然後高度精煉而成。雖然這種油的販售方式讓消費者相信它是橄欖油，但橄欖粕油實際上是一種非常不同的產品，極少對健康有益，甚至還有一些潛在的健康風險（食品安全當局已經在某幾批的橄欖粕油裡檢出含有礦物油和多環芳香族碳氫化合物）。對橄欖粕油生產的監督往往有限，例如在義大利，橄欖粕油可以在非登記為食品生產的工廠製造。

純橄欖油 Pure olive oil

精煉橄欖油的行銷術語，已經融入了少量的特級初榨橄欖油提味。又見**橄欖油**，**輕橄欖油**。

油水分離 Racking

橄欖油自橄欖萃取而出後（見**萃取**），通常會放在桶中數星期，讓懸浮在油中的細碎橄欖果肉、皮和籽沉澱下來。在靜置過程中，工作人員必須將油輕輕倒出，移入其他容器數次，除去容器底部的沉澱物，否則可能會使油變味。

酸敗 Rancid, rancidity

橄欖油（或其他的油或脂肪）因為過度氧化導致的不佳的氣味或味道。可參見**瑕疵味**。

精製橄欖油 Refined olive oil

經過化學與物理精煉過程的橄欖油（見精煉），使它無味、無臭、無色。在行銷術語來說，「精製橄欖油」混合了精製橄欖油和初榨橄欖油，後者為這混合物增添了味道、香氣和顏色。又見**精煉**、**橄欖油**、**輕橄欖油**、**純橄欖油**。

精煉 Refining

植物油的精煉是一連串化學和物理處理步驟，經過這些步驟，尤其是不佳的氣味、口味、顏色等特性會從橄欖油，或從其他製作種子、水果或堅果的油裡被去除掉。這些步驟通常包括脫酸、水精製（或「脫膠」）、漂白、防凍（或「去硬脂硬酸」），以及脫臭（見**脫臭油**）。

在脫酸時，油被加熱並加入如碳酸鈉或氫氧化鈉，以去除游離脂肪酸（見**游離脂肪酸酸度**）和其它不想要的元素，以避免油中出皂的情況。

水精製或脫膠包含了用熱水，蒸汽或混入酸的水，隨後透過離心分離，除去油裡的膠狀磷脂。

在漂白過程中，油的顏色是利用如漂白土或活性炭為過濾劑漂白。

在防凍或去硬脂硬酸的過程中，油被快速冷卻和過濾，降至它開始凝固的溫度。

脫臭包括把油加熱（通常加至一七五℃～二五〇℃度之間），置於高真空下，讓蒸汽吹走不佳的味道和氣味。

橄欖油是極少數不需要精煉的植物油之一；因為精煉過程會去除風味、香氣，以及許多橄欖油屬性中能增進健康的元素，所以精製橄欖油是不能合法以初榨橄欖油的名義銷售的。

發煙點 Smoke point

橄欖油或任何其他烹調使用的脂肪或油開始產生刺鼻的、藍色煙霧的溫度。這個現象意謂油的風味和營養特點的降低。

不論以何種油品烹調，都應注意保持在油的發煙點以下的溫度。

一般來說，特級初榨橄欖油的品質等級愈高——特別是游離脂肪酸度較低——其發煙點也愈高。好油的發煙點約二百一十℃，而較低品質的似特級初榨橄欖油約一八五℃開始冒煙。

品油技術 Strippaggio

品嘗師把油樣本放進嘴裡後，嘖嘖地啜飲，這樣比起單純淺嘗，更能品嘗到油更完整的感官印象。在過程中，空氣快速吸入嘴角，能將空氣、油和唾液混合成乳狀液，並均勻地分布在舌頭的味蕾。此法還會吸入油的芳香分子，向上進入鼻腔，在此透過一個稱為逆向鼻嗅的過程，可以感覺到比僅用嘴巴更廣的香味，因此精確度更高（某些香味的億分之一）。（strippaggio這個術語來自英文字stripping，在化學用語裡是指分離的過程，其中的液態物質藉由物理方法轉化為氣體）。

超高密度
Super-high-density, SHD

種植橄欖的一種方式，每英畝（約四〇．四七公畝，或一千二百二十四坪）種植約七百至九百棵樹，以灌木叢的樣態像穀物作物一樣成排種植，而且橄欖是以大型聯合收割機採收（傳統的橄欖樹是以手工、簡單搖晃，或精梳設備採收，每英畝約種一百棵樹，而中密度林每畝是二百到四百棵樹）。

目前只有少數橄欖品種適用超高密度的種植模式，所以，用這種方法製成的油品種類有限。一些評論家也認為，超高密度種植方式過度灌溉和施肥，以及粗暴的機械收割系統可能會影響油的品質。

要建構一個超高密度果園所需的成本一開始也很高，但與傳統的果園相比，採收能更快速，從而降低了更多成本，並縮短採收與壓榨之間的時間。

品嘗小組
Taste panel

由八位品油師和一位組長組成的團隊，執行橄欖油風味的**小組測試**。品油師和組長都是經過訓練，可以分辨橄欖油公認的正面和負面特質，並評估這些特質的相對強度。

生育酚
Tocopherols

一組有機化合物，和與其相關的生育三烯酚，合稱為「維生素E」。生育酚具有抗氧化性，並已應用在化妝品業以保護皮膚免受陽光傷害。

反式脂肪
Trans fat

含有一個或多個不飽和脂肪酸，通過氫化的加工過程（少數天然存在的反式脂肪除外）產生反式異構物。

反式脂肪廣泛使用於食品加工，因為與天然存在的脂肪和油相較，反式脂肪極方便加工，保存期限又長。全世界的衛生當局已承認，食用反式脂肪會增加冠狀動脈心臟疾病的風險，因為反式脂肪會提高血液中的低密度脂蛋白（「壞」膽固醇），並降低血液中的低高密度脂蛋白（「好」膽固醇）。根據美國國家科學院研究指出，食用反式脂肪並沒有安全量。

三酸甘油脂 Triglycerides、triacylglycerols，又稱「血脂」

植物和動物脂肪的主要組成部分，也是植物和動物重要的能量儲存來源。三酸甘油酯包括三個脂肪酸鍵連到一個甘油分子。

未過濾的油 Unfiltered oil

沒有經過過濾程序的橄欖油。未過濾或已過濾的油，兩者主要的差別在於風味。但過濾過的油的確保存期較長，而且在儲存過程中穩定性也較高，然而某些油的風味和香味強度可能會略有減少。在高級特級初榨橄欖油中，消費者要選擇界於清澈明亮的過濾油有些混濁的未過濾油間的油品。

初榨油 Virgin

介於優越的**特級初榨**與劣等的**燈油**之間的橄欖油，這三種油在目前市面上常都被稱為**初榨橄欖油**。它們曾經常見於商店貨架，但近年初榨油大多消失了，隨著特級初榨橄欖油的實際品質（和價格）下跌，許多初榨油現在也被標為特級初榨橄欖油。

初榨橄欖油 Virgin olive oils

僅用機械方式將橄欖果實製成的油。所謂的機械方式是以包括洗滌、碾碎橄欖、混拌和用離心機分離果肉，並過濾所得的油。製造過程中完全不可使用化學、加熱或其他非物理方法，如再酯化等。在初榨橄欖油的種類中，**特級初榨油**是最高等級，**初榨油**是次一級，**燈油**的品質是最低的。

致謝

雖然橄欖油的製作已有數千年的歷史，但卻鮮有關於生產好油的著作，為一般人所接受的事實也少得驚人，即使是普遍公認的專家之間，關於橄欖油的品質、生產、營養、化學成分、規定、標籤、罪行與處罰等也迭有爭議。因此，這本書大部分的資料並非來自書面文字，而是與包括了橄欖果農、橄欖油生產者、銷售人員與學者等站在第一線人員的對話。因為缺少關於橄欖油的典範智慧，上述的相關人員時常不同意，甚至是激烈地反對橄欖油的基本事實。我得經常遊走在他們迥然不同的觀點之間，努力避免掉入意見、謠言與不全然真實的危險深淵。製作優質（甚至是劣等）橄欖油所獲得的滿足通常超越了金錢的範疇，因為在許多國家，以生產高品質的橄欖油維生已經變得愈來愈困難。橄欖油深烙在一些人士的家族歷史與文化根源，以及他們如神話與詩意般的想像中。橄欖油是奇特親密的物質，製作橄欖油則是非常私密的職業。

因為這些原因，本書是關於製作橄欖油的人，無論他們是做好油或爛油，以及橄欖油本身的一本書。我有幸在撰寫這本書的時候遇見了數百位與橄欖油相關的人士，有些人個性鮮明，有些人輕聲細語且羞赧，但對他們的工作都抱持著無比的驕傲與堅定的信念。我陪著他們走過四大洲的橄欖果園與碾壓坊，看著他們進行化學分析，聽著他們解釋市場的行銷策略，爬梳法律的奧秘。

首先，我會在他們期待地注視下，嘗一嘗他們的產品，有時不怎麼起眼，有時則很出色；然後我們會討論他們對這神秘食物的看法。即使我強烈反對他們對橄欖油的信念或是不贊同他們的活動，他們都教導了我許多東西。我想在這裡，公開且感激地謝謝其中一些人士。還有許許多多我無法指名道姓的人，因為他們是在匿名的情況下與我對談的，但我仍然衷心的感謝他們——你知道我在說的是誰！

我很感激義大利國家憲兵、林業局以及義大利農業部旗下的反詐欺與品管辦公室的諸多官員，以及義大利其他的警務人員和調查團，願意在緊迫的活動與調查中撥冗與我談話。我特別想要謝謝金融警察，沒有他們出色的調查工作，與下士和少將經常性的大力協助，我無法寫出這本書大部分的內容。同樣要謝謝多梅尼科・賽齊亞、帕斯夸萊・德拉戈，米蓋爾・魯傑羅與義大利其他的地方法官，提供珍貴的資訊與解釋，還有全義大利各地區法院及包括羅馬最高院在內的上訴法院的基層公務員，幫忙我尋找並分析法院紀錄。歐盟反詐欺局的官員對我的工作同樣也提供支援，特別是令人印象深刻的亞力山德羅・布提賽和農業小組前主管伊莉莎白・斯佩貝爾。

關於歐盟官員慷慨的協助，我特別要對保羅・卡薩卡、文森索・拉瓦拉、米凱爾・曼，安東尼歐・貝魯齊與安伯托・基多尼等人表示感謝之意。謝謝紐澤西地方檢察官魯迪・菲爾柯和麥可・德雷夫尼雅克的辦公室提供有關美國橄欖油造假的詳細案例，以及食品藥物管理局包括馬丁·斯塔茨曼、戴維·法爾史東和麥可·赫登等之前與現在的成員提供美國政府對橄欖油，廣義一點來說，是對美國的食物供應失察非常重要的資料。

我也從各個律師事務所獲得了基本的法律意見：戴維斯萊特特里梅因法律事務所的艾德·戴維斯、拉索法律事務所的阿爾貝托·拉索、馮塔納喬治法律事務所的喬治·馮塔納、馬赫特沙皮羅阿拉托與伊賽萊斯法律事務所的提姆·馬赫特、莫瑞法蘭克與塞勒律師事務所的馬文·法蘭克，保羅·海斯汀律師事務所的布魯諾·科瓦，以及加州大學洛杉磯分校的馬克·格林伯格。

有關橄欖油從古代到當代的歷史，眾多學者他們浩瀚的學問帶給我不少益處，包括萊斯特大學的戴維·馬丁利、美國學校在雅典之古典研究的奈傑爾·肯尼爾、加州大學河濱分校的湯瑪斯·斯坎倫、布雷拉實驗考古文物中心的安傑羅·巴托利、卡拉布里亞大學的喬達諾·席維尼，波隆納大學的馬西默·蒙塔納莉與瓦爾波利切拉歷史檔案中心的安德利亞·布魯尼奧利。明尼蘇達大學的亨利·布萊克本告訴我安賽爾·基斯在地中海地區工作時生動有趣的軼事。

當我在塞浦路斯，義大利國家研究中心的瑪麗亞·羅薩里亞·貝爾喬爾諾是源源不絕的消息與精采畫面（更不用提豐富的各式小菜）的來源，尤其是位於皮爾戈斯、由她指導開挖的銅器時代遺跡的珍貴畫面。還有那布勒斯大學尚·貝拉中心與法國國立科學研究中心的尚―皮耶·布倫，他那關於橄欖油與葡萄酒歷史的四本珍貴鉅作；巴塞隆納大學的約瑟·雷梅薩爾是研究泰斯塔西奧山丘雙耳瓶的權威，也提供了許多珍貴的資料。有關雙耳瓶的協助還有來自南安普頓大學的戴維·威廉斯，以及他幫忙成立、令人印象深刻的「雙耳瓶計畫」網站。美國學院的蒂納·米拉、保羅・因佩拉托利，丹尼斯・加維歐與西蒙內塔・賽拉以及其餘的工作小組，在我常出沒的羅馬地區，從不同的方面給予更多的奧援，並供給濃縮咖啡與優質橄欖油提振我疲乏的精力。

知名的橄欖油組織亦協助並引導我。我想要謝謝位於米蘭的橄欖油大師公司與其不屈不撓且無可取代的負責人弗拉維歐・扎拉梅拉。加州大學戴維斯分校橄欖中心的丹・弗林與全體職員協助，我了解美國橄欖油市場及加州橄欖種植難以預測的變化。北美橄欖油聯盟的鮑勃・鮑爾，與我分享美國市場與各式各樣競爭者的重要資訊。我也要謝謝位於馬德里的國際橄欖協會，尤其是弗朗西斯科・塞拉菲尼與前任主管法斯托・路查提，以及因佩里亞的義大利國立橄欖油品油師協會的法布里奇歐・維尼奧利尼。

感謝馬可・馬格利與蘭貝托・巴丘尼兩位獨立的橄欖油製作顧問（馬格利自己亦製作非常好的橄欖油）對先進的橄欖油製程技術的見解。安德利亞・喬莫對橄欖油製作、味道測試、性別，統計與行銷等多方面具有的淵博知識。農業市場暨食品服務研究所的羅貝托・多里阿對橄欖油經濟的寶貴概述。自由工作的橄欖油顧問兼教育學者亞力山德拉・德瓦倫納，不只指導我在加州製作橄欖油，並且用數不清的方式從旁協助。

另外還有幫助我拓展工作的記者與作家，包括了RAI 3廣播電台的貝爾納多・約維尼、《前途報》的東尼・米拉、TeleNorba電視頻道的羅貝托・德佩特洛、《義大利南方報》的諸朱塞佩・德托馬索，葡萄酒暨美食評論家宮嶋動，與自然劇院的路易吉・卡里卡托等人，與我分享了他們花費一輩子關注橄欖油所獲得的敏銳觀察與珍貴經驗，無論好壞與否。

3E協會的創立者與總裁克勞迪歐・佩里考驗著我，讓我對食品品質的技術和橄欖油的傑出哲學有更深入的思考。感謝伽爾索．比丁修道士，他是在位於托斯卡尼的大橄欖山修道院負責橄欖碾壓坊的工作；創辦「自由：姓名與數字對抗黑手黨協會」與擔任負責人一職的路易吉．奇歐提神父教導我橄欖油在過去與現在在精神與禮拜儀式上所扮演的角色；亞力山德羅．里歐是普利亞土地農業合作社的負責人，為我展現了在過去由犯罪組織所擁有、現在仍籠罩在犯罪組織陰影之下的土地上，製作橄欖油所需要的勇氣。提到勇氣，我要向安東尼歐．巴里萊致敬，他是義大利農民聯盟在普利亞地區的負責人，是相當具有獨創性的專家，為保護農民與消費者不眠不休的工作。

許多脂質化學家與食物品質專家耐心地從頭到尾仔細教導我。最知名的人士之一是烏迪內大學的拉弗朗柯．孔特，以及之前在卡拉佩利、現在於蒙泰庫柯橄欖油公司做事的阿里薩．馬泰，這兩位的熱誠與風趣如同他們的治學本領一樣無懈可擊。我還要謝謝波隆納大學的喬凡尼．勒克、加州大學戴維斯分校的艾德．法蘭克爾，莫乃爾化學感官中心的蓋瑞．比徹姆以及化學服務實驗室的喬治．卡爾多內。還有，加州大學合作推廣處的農學家保羅．沃森、位於內格夫的本—古禮安大學的澤夫．維斯曼、巴里的地中海農學研究所的詹路易吉．伽薩里以及英國農業植物學研究所的戴維．李等人，幫助我加強對橄欖樹有關植物與基因難以了解之處的理解能力，一如佛羅倫斯大學的感官化學家埃爾米尼歐．蒙特萊奧內引領我欣賞澀味、旨味與餘味的奧秘。

有關橄欖油營養與健康特質的近期研究，我請教了馬德里高等研究中心的弗朗西斯科．比西歐利、羅馬第二大學的安東尼諾．德羅倫佐，布里根醫學中心的阿圖爾．葛文德與《紐約客》雜誌。美國廚藝學院的比爾・布里瓦和格雷格・德雷雪，有助我釐清橄欖油在烹調與食用上扮演的角色；他們與魅力十足的主廚兼餐廳負責人保羅・巴爾托洛塔，讓我見識到傑出的主廚是如何為了好油成為意見領袖（及廚師領袖）的。慢食的成員提供了義大利各地的寶貴訊息與聯繫，特別要謝謝迪亞哥・索拉科、帕斯夸勒・波伽利，愛麗莎・維爾吉利托與寶拉・納諾。馬克・威肯斯欣然地讓我使用他那令人嘆為觀止、具有歷史性的橄欖油標籤之個人收藏，並花費許多吃力不討好的時間為我掃描圖片（請見mawickens/pages.infinit.net/wickens）。

經過這麼多年，要一一寫出所有為了回答我的無知問題，而把重要的工作暫放一旁的橄欖果農與橄欖油製造者，得需要數十張密密麻麻的紙張，也遠超過我的記憶所能及。底下列出的是依照國家區分的不完整名單，他們增長了我的知識，告訴我橄欖是如何種植，橄欖油又是如何從中釋放而來。

義大利是我居住的地方，也是我初次與好油邂逅的地方，我想要謝謝德・卡洛家族、安德列亞斯・馬茨、安傑羅・加里尼、保羅・帕斯夸利、姬瑪・帕斯夸利、馬爾齊亞・馬薩里、格雷戈里奧・米內爾維尼、馬可與羅倫薩・帕蘭蒂、朱塞佩・馬薩科林，東尼・薩撒與吉諾・伽萊蒂，謝謝他們發人深省的談話與許多出色的餐點。感謝李奧納多・寇拉維塔與馬可・德切列針對橄欖油商業在產業與家庭層面的精闢評論；謝謝莎維諾・安傑洛羅、弗朗西斯科・卡里卡托、李奧納多・馬賽格利亞、羅拉・馬爾瓦迪、多梅尼科・利巴提，尼古拉・魯傑羅與「農業小八區」的希爾維斯特羅，誠摯地謝謝他們提出對橄欖油產業經常矛盾、但卻引人入勝的觀點。

在西班牙，卡內那城堡的羅莎與弗朗西斯科．巴紐，無疑是安達魯西亞及其他生產高品質橄欖油地區最理想的代表人物。我也要謝謝農業漁產之研究暨訓練學會的布里希達．希門尼斯，格里尼翁侯爵帕戈斯家族的卡洛斯．法爾科，與哥多華大學的路易斯．拉羅。在希臘，莉雅．斯里督與在《橄欖和橄欖油》雙月刊工作的瓦希利斯．贊普尼斯，對我的工作提供重要的幫助。我也要謝謝尼可斯．札哈里亞蒂斯、克里察的居民，還有蓋亞公司的阿里斯．凱法洛揚尼斯，熱情地歡迎我到府上作客，並教導我一些人生道理。尼可斯．里斯拉基斯提供了有關米諾斯與傳統克里特島橄欖及橄欖油的資訊，並大方地容許我使用他的照片；「克里特島品質協議」組織的佐伊．諾瓦克貢獻了了不起的後勤幫助。

至於以色列與約旦河西岸，我誠摯地謝謝埃胡德與達芙．內澤在耶路薩冷的熱誠招待、友情，並提供中東地區各地的意見；埃胡德在二〇一〇年十月不幸過世，看不到此書問世的那天。謝謝阿布德教區堅毅的菲拉斯．阿里戴神父與沉默但令人印象深刻的瑞德．阿布薩里，後者是特貝教區的神父，與我分享了約旦河西岸兩個村鎮有關橄欖種植與製作橄欖油的故事。我也要謝謝百合製片的埃利亞．希德斯，謝謝他的聰慧、友誼與常識；還有雅各布．卡爾曼以及他兒子手拿著M-16步槍在旁保護。

在澳洲，我要謝謝澳洲橄欖油協會的保羅．米勒，與我分享他對紐澳地區橄欖油市場的無窮經驗；也要謝謝自由橄欖油專家理察．高威爾處理原始數據的獨特手法、精闢的分析與令人拍案叫絕的幽默。新諾卡本篤會修道院的卡梅爾．羅斯和戈登．史密斯對位處於澳洲遙遠西部的修道院社區，一百五十年來的生活與橄欖油製作提供了令人讚嘆的介紹。

在南非，特別要感謝在帕阿爾的「橄欖人民」、菲迪南多．科斯塔父子公司的吉多與卡洛．科斯塔，他們對南非橄欖油市場的權威性觀點，以及有關橄欖油的化學成分、橄欖粕油的危險性，以及當地油品造假者的花招提供的資訊。柳溪莊園的安德里斯．拉比分享了他在非洲大陸最南端的一角種植橄欖，以及製作橄欖油所引發的心靈共鳴的經驗，身為一位熱誠的基督徒，製作橄欖油最初只是拉比的夢想，沒想到最後竟然成真。

在美國，我在加州的研究工作之所以可行，「橄欖壓榨」的艾德．斯托曼其熱誠的精力與他的旋轉式名片架居功厥偉；黛博拉．羅傑斯在橄欖碾碎的過程中抽出時間，回答我無數個關於橄欖油與其波蘭祖母的問題。我在洛迪鎮度過一個值得紀念的夜晚，柯爾特橄欖油的迪諾．柯爾托帕西與布雷迪．惠特洛讓我見識到，綜合了農業的常識、頂級的那帕葡萄酒，以及玩德州撲克的直覺如何能在加州的中央谷地製造出卓越的橄欖油。格雷格．凱利讓我親眼目睹「加州橄欖農場」隱密且超有效率的內部運作。我與薇若妮卡食品的麥可．布萊德利進行過許多次的會議與談話，他是我走遍各地所見過最博學的人，與我分享了他對全球橄欖油的認識與信念，他的信念我亦表認同，那就是提升橄欖油品質最快的方式是透過消費者的教育，這比打擊假油還要有效（不過，逮捕幾次壞人還是有幫助的）。我很感激麥可．麥迪遜在普他溪谷那段激勵人心（以及亟需寧靜氣息）的談話；謝謝穆斯塔法．阿爾圖納對洛杉磯橄欖油的內情講述；還要謝謝約翰．普羅法齊對於特級初榨橄欖油在美國早期以及未來的深入了解。

許多專家也用文字促成了本書的完成。《紐約客》的愛蜜莉．伊肯在早期指導我撰寫橄欖油的文章，我的經紀人威利文學代理公司的莎拉．查方特讓本書的計畫順利開始。我誠摯地感謝威廉沃德諾頓出版社的編輯愛倫．梅森，既靈巧又有耐心地照料本書的每個階段，最初一團亂的草稿經過她大力修改，逐漸加入較為優雅的結語，並不斷地加強原稿的內容。謝謝德妮絲．斯卡夫一直以來的努力工作，以及阿萊格拉．赫絲頓精準的編輯功力。

謝謝我的鄰居奧利維耶里家族歡迎我參與他們的家庭：謝謝吉諾、羅塞塔、達尼洛、希維亞、埃吉迪歐、丹妮拉、伊歐斯、拉菲拉，瑪麗萊娜與皮耶卡洛。謝謝林恩．穆勒和查德．穆勒的無比耐心、意見，與有關蒙提．派森、辛普森家庭，和史提芬．科伯的攝影照片。

最後，但卻不是最少的謝意，讓我懇切地感謝我的妻子法蘭西斯卡與孩子尼古拉斯、傑瑞米與麗貝卡，這許多年來忍受我對橄欖油的癡迷，後來這股熱情也感染著他們……希望這股熱情能帶給他們永不被抹滅的益處。

身體文化 121

失去貞操的橄欖油：橄欖油的真相與謊言

作　者—湯姆・穆勒
譯　者—游淑峰、楊正儀
責任編輯—郭香君
執行企劃—張燕宜
特約編輯—汪春沂
封面、內頁版型設計—廖韡

副總編輯—丘美珍
董事長—趙政岷
出版者—時報文化出版企業股份有限公司
108019台北市和平西路三段二四〇號四樓
發行專線—（〇二）二三〇六—六八四二
讀者服務專線—〇八〇〇—二三一—七〇五
（〇二）二三〇四—七一〇三
讀者服務傳真—（〇二）二三〇四—六八五八
郵撥—一九三四四七二四時報文化出版公司
信箱—10899台北華江橋郵局第九十九信箱

時報悅讀網—http://www.readingtimes.com.tw
電子郵箱—history@readingtimes.com.tw
第一編輯部臉書　http://www.facebook.com/readingtimes.fans
流行生活線臉書　http://www.facebook.com/ctgraphics
法律顧問—理律法律事務所　陳長文律師、李念祖律師
印　刷—盈昌印刷有限公司
初版一刷—二〇一四年七月十八日
二版一刷—二〇二三年十一月二十二日
定　價—新台幣三六〇元

時報文化出版公司成立於一九七五年，
並於一九九九年股票上櫃公開發行，於二〇〇八年脫離中時集團非屬旺中，
以「尊重智慧與創意的文化事業」為信念。

失去貞操的橄欖油：橄欖油的真相與謊言 / 湯姆・穆勒作；游淑峰,
楊正儀譯. -- 初版. -- 臺北市：時報文化, 2014.07
面；　公分
譯自：Extra Virginity : The sublime and scandalous world of olive oil
ISBN 978-957-13-6008-9（平裝）

1. 橄欖油　2. 歷史

463.514　　　　103011829

Extra Virginity : The sublime and scandalous world of olive oil

ISBN 978-957-13-6008-9
Printed in Taiwan